中大哲学文库

中国近现代
汉传因明研究

曾昭式 著

商务印书馆
The Commercial Press

本书为国家社科基金一般项目"基于跨文化互动下的中国近现代汉传因明研究"（批准号 14BZX074）成果。

总　序

中山大学哲学系创办于 1924 年，是中山大学创建之初最早培植的学系之一，黄希声、冯友兰、傅斯年、吴康、朱谦之等著名学者曾执掌哲学系。1952年全国高校院系调整撤销建制，1960 年复办至今，先后由杨荣国、刘嵘、李锦全、胡景钊、林铭钧、章海山、黎红雷、鞠实儿、张伟教授担任系主任。

早期的中山大学哲学系名家云集，奠立了极为深厚的学术根基。其中，冯友兰的中国哲学研究、吴康的西方哲学研究、何思敬的马克思主义哲学研究、朱谦之的比较哲学研究、马采的美学研究等，均在学界产生了重要影响，也奠定了中大哲学系在全国的领先地位。

近百年来，中山大学哲学系同仁勠力同心，继往开来，各项事业蓬勃发展，取得了长足进步。目前，我系是教育部确定的国家基础学科人才培养和科学研究基地之一，具有一级学科博士学位授予权。拥有"国家重点学科"2个、"全国高校人文社会科学重点研究基地"2 个、"国家重点培育学科"1 个，另设各类省市级研究基地及学术机构若干。

自 2002 年教育部实行学科评估以来，我系一直稳居全国高校前列。2017 年，中大哲学学科入选"双一流"建设名单，并于 2022 年顺利进入新一轮建设名单；2021 年，哲学学科在国际哲学学科排名中位列全球前 50；哲学和逻辑学两个本科专业先后获批国家级一流本科专业建设点，2021 年获批基础学科拔尖学生培养计划 2.0 基地。中山大学哲学系正迎来跨越式发展的重大机遇。

近年来，中大哲学系队伍不断壮大，而且呈现出年轻化、国际化的特色。

哲学系同仁研精覃思,深造自得,在各自研究领域取得了丰硕的成果,不少著述产生了国际性的影响,中大哲学系已发展成为哲学研究的重镇。

"旧学商量加邃密,新知涵养转深沉",为了向学界集中展示中大哲学学科的学术成果,我们正式推出这套《中大哲学文库》。《文库》主要收录哲学系现任教师的代表性学术著作,亦适量收录本系退休前辈的学术论著,目的是更好地向学界请益,共同推进哲学研究走向深入。

承蒙百年名社商务印书馆的大力支持,《中大哲学文库》将由商务印书馆陆续推出。我们愿秉承中山先生手订"博学、审问、慎思、明辨、笃行"的校训和"尊德问学"的系风,与商务印书馆联手打造一批学术精品,展示"中大气象",并谨以此向 2024 年中山大学百年校庆献礼!

中山大学哲学系

2022 年 5 月 18 日

目 录

导言　20世纪汉传因明学术史概略

因明既是印度大多数宗教派别思想论证的工具,其本身又是被某些宗教派别研究的对象,作为汉传因明的研究,从方法论上看,经历了从接着印度讲因明和借助西方逻辑讲因明的重大变革,形成因明研究的两种范式。其一是以唐代窥基为代表的学者依据因明文献和唯识学理论注释因明的研究范式,其二是在近代中国部分学者基于西方逻辑学理论研究因明的范式。窥基式因明研究是依据印度经典为对象实现由因明经典(如《因明入正理论》)到经典解释作品(《因明入正理论疏》)的变换。因明的逻辑研究范式依据西方演绎、归纳逻辑,实现了焦点转移,使得因明转变成佛教逻辑,在佛教逻辑作品里出现了三段论、演绎逻辑、归纳逻辑、直言命题等概念,成就了佛教逻辑学科。

一、20世纪前期:佛教逻辑学科的建立

中国近现代既是社会变革时期,也是不同文化思潮的交汇期。先秦逻辑和佛教逻辑则是跨文化互动的产物。中国近现代文化学人基于西方逻辑的特征,成就了中国逻辑和佛教逻辑学科。概言之,中国近现代文化视野中的西方逻辑传播是佛教逻辑学科建立的理论基础,中国社会变革是佛教逻辑学科建立之平台,中国现代学术之建立则是汉传因明研究范式革命的保

证。自唐代传播与研究印度陈那新因明思想以来,至此,实现了从因明到佛教逻辑的转型。《中国现代文化视野中的逻辑思潮》(科学出版社 2009 年版)和《先秦逻辑新论》(科学出版社 2018 年版)从中国逻辑史学科建立角度对这些方面有过详尽论述,兹不赘述。具体到中国近现代汉传因明研究而言,还有三种直接原因:中国近现代教育改革建立了因明人才队伍,唯识学复兴为因明研究提供佛教基础,日本因明研究成果的传播提供了因明研究的一种新范式。

(一)新式教育与因明人才培养

从洋务运动到戊戌变法,在诸多改革失败后,科举制度终于在 1905 年被废除,新式学校逐步取代了服务于科举制的书院。新式学校的建立得益于中国近代一批集政治家、教育家和学者于一身的社会精英,新式学校教学课程的设立,使得西方科学与哲学、先秦非儒学派思想、唯识学与因明进入课堂,因明教育得以实现。《民国教育史料丛刊》收集了诸多大学、师范、中学的创办沿革和新式学校的课程设置相关资料,北京大学的建立与发展是一个代表性例证。今以中国近现代北京大学校长的教育理念、逻辑素养为例,以点带面,说明佛教逻辑学科建设由可能变为现实的社会基础。

国立北京大学讲师讲员助教联合会 1948 年所编的《北大院系介绍》① 一文分为前言、校史、理学院、文学院、法学院、医学院、农学院、工学院几部分,在"校史"部分讲了北京大学如何从京师大学堂发展至成文时期的北京大学。1895 年康有为、梁启超在京师设立强学会;1896 年清廷改强学会为官书局,李端棻建议在京师设立大学;1898 年,光绪皇帝批准设立京师大学堂,由孙家鼐负责管理,由梁启超起草一份《奏拟京师大学堂章程》。京师大学堂的学生分为三种,进士举人出身的七品以上京官,叫作仕学院学生,

---

① 国立北京大学讲师讲员助教联合会:《北大院系介绍》,载李景文、马小泉主编:《民国教育史料丛刊》(896),郑州:大象出版社,2015 年,第 83—119 页。

尚未登仕榜的称为学生，不到20岁的称小学生。1901年京师大学堂与同文馆合并（同文馆为1862年清政府在总理衙门正式开办），1903年增办译学馆和医学实业馆，1904年仕学馆开学；分速成、预备两科，预备科分政艺两科，速成科分仕学、师范两馆，1909年预备科更改为高等学堂，师范馆改为优级师范。1912年京师大学堂改为国立北京大学，严复任校长。发展到此文写作时期，北京大学已经成为拥有理学院、文学院、法学院、医学院、农学院、工学院六大学院的综合性大学。其中文学院包括哲学系、史学系、中国语文学系、东方语文学系、西方语文学系、教育学系。哲学系1914年设立，后发展为中国哲学门、哲学门、哲学系，并设立北大哲学研究所。哲学系本科必修课程有逻辑、哲学概论、普通心理学、中国哲学史、西洋哲学史、伦理学、印度哲学史、形而上学、知识论、美学，还有至少18学分的哲学专家及专题研究、2—4学分的毕业论文。

从由光绪皇帝批准设立京师大学堂到1949年的北京大学，北京大学的十多名校长，无不是融贯中西的教育家，在北京大学教育发展史上功不可没，历任校长里本来就是研究哲学、逻辑、佛学、因明者也很多，而且领导时间较长，这必然助益于逻辑、佛教逻辑等学科的建设。如身为光绪帝师的孙家鼐为京师大学堂首任管理学务大臣，兴办医学堂、武备学堂、速成学堂等。而为其起草《奏拟京师大学堂章程》的梁启超，兼政治家、革命家、思想家、教育家于一身，同时还曾任武昌佛学院第一届董事会董事长。梁氏不仅积极投入中国近代教育的创建，而且就逻辑学科建设而言，其主张的西方逻辑、中国逻辑、佛教逻辑为同一学科起着引领示范作用。"凡在学界，有学必有问，有思必有辩。论理者，讲学家之剑胄也。故印度有因明之教……而希腊自芝诺芬尼、梭格拉底，屡用辩证法，至亚里士多德，而论理学蔚为一科矣。"[1] 著成《子墨子学说》《墨子学案》和《墨经校释》。

北京大学首任校长严复，先入福州船政学堂学习，又赴英国学习海军，

---

[1]　梁启超：《论中国学术思想变迁之大势》，上海：上海古籍出版社，2006年，第35页。

1890 年任北洋水师学堂总办；1896 年创办俄文馆，任总办；1902 年任京师大学堂译书局总办；1906 年任复旦公学校长；1912 年京师大学堂更名为北京大学，任校长；1908 年清朝任学部审定名词馆总纂。严复讲中国富强之本："则亦于民智、民力、民德三者加之意而已。""然则三者又以民智为最急也。"① 因为"民智者，富强之原"。② 开民智就需要办教育，教育的重要的内容学习西方富强之术，"夫士生今日，不睹西洋富强之效者，无目者也。谓不讲富强，而中国自可以安；谓不用西洋之术，而富强自可致；谓用西洋之术，无俟于通达时务之真人才，皆非狂易失心之人不为此"。③ 西方之术中逻辑学最为重要，"本学之所以称逻辑者，以如贝根④ 言，是学为一切法之法，一切学之学；明其为体之尊，为用之广，则变逻各斯为逻辑以名之。学者可以知其学之精深广大矣"。⑤ 他亲力亲为，所译西方 8 部著作中，逻辑有 2 部，1905 年译《穆勒名学》，1909 年译《名学浅说》，影响深远，如王遽常言："一时风靡，学者闻所未闻，吾国政论之根柢名学理论者，自此始也。"⑥ 如郭湛波言："自严先生译此二书，论理学始风行国内；一方学校设为课程，一方学者用为致学方法。"⑦ 严氏对佛教逻辑学科之建立提供了理论支撑。

中国现代大学理念缔造者蔡元培，从 1916 年至 1927 年，任北京大学校长 10 多年，采用"思想自由，兼容并包"的办学方针，实行"教授治校"的制度，出版《哲学大纲》《中国伦理学史》等哲学著作，传播西学。他将国人如何用西学印证中学总结为："至于整理国故的事业，也到严复介绍西洋哲学的时期，才渐渐倾向哲学方面。这是因为民国纪元前十八年，中国为日本所败，才有一部分学者，省悟中国的政教，实有不及西洋各国处，且有不及维新

① 王栻主编：《严复集（一）》，北京：中华书局，1986 年，第 14 页。
② 王栻主编：《严复集（一）》，第 29 页。
③ 王栻主编：《严复集（一）》，第 4 页。
④ 即培根。——本书作者
⑤ 王栻主编：《严复集（四）》，第 1028 页。
⑥ 王遽常：《严几道年谱》，上海：商务印书馆，1936 年，第 56 页。
⑦ 郭湛波：《近五十年中国思想史》，济南：山东人民出版社，1997 年，第 183 页。

的日本处,于是基督教会所译的,与日本人所译的西洋书,渐渐有人肯看,由应用的方面,引到学理的方面,把中国古书所有的学理来相印证了。"①

陈大齐1903年入日本东京帝国大学文科哲学门,1914年任北京大学教授,1922年任哲学系系主任,1927年任北大教务长,1929年至1930年任国立北京大学(代理)校长,直至1930年12月蒋梦麟接任北大校长为止,后任国民政府考试院秘书长、考选委员会委员长等职。北京大学哲学系设有读书会,分四组,其中论理学分两组,导师分别是陈大齐、傅铜。陈大齐"曩治逻辑,思习因明","数年以来,积稿十有二万余言,稍加编次,与名《因明大疏蠡测》"。②

胡适1945年至1948年任北京大学校长,为新文化运动倡导者,1916年任北京大学教授,其著作《先秦名学史》《中国哲学史大纲》(上卷)都是用西方哲学与逻辑研究中国哲学与逻辑的经典。胡适1917年完成的博士论文《先秦名学史》为中国逻辑史专著,系统建构了先秦逻辑史,此书包括孔子的逻辑、《易经》的逻辑,墨翟的逻辑,别墨的逻辑,惠施、公孙龙、庄子、荀子、法治的逻辑;并专论先秦的演绎法、归纳法。

汤用彤1930年起先后任北京大学、西南联合大学教授,并任哲学系主任、文科研究所所长、文学院院长,1949年出任北京大学校务委员会主席,主持北大行政工作。汤用彤在北大讲授中国佛教史、魏晋玄学、印度哲学史、西方哲学史、逻辑学等,出版有《汉魏两晋南北朝佛教史》《印度哲学史略》《魏晋玄学论稿》等佛学著作。

此处仅举北京大学部分校长的教育与逻辑理念为例,说明中国近代教育改革对佛教逻辑学科建立的影响,有新式教育才有教西方逻辑的可能,有西方逻辑才能产生逻辑学科的认识,才有将中国逻辑、佛教逻辑放入逻辑

---

① 蔡元培:《五十年来中国之哲学》,《蔡元培全集》(第四卷),北京:中华书局,1984年,第366页。

② 陈大齐:《因明大疏蠡测》,释妙灵主编:《真如·因明学丛书》,北京:中华书局,2006年,"序"。

学科的凭依。其实,当时教育的变革遍布中国各地,孙诒让 1886 年开始接触中译西方政治及科技书刊,1899 年与人创办瑞平化学学堂,1901 年建瑞安普通学堂,亲订章程及各班课程,设立中文班、西文班、算学班,课程包括经、史、子、伦理、西政、西艺、英语、世界史、世界地理、数学、物理、化学等。孙诒让虽然研究精力放在墨家,实开逻辑、因明、墨家辩学比较研究风气之先。如其言:"尝谓《墨经》,楬举精理,引而不发,为周名家言之宗。窃疑其必有微言大例,如欧士论理家雅里大得勒之演绎法、培根之归纳法,及佛氏之因明论者,惜今书伪阙,不能尽得之条理。……拙著印成后,间用近译西书覆事审校,似有足相证明者。"①

(二)唯识学复兴与因明工具价值的凸显

唯识学在唐代发展极盛,之后衰微,中国近现代时复兴。今以前人叙述总结如下。

蒋维乔叙述了唯识学在中国的发展:

> 　　法相宗极盛于唐;宋元以后渐衰,其情状无由得知。明代虽有明昱、智旭,颇事研究,著述亦富。然玄奘以后,窥基、慧沼、智周,一脉相传之论疏,窥基之《成唯识论述记》《成唯识论枢要》,慧沼之《成唯识论了义灯》,智周之《成唯识论演秘》,经唐武宗焚毁,中土佚失数百年;明昱等未之见也;故明代唯识家之著述虽富,而不免讹舛。自杨文会创设金陵刻经处;此类论疏,均自日本取回,刊行流通,学者始得窥见玄奘本旨。法相宗之得以复兴,亦由于此。……近代沙门中研究者较少;居士等则以其科条严密,系统分明,切近科学,故研究者较多。最著者为南京之内学院,欧阳渐实主之;专研法

---

① 　孙诒让:《与梁卓如论墨子书》,氏著《籀廎述林》,北京:中华书局,2010 年,第 382 页。

相,不涉他宗。于玄奘以来学说,整理疏通,不遗余力;入院研究者甚多。……北京则有三时学会,韩德清实主之,曾开讲《成唯识论》,听者颇众。①

陈寅恪分析唯识学不会在中国发展的原因时说:

> 释迦之教义,无父无君,与吾国传统之学说,存在之制度,无一不相冲突。输入之后,若久不变易,则绝难保持。是以佛教学说,能于吾国思想史上,发生重大久远之影响者,皆经国人吸收改造之过程。其忠实输入不改本来面目者,若玄奘唯识之学,虽震动一时之人心,而卒归于消沉歇绝。近虽有人焉,欲燃其死灰,疑终不能复振。其故匪他,以性质与环境互相方圆凿枘,势不得不然也。②

梁启超将晚清思想家的佛学研究总结为:

> 晚清思想家有一伏流,曰佛学。前清佛学极衰微,高僧已不多;即有,亦于思想界无关系。其在居士中,清初王夫之颇治相宗,然非其专好。至乾隆时,则有彭绍升、罗有高,笃志信仰。绍升尝与戴震往复辨难(《东原集》)。其后龚自珍受佛学于绍升(《定庵文集》有《知归子赞》。知归子即绍升),晚受菩萨戒。魏源亦然,晚受菩萨戒,易名承贯,著《无量寿经译》等书。龚、魏为"今文学家"所推奖,故"今文学家"多兼治佛学。石埭杨文会,少曾佐曾国藩幕府,复随曾纪泽使英,夙栖心内典,学问博而道行高。晚年息影金陵,专

---

① 蒋维乔:《中国佛教史》,扬州:广陵书社,2008年,第244页。
② 陈寅恪:《陈寅恪集:金明馆丛稿二编》,北京:生活·读书·新知三联书店,2015年,第283—284页。

以刻经弘法为事。至宣统三年武汉革命之前一日圆寂。文会深通
"法相""华严"两宗，而以"净土"教学者。学者渐敬信之。谭嗣同
从之游一年，本其所得以著《仁学》，尤常鞭策其友梁启超。启超不
能深造，顾亦好焉，其所著论，往往推挹佛教。康有为本好言宗教，
往往以己意进退佛说。章炳麟亦好法相宗，有著述。故晚清所谓新
学家者，殆无一不与佛学有关系，而凡有真信仰者率皈依文会。①

　　唯识学为什么能够在近代中国复兴，诸多学者从中国近代社会、政治、
文化、教育、思想、哲学转型的需要等不同视角进行分析，已有不少成果面
世。而唯识学的复兴也就意味着因明学科的繁荣（其实，近现代中国因明
的佛教逻辑转型也带来了唯识学的繁荣，这是另外一个研究课题）。这是因
为，在印度佛教发展史上，真正建立、发展、完善因明的佛教派别归属于唯识
学。《瑜伽师地论》对五明的划分使得因明独立于内明，陈那因明论式的改
造使得立破理论得以完善。唐代玄奘留学印度，正是唯识学发展最为成熟
时期，回国翻译佛学也有对唯识学、因明的偏爱，《瑜伽师地论》《因明正理
门论本》等诸多唯识学因明著作的翻译便是其表现。诠释编译印度十大论
师而成的《成唯识论》等，是唐代三四代人注疏的主流。
　　为什么唯识学与因明得到玄奘的垂青？因为因明是唯识学论证的方法
论。《瑜伽师地论》讲五明，各有其作用：

　　　彼诸菩萨求正法时，当何所求？云何而求？何义故求？谓诸菩
　　萨以要言之，当求一切菩萨藏法、声闻藏法，一切外论，一切世间工
　　业处论。当知于彼十二分教，方广一分唯菩萨藏，所余诸分有声闻
　　藏。一切外论略有三种：一者因论，二者声论，三者医方论。一切
　　世间工业处论，非一众多种种品类，谓金师、铁师、末尼师等工业智

①　梁启超撰，朱维铮导读：《清代学术概论》，上海：上海古籍出版社，1998年，第99页。

处。如是一切明处所摄有五明处：一，内明处；二，因明处；三，声明处；四，医方明处；五，工业明处。菩萨于此五种明处若正勤求，则名勤求一切明处。诸佛语言，名内明论，此几相转？如是乃至一切世间工巧业处，名工业明论，此几相转？谓内明论略二相转：一者显示正因果相，二者显示已作不失未作不得相。因明论亦二相转：一者显示摧伏他论胜利相，二者显示免脱他论胜利相。声明论亦二相转：一者显示安立界相能成立相，二者显示语工胜利相。医方明论四种相转：一者显示病体善巧相，二者显示病因善巧相，三者显示断已生病善巧相，四者显示已断之病当不更生善巧相。一切世间工业明论，显示各别工巧业处所作成办种种异相。①

其中因明凸显唯识学的方法论意义。《因明正理门论本》讲了立破理论，这些内容是围绕三支论式展开的，而三支论式是服务于佛学论证的。《因明正理门论本》讲："为开智人慧毒药，启斯妙义正理门。诸有外量所迷者，令越邪途、契真义。"②《集量论》讲："归敬为量利诸趣，示现善近救护者，释成量故集自论，于此总摄诸散义。"③

唯识学在近现代中国复兴、发展的呈现是多方面的，如佛学院的课程体系中唯识学、因明课程居多；还如，仅就近现代中国佛教期刊而言，《民国佛教期刊文献集成》收集了佛教期刊148种，编为209卷（含目录索引5卷），其中唯识学论文占主流，且含因明成果50多篇，包括因明理论、因明史研究、讲座摘登、本文解读、学生习作、考试选登等内容。

（三）日本因明传播与佛教逻辑学科之确立

沈剑英有这样的评价："日本传统的因明研究是以唐代的汉传因明文

---

① 〔印〕弥勒菩萨，玄奘译：《瑜伽师地论》，《大正藏》（第30册），第500页。
② 〔印〕陈那，玄奘译：《因明正理门论本》，《大正藏》（第32册），第6页。
③ 吕澂：《集量论释略抄》，《吕澂佛学论著选集（一）》，济南：齐鲁书社，1991年，第181页。

献为研究对象的,且以中国的文言文作为书面表达工具,这种传统保持了一千二百余年,至19世纪末才基本结束。"① 这段话包含两层含义,一层是说日本传统因明研究是依据唐代因明注释性研究范式,另一层意思是19世纪末又有一种因明研究范式,此指明治时期(1868—1912)及其之后的因明研究。日本学者师茂树《明治时期的日本因明研究概况》和桂绍隆《明治维新之后的日本因明研究概况》两文概述了日本明治维新及其之后日本因明研究的概况。肖平、杨金萍的《近代以来日本因明学研究的定位与转向——从因明学到印度论理学》也是此类专题性论文。

《明治时期的日本因明研究概况》列举日本1877—1910年重要因明成果62部,以云英晃耀(1831—1910)、村上专精(1851—1929)、大西祝(1864—1900)为例,研究日本因明如何从唐释过渡到佛教逻辑。此文认为,明治维新初期,西周(1829—1897)的《致知启蒙》(1874)依据穆勒(J. S. Mill)的《穆勒名学》(*A System of Logic*),为传播日本的西方逻辑启蒙书。这一时期当然也传入了西方的演绎法或归纳法,借助于西周传播的西方逻辑,云英晃耀等便有融合东亚传统思想,为政府、议院、裁判所等议论世界普及因明的倾向。如《因明入正理论疏方隅录》言:"因明本就是印度的论理法,在立论者与对论者问答、主张自己所持有的论说时,必须有条理(道理)。有了道理,在政府、议院、裁判所或人们集合的场所或贤哲的面前等,无论怎样的环境,这样的言论肃然,勇猛正义,心无所惧,不屈于对手,不浪费词藻,言简意赅,是论争取得胜利的妙术,超越世俗(真)也好,世俗也好,佛教内也好,佛教之外也好,其都是社会不可或缺的金科玉律,特别是现今的议论世界中必不可少的。"其研究由因明的文本解释转向佛教逻辑的建构。云英晃耀的因明著作很多,如仅1881年就出版《因明入正理论疏方隅录》《因明初步》《因明大意》《因明正理门论科图》《因明三十三过方隅录》,他在认为因明实质上是演绎法的同时又主张其包含了演绎法与归纳

---

① 沈剑英:《因明在古代朝鲜和日本的传承》,《法音》2018年第3期,第21—30页。

法。在《因明大意》里他认为："逻辑学中亦有三段立论，与因明比较来看，只有宗因，独不论喻一支。其（逻辑学）自称为论理术，从因明来看只是一个追究真理的方法而已，依据顺自违他，并不是对于其他论者主张自己的宗义及背律的论证方法，应该称其为究理术，而不是论理术。也就是说，对于其他论者，不使用以使其了解自己的宗义为目的的比喻，这简直是自悟而不是悟他的方法，是究理术而不是论理术。现在，我认为法（因明）是纯真的论理术，兼备自悟悟他，所以使用比喻是很自然的。"其弟子村上专精亦认为因明是演绎、归纳两者的结合。《活用讲述因明学全书》（1891）将因明视为普通学，村上研究了因明的起源，认为一切智者不需要因明，只是佛陀的教化活动需要因明的悟他；陈那完善了因明，所以从这个意义上说因明源于佛说。与西洋论理学相比：西洋论理学分为演绎法和归纳法，因明亦有；三段论法与三支作法类似，只是次序不同；三段论的次序是大前提、小前提和断案，三支作法的次序是断案、小前提和大前提。大西祝《论理学》（1903）分形式论理、因明大意、归纳法大意三篇，将因明的演绎法式理解为因明中的喻体是全称命题，喻依有归纳论理之趣。因明不需要喻依，这样因三相中就不需要第二项。大西是日本第一位用文恩图解释因明的学者。①

　　《明治维新之后的日本因明研究概况》一文将日本明治维新以后的因明研究概括为：自南条文雄、笠原研寿为始的欧洲各国留学生将以佛教原典的文献学相关研究为中心的近代佛教学引入后，对日本的因明（佛教认识论、逻辑学）研究产生了巨大影响。论文从"汉译所传因明论著的近代研究""基于梵语原典、藏译的因明论著研究""藏传佛教因明研究""汉传佛教因明研究""因明与逻辑之比较研究"五个方面对此期间因明研究给予介绍，特别是对中国近现代因明研究产生影响的日本因明研究成果做了介绍。如《方便心论》研究成果有宇井伯寿（1882—1963）任职于东北帝国大学期间撰写的全六卷本《印度哲学研究》的第二卷（1925）。其中收录了利用《方便心论》汉

———————————

① 〔日〕师茂树：《明治时期的日本因明研究概况》，李微译，《青藏高原论坛》2017年第4期，第58—78页。

文校订文本、读音标记汉文文本，以及引用《遮罗迦本集》《正理经》等佛教以外印度论著的解说所构成的《方便心论的注释性研究》，该研究认为《方便心论》是"龙树以前某个小乘佛教信奉者之作"。《如实论》收录于《国译一切经·印度撰述部·论集部Ⅰ》（1933）中的中野义照的读音标记汉文文本及注释。《因明正理门论》有宇井伯寿的汉文校订文本、读音标记汉文文本及详细解说的《因明正理门论解说》，发表于《印度哲学研究》第五卷（1929），以及《国译一切经·印度撰述部·论集部Ⅰ》中的林彦明著有读音标记汉文文本及注释。宇井伯寿将《因明入正理论》梵语原典及汉译文本进行比较，制作校订文本对汉文书进行注音，并译为现代日语《国译一切经·印度撰述部·论集部Ⅰ》中林彦明著有读音标记的汉文文本及注释。①

肖平、杨金萍总结日本明治维新因明研究的逻辑转向为：因明之学自奈良时代传入日本以后，经历代僧侣之努力，逐步建立起较为完善的学术体系。然而，明治维新令传统因明学受到西方逻辑学的冲击。为此，僧侣们采取了积极的应对策略，即首先将因明学重新定位，继而通过广泛吸纳西学之研究方法努力促使因明学获得新的生机，最后实现了因明学向印度论理学的转向。②

日本因明传播也包含两个方面内容，一是寻回唐代传播到日本的因明文本，二是传播日本的因明研究成果。就寻回唐代传播到日本的因明文本而言，如杨文会与夏曾佑通信，说明刊刻因明、唯识学情况为：

> 《唯识》古书，亡于元末。明季诸师，深以不见为恨。近从日本得来者有十余种，已将《述记》合论付梓。现已刻至四分之三，来岁五六月间，可出书矣。《因明大疏》之外，尚有《义断》、前、后《记》等，皆唐人所作，有款当续刻之。《地论》百卷，因无巨款，久久未成。③

---

① 〔日〕桂绍隆：《明治维新之后的日本因明研究概况》，周丽玫、郑锦、谢鹏、高洁、张真真译，《青藏高原论坛》2017年第4期，第17—43页。
② 肖平、杨金萍：《近代以来日本因明学研究的定位与转向——从因明学到印度论理学》，《佛学研究》2010年（总第19期），第402—409页。
③ 杨仁山：《杨仁山卷》，麻天祥主编：《20世纪佛学经典文库》武汉：武汉大学出版社，2008年，第307—308页。

就传播日本的因明研究成果而言,如1903年宋恕在日本与佛学家南条文雄交往中所言:"窃尝论印度《因明论》之三法,颇与希腊哲学家之三句法相似"①。在日本留学的胡茂如翻译了大西祝《论理学》,最早由河北译书社出版,连续出版两版,1919年由上海泰东书局出版第三版。陈大齐写《因明大疏蠡测》得益于《因明入正理论疏方隅录》。他研究逻辑时,便学习因明,然而学因明须学习《因明正理门论》《因明入正理论》《因明入正理论疏》,而《因明入正理论疏》不好读,当他得到《因明入正理论疏方隅录》后,才初能解:"取读此疏,格格难入,屡读屡辍,何止再三。然研习志,迄未有衰。后得和籍《因明入正理论疏方隅录》,其书于《大疏》文,逐段诠释,甚便初学。悉心诵读,粗有领悟。"② 如此等等。我们说,中国近现代学者的因明教学与研究中浸润着日本佛教论理学的内容。

(四)从因明到佛教逻辑

窥基式因明解读 公元647年、648年、649年唐玄奘分别译出《因明入正理论》《瑜伽师地论》《因明正理门论本》,窥基对此的解读形成《因明入正理论疏》,此书解读从因明发展史、佛教思想、不同时期因明文本入手,集中阐释《因明入正理论》每句含义。之后《宗镜录》卷第五十一以窥基《因明入正理论疏》说因明;明昱大师的《因明入正理论直疏》、王肯堂的《因明入正理论集解》、智旭的《因明入正理论直解》等均以"八门而益"为核心开展诠释。如释《因明入正理论》"由宗、因、喻多言开示诸有问者未了义故"句,窥基释为:

述曰:释能立义。宗义旧定,因、喻先成,何故今说为能立也?
《理门》亦云:"由宗、因、喻多言辨说他未了义。""诸有问者",谓敌

---

① 胡珠生编:《宋恕集》,北京:中华书局,1993年,第362页。
② 陈大齐:《因明大疏蠡测》,"序"。

证等。"未了义"者,立论者宗,其敌论者,一由无知,二为疑惑,三各宗学,未了立者立何义旨,而有所问,故以宗等如是多言成立宗义,除彼无知、犹预、僻执,令了立者所立义宗。其论义法,《瑜伽》等说有六处所:一于王家,二于执理家,三于大众中,四于贤哲者前,五于善解法义沙门、婆罗门前,六于乐法义者前。于此六中,必须证者善自他宗,心无偏党,出言有则,能定是非。证者有问:立何论宗?今以宗等如是多言,申其宗旨,令证义者了所立义。"故"者,所以第五转声。"由"者,因由,第三转摄。因由敌证问所立宗,说宗、因、喻,开示于彼,所以多言,名为能立。开示有三:一,敌者未闲,今能立等创为之开,证者先解,今能立等,重为之示;二,双为言开,示其正理;三,为废忘宗而问为开,为欲忆宗而问为示。"诸有问者未了义故"略有二释:一诸问者,通证及敌,敌者发问,理不须疑,证者久识自他宗义。宁容发问未了义耶?一,年迈久忘;二,宾主纷纭;三,理有百途,问依何辙;四,初闻未审,须更审知;五,为破疑心,解师明意。故审问宗之未了义。二应分别。为其证者,论但应言"多言",开示问者义故,证者久闲而无未了。为其敌论者,论应说言"多言",开示诸有问者未了义故,敌者于宗有未了故。今合为文,非彼证者亦名未了,由开示二,故说多言,名为能立。问能立有多,何故一言说为能立?答《理门》解云:"为显总成一能立性,由此应知,随有所阙,名能立过"。阙支便非能立性故。[1]

此为因明的文本解释,个中没有"逻辑"。

逻辑式因明解读 因明的逻辑研究便改变了以上范式,以逻辑比附因明。如,谢蒙(谢无量,1884—1964)著《佛学大纲》(1916)里有"佛教论理学"

---

[1] 窥基:《因明正理门论疏》,《大正藏》(第44册),第97页。

内容,在介绍因明发展史和新因明三支论式基础上,专门与亚里士多德三段论进行比较。他认为,A、E、I、O为直言命题四种形式,因明包括此四种形式,与之对应之名为:表诠全分命题、遮诠全分命题、表诠一分命题、遮诠一分题。同时他还强调:因明考虑内容,又分四种包括内容的命题,即表诠有体命题、遮诠有体命题、表诠无体命题、遮诠无体命题。内容与形式的结合便分为八种:表诠有体全分命题、表诠有体一分命题、表诠无体一分命题、表诠无体全分命题、遮诠有体全分命题、遮诠有体一分命题、遮诠无体一分命题、遮诠无体全分命题。他进一步论述因明论式的有体论式和无体论式,认为其与三段论关系为:有体论式,同喻为大前提;无体论式,异喻为大前提。有体论式为三段论法第一格,无体论式为三段论法第二格。三段论规则与因明论相通。得出"三段论法,所谓质之分类,仅就其形式分肯定否定,而不问其内容意义之如何,三支论法,则有形式与内容之区别,分有体无体,故质有四种,命题之总数有八种,然因明学之论式,直完然有论理学之规模也"。①

本书写作目的就是通过对中国近现代佛教逻辑学科之建立和研究的审视,思考佛教逻辑研究的走向。共包括中国近现代佛学院、大学、佛学杂志的因明研究,因明与先秦诸子哲学,《因明正理门论本》语篇分析五章。

二、口述史学:20世纪后期汉传因明史的另一种书写

通常学术史的写作是按照时间划段,写出每段中学术成就和突出特征。这种历史研究中心突出,条理清晰,例如刘培育、郑伟宏、姚南强等关于建国后因明发展史的研究成果大多如此。刘培育的《因明三十四年》②和《中国因明研究的可喜进展》③两篇论文以最简略的方式涵摄建国至今的因明发

① 谢无量:《佛学大纲》,扬州:江苏广陵古籍刻印社,1994年,第314—320页。
② 刘培育:《因明三十四年》,载中国逻辑史学会因明研究工作小组编:《因明新探》,兰州:甘肃人民出版社,1989年,第58—67页。
③ 刘培育:《中国因明研究的可喜进展》,《光明日报》2016年7月13日,第9版。

展史。前文将因明三十四年发展分为建国后 17 年、"文革" 10 年和"文革"后 7 年三个阶段。第一阶段因明工作包括发表少量论文、编辑《佛教百科全书》和人才培养，第二阶段无工作，第三阶段工作包括发表论文、出版专著、编写教材、召开学术会议、翻译藏传因明著作和寺庙因明复兴等。后文从人才培养、项目、论文、著作等方面接着总结三十四年之后至今的因明发展概略。郑伟宏的《汉传因明述要》① 写至 2009 年，他也分为三个阶段。1949—1966 年为第一阶段，从"无产阶级文化大革命"（简称"文革"）开始至"文革"结束后的 1977 年为第二阶段，此与刘培育观点差异不大。1978 年后为第三阶段，他总结为四大特点：第一，因明座谈会和 7 次全国学术讨论会成为强大动力；第二，社会科学院和高等学校的科研、教学人员成为因明研究的主力军；第三，出版了 7 部因明文集；第四，一大批各类著译的出版反映了 20 世纪末因明研究的广度和深度（包括：通论性的著作数种、《因明大疏》的注本和敦煌遗珍唐疏研究各一种、先后出版了 4 本关于《理门论》的专著和《入论》的讲解 3 种、出版了多种有关印度因明发展史和汉传因明史的著作以及三大逻辑史比较研究著作、翻译出版了印度因明和正理的经典著作、对国外因明研究成果的译介、出版了多种逻辑辞典和一种因明辞典、佛教界的因明传习活动蓬勃展开），并认为此阶段主要围绕因明与佛家逻辑、正理和印度逻辑之关系，什么是同品、异品，因的第一相"遍是宗法性"的逻辑意义，关于第二相同品定有性的命题形式，因的后二相是否等值，关于表诠、遮诠，陈那三支作法的推理种类等 7 个问题开展研究。2000 年姚南强出版的《因明学说史纲要》② 有"五十年来的中国因明研究"一章，侧重于面世成果的梳理，并对部分成果作介绍和述评。

本节"当代汉传因明史"的写作尝试从学术共同体建设视角切入，以三个机构为线索，以自序、回忆文章、会议综述和机构简介为材料，开展对 20

---

① 鞠实儿：《当代中国逻辑学研究（1949—2009）》，北京：中国社会科学出版社，2013 年，第 441—463 页。
② 姚南强：《因明学说史纲要》，上海：上海三联书店，2000 年，第 361—427 页。

世纪 50 年代之后汉传因明发展史的研究工作。三个机构指中国佛教协会、中国逻辑史研究会（1991 年更名为"中国逻辑史专业委员会"）、因明专业委员会。中国佛教协会选取时段为自其成立到中国逻辑史研究会成立止，中国逻辑史研究会选取时段为自其成立至因明专业委员会成立止。需要说明的是学术史写作总夹杂着作者的情感，尤其是写作作者自己所处时代的学科史更是如此。本文力争克服这种现象，但枚举归纳也必然意味着会舍弃一些前辈与同仁的成果。

（一）中国佛教协会与因明人才培养

1953 年中国佛教协会成立，前五届有因明学家（这里指更偏重因明研究的大德）担任理事以上职务，如吕澂（1896—1989）、周叔迦（1899—1970）、法尊（1902—1980）、虞愚（1909—1989）、杨化群（1923—1994）等诸大德。1953 年 5 月 30 日至 6 月 3 日，中国佛教协会成立会议在北京召开，周叔迦为副秘书长，吕澂为常务理事，法尊为理事；1957 年 3 月 26 日至 31 日，中国佛教协会第二届全国代表会议在北京举行，周叔迦为副会长兼副秘书长，吕澂、法尊为常务理事，虞愚为理事；1962 年 2 月 12 日到 27 日，中国佛教协会在北京举行了第三届全国代表会议，周叔迦为副会长兼副秘书长，吕澂、法尊为常务理事，虞愚为理事；1980 年 12 月 16 日至 23 日，中国佛教协会第四届全国代表会议在北京举行，虞愚、杨化群为理事；1987 年 2 月 23 日至 1987 年 3 月 1 日，中国佛教协会第五届全国代表会议在北京举行，吕澂为名誉理事、虞愚为常务理事、杨化群为理事。

中国佛教协会理事中不乏大德对因明有极深造诣。以上所举大德有大量因明成果面世。这些因明大师在中国逻辑史研究会成立之前，承担了因明育人重任。

吕澂从 1922 年南京支那内学院创立到 1952 年结束一直贡献于此。他于支那内学院管理院务、授课、校勘刻印经典等。作为因明学家，吕先生为我们留下的因明成果包括《因明纲要》(1926)、《入论十四因过解》(1928)、《集量论释略抄》(1928)、《因明正理门本证文》(与印沧合注)(1928)、《因轮论图解》(1928)、《佛家逻辑——法称的因明说》(1954)、《西藏所传的因明》(1961)、《因明入正理论讲解》(1983)等等。"20 世纪60 年代,他受中国科学院哲学社会科学部的委托,在南京举办为期 5 年的佛学讲习班,讲授佛学和因明。他的《印度佛学源流略讲》《中国佛学源流略讲》和《因明入正理论讲解》等书都是根据讲习班上的讲稿而成的。这个讲习班学员不多,却成就了谈壮飞和张春波这样的著名佛学和因明学者。"①

周叔迦在此阶段对于因明人才的培养发挥着领导作用。中国佛学院网站对周先生有如下介绍:1929 年,他在青岛创办佛学研究社,在研究社中还附设佛经流通处,流通佛经,以广弘传;1931 年到北平,先后任教于北京、清华、中国、辅仁、中法、国民诸大学,主讲中国佛教史、唯识学、因明学等,并加入韩清净与朱芾煌、徐森玉等组织的"三时学会",从韩清净学唯识;1933 年山西赵城县广胜寺发现金代藏经,周叔迦与叶恭绰等共同发起,将金藏中有关法相的典籍选出 64 种,以三时学会名义、以《宋藏遗珍》为名影印;1940 年周叔迦在北平瑞应寺开办中国佛教学院,自任院长,主讲佛学课程,主持编印佛教史志六种,担任《微妙音》《佛学月刊》两种杂志的主编,也经常发表佛学论文;1953 年任中国佛教协会副秘书长;1956 年任中国佛学院副院长兼教务长。他的佛学普及与教育(含因明教学与研究)贡献简单概括为:除组织刻经(如 1933 年他主管北平刻经处)、办杂志(如 1936 年组织编委会出版《微妙声》月刊,1940 年主持《佛学月刊》)、办图书馆(如 1940 年建立居士林图书馆)、办学校(如 1940 年创办中国佛教学院)、成立佛教研究会(如 1941 年设立佛学研究会,编辑佛教史志六种,其中因明学家王森、韩镜清担任"佛典辑佚"编辑工作)等,为包含因明在内的佛

---

① 刘培育:《五学者对因明的贡献》,郑堆、光泉主编:《因明》第 6 辑,兰州:甘肃民族出版社,2012 年,第 25—28 页。

学普及和教育提供平台外，他还亲自规定"佛学分年课程"，他把课程分为"普通学"和"专门学"两类，其中"慈恩宗"专门学中第二年开设有"《因明入正理论疏》八卷"，第四年开设"《瑜伽师地论》一百卷"等，并认为"每宗所选诸经典，要须四至六年之功方可通达"。① 他还在大学和佛学院讲佛学（含因明）。

法尊法师 1956 年任中国佛学院副院长，兼讲授佛教课程；1980 年任中国佛学院院长；他对因明人才培养的贡献重在翻译藏传因明著作。"同年② 八月二十三日开始翻译法称论师造的《释量论》（四卷），编译《释量论略解》（九卷）至一九八〇年二月十九日完成。其间，一九八〇年三月九日至七月二十四日还编译了陈那菩萨造《集量论略解》六卷。以上译著已分别由中国佛教协会和中国社会科学出版社出版。"③ 在《集量论略解》"前言"里，法尊法师提到写作"略解"之缘由，"近有研究因明的朋友，因感因明学之论典太少，劝余将陈那菩萨之《集量论》译出以利学者。余昔对此论未经师授，可参阅之注疏亦甚少，有诸奥义尚待研寻。今姑草出未为定本，聊供习因明者之参考云尔。法尊一九八〇年十月四日"④。

虞愚 1956 年奉调进京，撰述斯里兰卡佛教大百科全书中有关中国古代佛教专著条目，兼任中国佛学院教授；1979 年受聘为中国社会科学院文学研究所兼职研究员；1982 年调到中国社会科学院哲学所任研究员。"1956—1966 年十年间，虞愚先生在中国佛学院开因明课，听课的除中国佛学院学员外，还有中国人民大学的教师等。"关于虞愚对因明学科的突出贡献，刘培育概括为：1982 年在京举办的 7 人抢救因明座谈会，虞愚为核心代表，1983 年在全国首届因明讨论会和同年召开的全国古籍整理出版规划会议上积极呼吁抢救因明遗产；1984 年撰文《开拓因明研究的新局面》提出推动因明发展

① 周叔迦：《周叔迦佛学论著全集》第 4 册，北京：中华书局，2006 年，第 1428—1434 页。
② 即 1978 年。
③ 法尊：《法尊法师自述》，《法音》1985 年第 6 期，第 34—37 页。
④ 〔印〕陈那造，法尊译编：《集量论略解》，北京：中国社会科学出版社，1982 年，"前言"。

的六大建议；1982—1985 年在中国社会科学院哲学所举办 "因明和佛学培训班" "因明和中西逻辑史讲习班"，先后培养 80 多名学者；1983 年招收国内首位汉传因明研究生，合作指导第一个汉传因明博士生，主编《中国逻辑史资料选·因明卷》。①《哲学研究》1984 年 11 期有一以 "中国社会科学院哲学研究所举办因明学和中国、西方逻辑史进修班" 为题的招生信息如下：

中国社会科学院哲学研究所将举办因明学和中国、西方逻辑史进修班。主讲人：虞愚、沈有鼎、周礼全等。讲课内容：因明发展史、因明经典著作、中国逻辑思想史（以先秦为重点）、西方逻辑发展史及三个逻辑体系之比较。授课时间：1985 年 3 月—6 月初，约三个月。进修班面向全国招生，凡愿报名者，请与中国社会科学院哲学研究所培训班联系。②

（二）中国逻辑史研究会与抢救因明活动

据《中国逻辑学会大事记》③记载：1978 年召开了第一次全国逻辑讨论会；1979 年在第二次全国逻辑讨论会上，中国逻辑学会成立；1980 年中国逻辑学会中国逻辑史研究会在广州市召开中国逻辑史第一次学术讨论会，成立了中国逻辑史研究会，因明被归于中国逻辑史研究会，因明专业委员会成立前的中国逻辑史研究会，历任会长（理事长、主任）为首任理事长为中山大学杨荗荪；1983 年选李匡武为中国逻辑史研究会会长；1988 年选周文英为中国逻辑史研究会会长；1992 年选周云之为中国逻辑史专业委员会主任；1998 年选刘培育为中国逻辑史专业委员会主任；2001 年选董志铁为中国逻辑史专业委员会主任。

---

① 刘培育：《五学者对因明的贡献》，郑堆、光泉主编：《因明》（第 6 辑），第 25—28 页。
② 《中国社会科学院哲学研究所举办因明学和中国、西方逻辑史进修班》，《哲学研究》1984 年第 11 期，第 32 页。
③ 吴家国：《中国逻辑学会大事记》，载杜国平编：《改革开放以来逻辑的历程——中国逻辑学会成立 30 周年纪念文集（下卷）》，北京：中国社会科学出版社，2012 年，第 589—647 页。

在中国逻辑史研究会成立前的10年，共召开了7次中国逻辑史学术讨论会（1980、1981、1982、1983、1984、1986、1987），3次因明学术讨论会（1982年中国逻辑学会中国逻辑史研究会在北京召开因明座谈会，1983年中国逻辑学会中国逻辑史研究会召开全国首届因明学术讨论会，1989年中国逻辑学会中国逻辑史研究会举办全国藏汉因明学术交流会）；中国逻辑学会中国逻辑史研究会与中国科学史学会联合召开墨学学术讨论会2次（1987、1989）。此十年，中国逻辑史研究会核心工作为二：编选《中国逻辑史资料选》和抢救绝学。此两项工作都与因明有关联。《中国逻辑史资料选》包含"因明"，抢救绝学就是抢救因明，研究会为此开展工作如大事记记载。1982年2月中国逻辑学会中国逻辑史研究会在北京召开因明座谈会，全国部分因明研究工作者参加会议。会议详细讨论了《中国逻辑史资料选》因明分册的编选计划，并商定于1983年召开中国首次因明学术讨论会。1983年8月，中国逻辑学会中国逻辑史研究会、中国社会科学院哲学研究所和甘肃省社会科学院、甘肃人民出版社联合筹备召开了全国首届因明学术讨论会。这次会议先后在敦煌、酒泉分段进行。会议听取了虞愚、杨化群等关于汉传因明和藏传因明历史发展的学术报告；讨论了研究因明的目的和意义，因明、名辩与逻辑的比较，因三相问题，等等；审订了《中国逻辑史资料选》因明卷的编写计划与部分初稿；研究了今后抢救因明、发展因明的设想；成立了因明研究工作小组。工作小组责成刘培育、崔清田、孙中原将这次会议的论文编成《因明新探》。1989年10月中国逻辑学会中国逻辑史研究会与中国社会科学院南亚文化研究中心、中国佛教文化研究所、中国藏学研究中心在北京共同举办全国藏汉因明学术交流会，会议收到论著4部、论文16篇、译文3篇。会上介绍了新中国成立40年来因明研究取得的成绩以及国外因明研究的情况，争论的问题有："藏传因明"的概念，藏传因明的分期等。另外，1990年10月中国逻辑学会中国逻辑史研究会在上海华东师范大学召开全国《易经》逻辑方法讨论会，参加会议的有50多位学者，会议讨论了《易经》

与因明的比较研究。1992 年 8 月长春召开全国第八次中国逻辑史学术讨论会，30 余人参加会议，会议讨论了中国的藏传因明等问题。

如上，除了这些抢救因明的会议外，中国逻辑史研究会采取了一系列抢救工作，包括因明教师培训与人才培养、因明著作的出版、因明论文收集、因明资料编撰，尤其是藏传因明资料的汉译，丰富了汉传因明研究的内容，中国逻辑史研究会抢救因明工作经历了从"教师培养与因明汉译"到"新人新作"，再到"团队初成"三次跨越。

教师培养与因明汉译工作　教师培养前已概述。"因明汉译"包括英文、日文等著作汉译，在这里只举例概述藏文、梵文经典的汉译工作。如前所说的吕澂的《佛家逻辑——法称的因明说》（1954）一文对《正理滴论》文本解读用意，《西藏所传的因明》（1961）重点讲藏传因明史。法尊的《集量论略解》《释量论略解》是对印度晚期因明著作的一种解读。王森讲因明，"他手里拿一个耆那教的梵文本《入正理论》，一句一句讲下来。通常先讲梵文句词，然后讲玄奘的翻译，然后再评价玄奘的翻译，连带着会讲起学术界有关玄奘的现代学者对玄奘翻译的评价与争议"。[1] 王森 1940 年据梵本译出的《正理滴论》于 1982 年 2 月首次发表在《世界宗教研究》上。黄明信在国家民族图书馆编成该馆藏文因明书目，为《中国逻辑史资料选·因明卷》藏传因明主编之一，并写成论文《藏传因明的应成论式答辩规矩》，介绍藏传辩经论式。[2] 杨化群在《藏传因明学》"自序"里讲了他人生历程，也讲了他应聘中国社会科学院研究员和从事藏传因明著译工作的情况：

　　　　在招考办指定的办公室里，……主考的先生们先后到来，看样子都是老专家、教授，约有三十多位，……好几个录音机摆在面前，……主考任继愈老先生，宣布答辩考试开始，……王森老先生

① 宋立道：《因明年会忆恩师——怀念王森与虞愚二位先生》，郑堆、光泉主编：《因明》（第 6 辑），第 20—24 页。
② 刘培育：《五学者对因明的贡献》，郑堆、光泉主编：《因明》（第 6 辑），第 25—28 页。

即席提出：因明学在印度的发展情况和传到西藏的译传发展情况及其特点等问题……

到1983年，全国首届因明学术讨论会，在敦煌召开以前，我原计划译出藏族因明学者的代表作五部，由于借书困难及时间紧迫，只完成了四部。它们是（1）宗喀巴的《因明七论入门》，（2）工珠·云旦嘉措的《量学》，（3）龙朵文集中的《因明学名义略集》，（4）普觉·强巴的《摄类辩论——因明学启蒙》。①

新人新作　主要收录在《因明论文集》《因明新探》和《因明研究》三本因明论文集里，作者中间有培养班学生，也有通过因明书籍自学或其他渠道而成为因明学者的，都是中国逻辑史研究会的中坚力量，后来成为硕士生导师和博士生导师。新人新作还包括有因明博士巫寿康1987年完成的博士论文《因明正理门论研究》（后由生活·读书·新知三联书店1994年出版）和一批佛教人士的因明研究。石村的《因明述要》（中华书局1981年版）为"文革"后国内第一部汉文因明专著。正如刘培育所言："《因明研究》一书，是从藏汉因明学术交流会上收到的论文和1980年以来报刊上发表的有代表性的论文中选出34篇编辑而成的。1980年，我和周云之、董志铁同志曾把1949—1979年发表的因明论文编辑成《因明论文集》（甘肃人民出版社1982年版）一书；1983年，我和崔清田、孙中原同志又将全国首届因明学术讨论会上的论文选编成《因明新探》一书（甘肃人民出版社1989年出版）。这次编选的《因明研究》一书，是1949年来大陆上所编的第三本论文集，它基本上反映了我国近年研究因明所取得的成果。我想提醒读者的是，本书收录了因明家王森、杨化群、韩镜清三位先生分别翻译的《正理滴论》（或《正理滴点论》）。"②

---

① 杨化群：《藏传因明学》，拉萨：西藏人民出版社，2002年，"自序"，第17—19页。
② 刘培育主编：《因明研究》，长春：吉林教育出版社，1994年，"序"，第2—3页。

团队初成　在中国逻辑史专业委员会下的因明研究团队出现了两种趋向：中国逻辑史研究中的因明研究与因明专门研究。前者偏向比较研究和教材编写，如国家六·五重点项目的《中国逻辑史》五卷本（甘肃人民出版社 1989 年版）中包含唐代因明、现代因明和藏传因明发展史，研究生教学用书、普通高等教育"七五""九五"国家级重点教材《中国逻辑史教程》（温公颐、崔清田主编）初版、修订版里有唐代因明的传入和近现代三大逻辑比较研究的内容；周文英的《中国逻辑思想史稿》（人民出版社 1979 年版），杨百顺的《比较逻辑史》（四川人民出版社 1987 年版），曾祥云的《中国近代比较逻辑思想研究》（黑龙江教育出版社 1992 年版）等都有因明比较研究的内容；还有"逻辑学辞典"（《逻辑学辞典》《哲学大辞典·逻辑学卷》《逻辑学大辞典》）中的因明系列词条。后者重在文本解读和因明史的写作，如沈剑英的《因明学研究》（东方出版中心 1985 年版）、《佛家逻辑》（开明出版社 1992 年版）、《中国佛教逻辑史》（华东师范大学出版社 2001 年版），郑伟宏的《佛家逻辑通论》（复旦大学出版社 1996 年版）、《因明正理门论直解》（复旦大学出版社 1999 年版），姚南强的《因明学说史纲要》（上海三联书店 2000 年版）；还有宋立道、舒晓炜翻译的世界学术名著舍尔巴茨基的《佛教逻辑》（商务印书馆 1997 年版）等。1949—1988 年间因明成果索引可见《四十年因明论著索引（1949—1989）》。[①]

（三）因明专业委员会与学术共同体之建立

2006 年 6 月 15 日至 16 日首届国际因明学术研讨会在杭州召开，会议筹建中国逻辑学会因明专业委员会；同年 12 月 8 日在燕山大学正式挂牌成立，在筹建会议上，确立未来因明学术研讨会工作目标；在成立大会上，首届因明专业委员会主任张忠义重申了委员会五年规划：

---

① 乐逸鸥：《四十年因明论著索引（1949—1989）》，载刘培育主编：《因明研究》，第 434—446 页。

（1）出版因明期刊，暂定名为《因明》，每年一期，以书代刊。（2）出版本次会议论文集。（3）今后将在适当的时机继续举办国际因明会议，每两年召开一次国内因明会议。（4）中国逻辑学会因明专业委员会（筹）将贯彻中央有关领导的指示精神，努力抢救因明这一濒临亡绝的学科。确定了三至五年内努力实现的目标：第一，通过出版社的帮助，酝酿出版有关藏传因明和汉传因明的丛书，组织一些专家汉译藏传因明文献。第二，提倡交流与合作，争取申报若干项国家级和省级课题。第三，广泛宣传因明，利用教师的职业，通过举办讲座或开设专题课的方式大力宣传因明。利用因明文献中心和中国因明网以及新闻发布会，及时宣传因明的研究活动和研究成果。①

时隔十年的 2017 年 7 月 22—23 日，学界又在杭州，召开"第二届国际因明学术研讨会暨第十三届全国因明学术研讨会"。回顾这 10 年因明专业委员会工作，学界一致认为超额完成当初规划，如全国因明学术研讨会已经召开 13 届，每次会议都有《因明》（以书代刊）出版，又如人才培养没有间断，已经获批一批国家级项目，并出版《真如·因明学丛书》（释妙灵主编）、《民国因明文献研究丛刊》（总主编沈剑英），翻译多部藏传著作等。笔者认为，因明专业委员会的重大贡献在于构建了因明学术共同体，以因明专业委员会为纽带所建立的因明学术共同体实现了小团队讨论到大平台合作研究的跨越，这种跨越有五大特征。第一，学科交融，在因明学术共同体里，来自不同学科的学者参与因明的研究，包括逻辑学、宗教学、哲学、人类学、历史学、文学、心理学等。第二，藏汉会通，这里"藏汉"是一个省略语，包括藏传、蒙古、汉传以及国外学者共同加盟，汉传从区域看还有大陆、港澳台、外籍华人等。第三，僧俗互动，汉传寺庙和尚、藏传佛寺喇嘛等诸大德与学界学者以不同身份

---

① 张晓翔：《首届国际因明学术研讨会概述》，《世界宗教研究》2006 年第 3 期，第 154—155 页。

参与其中。第四,成果共享,包括发表论文、出版著作,会议讨论等。第五,资源共用,图书资料、文丛、网站等诸多资源为因明研究者提供所需资料。

在这一世界性的学术共同体下,因明研究出现异彩纷呈之景象。这里且不说藏传量论研究、蒙古因明研究、台湾因明研究、香港因明研究等等,也不论杭州佛学院、闽南佛学院的因明研究,仅就汉地因明学界的因明研究而言也呈现多元性。例如,燕山大学—南开大学研究团队侧重比较研究,从张忠义专著《因明蠡测》(人民出版社 2008 年版)和南开大学博士淮芳、张晓翔(二位均为燕山大学硕士)的博士论文可窥见一斑。前中国逻辑学会会长张家龙评价《因明蠡测》有八大建树("从玄奘翻译《因明入正理论》内容的增删可看出玄奘的演绎逻辑的倾向性""印度逻辑有变项"、"提出了一种新的'四句否定'解释模型""认为新因明三支论式不止一种,而是四种,即形式蕴涵的肯定式、形式蕴涵的否定式、全称消去后的充分条件假言命题的肯定前件式和否定后件式""认为法称提出了东方逻辑的命题逻辑真值表""从语用逻辑的视角看因明不仅是必要的而且是可行的""从指号学、认知逻辑等角度证明了新因明的三支论式是演绎逻辑""用现代逻辑[语用逻辑、认知逻辑、情景语义学等]这把钥匙去开启古代因明之锁"[①])。从张家龙的评价看,其根本建树还在于确立了因明的逻辑学性质。沈剑英研究团队是由沈先生、姚南强、沈海燕、沈海波等组成,研究特点侧重于因明史研究。如沈先生著作《佛教逻辑研究》(上海古籍出版社 2013 年版)、姚先生著作《因明论稿》(上海人民出版社 2013 年版)以及《民国因明文献研究丛刊》(总主编沈剑英,主编姚南强、沈海波、吴平,知识产权出版社 2015 年版)等均有此特点。郑伟宏研究团队的因明研究特征是侧重文献,如郑先生的著作《汉传佛教因明研究》(中华书局 2007 年版)、《因明正理门论直解》(中华书局 2008 年版)、《因明大疏校释、今译、研究》(复旦大学出版社 2010 年版)以及其弟

---

① 张家龙:《因明研究的新进展——评张忠义著〈因明蠡测〉》,《哲学动态》2008 年第 6 期,第 92—93 页。

子汤铭钧的博士论文《陈那、法称因明的推理理论——兼论因明研究的多重视角》、程朝侠的博士论文《寻绎〈正理〉——日本的陈那因明研究》等。中山大学因明研究团队侧重于藏传因明和唐代唯识论证研究，包括先后邀请青海民族大学祁顺来教授、西北民族大学多识教授和青海省十世班禅因明佛学院院长噶尔哇活佛到中山大学作因明学术报告，招聘藏族学者诺日尖措研究员全职工作（开设藏文和藏传因明课程）、蒙古族学者图乌力吉教授和汉族藏传因明学者张连顺教授兼职工作，与青海民族大学达成"教师互派与研究生联合培养"协议（由达哇教授在中山大学开设摄类学课程）。还包括从本科阶段开始开设佛教逻辑（原著选读为主）课程，已经招收藏族、蒙古族博士生多名，要求其以汉文写作藏著、蒙古著因明研究。

　　因明学术共同体的建立得益于刘培育、张忠义诸先生的辛劳。未来学术发展有赖于青年一代。如何在学术共同体下研究因明？笔者期待内地年轻学者过好佛学关、语言关和文献关。精通梵文、古汉语、藏文、日文、英文，这是因明研究的保证。掌握目录、版本、校勘、辨伪、辑佚、标点、检索、出土文献的整理等是因明义理分析的基础。只有出现一批通过"过三关"而成长起来的因明才俊，并在学术共同体中进行对话，才能真正发挥因明学术共同体作用，看到因明研究的未来。

第一章　民国佛学院的因明研究

民国佛学院的建设理应追溯到杨文会（1837—1911，号仁山居士）。杨文会 1886 年在英国伦敦与日本佛学家南条文雄结识，从日本购回大量佛典，后于 1897 年在南京设金陵刻经处，刻经、编辑、出版、发行、传播佛学。1907 年杨文会办"祇洹精舍"，培养佛学人才，如欧阳渐三赴（1904 年、1907 年、1910 年）杨文会处问学、太虚 1908 年入祇洹精舍，被誉为"晚清所谓新学家者，殆无一不与佛学有关系，而凡有真信仰者率归依文会"，形成"晚清思想界一伏流"[①]。1909 年杨文会又创立佛学研究会。正是杨文会的开启之功，使中国近现代文化思想史上出现一批佛学院、研究会等，如 1912 年 3 月欧阳渐等人成立中国佛教会，得到孙中山认可；1913 年中华佛教总会在上海成立；1914 年释月霞开办华严大学；1915 年，孙毓筠等在北京开办大乘讲习会；1915 年欧阳渐设金陵刻经处研究部，吕澂加入；1918 年上海佛教居士林成立；1921 年释了尘在汉口九莲寺成立中华佛教华严大学预科等。关于中国近现代时期佛学院以及研究会等佛教机构建设情况，在释印顺 1950 年 4 月 1 日脱稿的《太虚大师年谱》（中华书局 2011 年版）里基本可以了解全貌。此著作以太虚为线，从太虚 1909 年就学于南京祇洹精舍到 1947 年 3 月 17 日太虚逝世，记录了中国近现代佛学院建设、发展等之历史。本章在中国近

[①]　梁启超撰，朱维铮导读：《清代学术概论》，第 99 页。

现代时期几十个佛教机构里选取南京支那内学院、武昌佛学院和北京三时学会为点，以点带面，研究这一时期佛学院因明研究之特征。就纯因明经典的刻印看，这一时期有 1896 年金陵刻经处刻印唐窥基的《因明入正理论疏》单行本，1902 年刻印《相宗八要明昱解》合订本，含明昱的《因明入正理论直解》《三支比量义钞》等因明著作。

一、南京支那内学院的因明研究

1918 年，欧阳渐设金陵刻经处支那内学院筹备处，发布《支那内学院缘起》和《支那内学院简章》，设中学、大学和研究三部，1922 年在南京公园路成立支那内学院。敖以华将支那内学院的发展史分为三期：1922 年至 1927 年为第一期，注重办学及刊布唐人著作，其中 1925 年秋，改组为问学、研究及法相大学三部；1928 年至 1937 年为第二期，注重整理藏教并组织道场；1938 年至 1943 年为第三期，迁址于重庆江津，注重建立院学并精刻全藏。①欧阳渐去世后，吕澂继任院长。1952 年支那内学院停办。关于南京支那内学院建设也可见罗琤的著作《金陵刻经处研究》（上海社会科学院出版社 2010 年版）以及高山杉的论文《有关金陵刻经处的第一部专著》（《东方早报》2010 年 12 月 19 日）等。就因明教学而言，复旦大学雍琦的博士论文《讲学以刻经——欧阳竟无佛教教育研究》②梳理了南京支那内学院 30 年的教学活动。1923 年内学院开办研究部试学班，开始讲授因明等课程，1925 年内学院设问学部、研究部、法相大学部三部，后又分为中学部、大学部和研究部，大学部内又分法相、法性、真言科，各科又分预科、补习科、特科。其中法相大学预科（慈恩宗、贤首宗、俱舍宗）、法性大学预科（三论宗、禅宗、天台宗、成实宗）、真言大学预科（秘密宗、净土宗）均开设"因明学"课程，

---

① 敖以华：《支那内学院》，《法音》1990 年第 5 期，第 36 页。
② 见中国知网，博士电子期刊 2010 年第 11 期。

法相大学本科(慈恩宗、贤首宗、俱舍宗)、法性大学本科(三论宗、禅宗、天台宗、成实宗)开设"应用因明学"课程。在内学院,颇有因明见地者以欧阳渐、吕澂和王恩洋等为代表,今分述其因明思想。

(一)欧阳渐的因明研究

欧阳渐(1871—1943,字竟无)的代表作有《摄大乘论本》《成唯识论》《因明正理门论本》《〈观所缘缘论释〉解》等。其因明研究包括因明理论探讨和因明应用研究,成果散见于其佛学注疏和释义。

1.欧阳渐的因明理解

欧阳渐的因明理解是在佛学、唯识学、因明的层级上展开的,其基本观点是:佛学不是宗教与哲学,在佛学里,唯识学是"学"之精髓,因明为"学"之具。

欧阳渐认为佛法非宗教、非哲学。在他看来,"宗教哲学二字,原系西洋名词",宗教、哲学是"求真理""知识问题""宇宙之说明神的崇拜""所守之圣经""信条与戒约""宗教式之信仰"等,佛法无此内容,佛法只是"正觉者之所证""求觉者之所依"。[①]求佛法而转依在"行"与"学","学"是解佛法的基础,佛法之学莫精于唯识,"所以必须佛法者,转依而已矣。所以能转依者,唯识而已矣。……唯异生圣人以唯识判,唯外道内法以唯识衡,唯小乘大乘以唯识别。行莫妙于般若,学莫精于唯识"。[②]唯识学在"学"佛法方面可从十门"观其所成":"唯识学至精至密之论也。应以十门观其所成:一、本颂,二、广论,是二为所成法。三、经,四、论,五、因明,六、毗昙,是四为如是成。七、所对外道,八、所对小乘,九、西土十家,十、奘门诸贤,是四为能成人。"[③]因明为唯识"如是成"四门之一,其作用就是"匡改正理之

① 欧阳竟无:《佛法非宗教非哲学而为今时所不需》,欧阳竟无著述、赵军点校:《欧阳竟无著述集(下)》,北京:东方出版社,2014年,第1317—1329页。
② 欧阳竟无:《摄大乘论本》,欧阳竟无著述、赵军点校:《欧阳竟无著述集(上)》,第295页。
③ 欧阳竟无:《成唯识论》,欧阳竟无著述、赵军点校:《欧阳竟无著述集(上)》,第300—301页。

经""大开正理之门"。①

欧阳渐综括了因明文献内容的同异，提出因明立量的原则，研究了立破规则。从因明文献看，他所关注的是印度新因明著作。他认为："一辑《门论》，谈因明原理。二辑《入论》，谈因明作法而已。"② 在因明文献对勘上，欧阳渐比较了《正理门论》《入正理论》《正理滴论》文本内容的增删，并给出增删之理由。如"宗过"，《门论》宗五过，《入论》宗九过；"九句因"，"《入论》则同，法称独"；"喻十过"，"《入论》无异，法称有增，增三犹预不成，三犹预不遣及缺合、缺离；等等。为什么三个文本内容有同异？概括地说，欧阳渐视《正理门论》为因明理论著作之本，《入正理论》为依本之木。法称为后继者著作更求完善。《门论》义摄而略，《入论》作法而详也。"法称增设喻过，"法称所以有增者，盖亦作法之求备也"。关于"似破"的文本的对勘，为什么《入论》和法称删除此部分内容，欧阳渐的分析更为详尽。欧阳渐在纳入正理派和佛教其他派别的相关论述基础上，认为："若论克实，即一能立已摄无余"，"似破建类：足目《正理》凡二十四，《如实》所列为二十二，《方便心论》亦列二十，天主《入论》摄入立中曾无一列。因明所需，若论克实，即一能立已摄无余，然立、破迭为宾主，即方便必辟四门。譬如立支，唯一宗因已堪自悟，以故尼乾、法称废喻有文。然必悟他，他非易了，故凡孤证未足畅情，既不废喻，以是对治相违及与不定喻又须二。此亦如是，立、破既开四门，似破须更列类。陈那《理门》酌古准情，刊以定类列为十四"。③

关于"三支论式""现量""比量""能破""似能破"等概念的分析，欧阳渐理解也非常到位，符合因明文本的内容。如"三支论式"的基本要求、规则等，欧阳渐的论述如下：第一，"唯一成宗义"（"系有法于法者为宗，

---

① 欧阳竟无：《因明正理门论本》，欧阳竟无著述、赵军点校：《欧阳竟无著述集（上）》，第313页。
② 欧阳竟无：《〈藏要〉第二辑叙》，欧阳竟无著述、赵军点校：《欧阳竟无著述集（下）》，第1398页。
③ 欧阳竟无：《因明正理门论本》，第314页。

成其所系,非成其所依,更非成其所余。"①);第二,"互不相离义"("因之一分在宗有法中而与宗中法相连贯,又其一分在喻有法中而与喻中法相连贯。……因明之义,因三相尽之矣"②);第三,"但取适用义"("一、三支但取言陈,不应言外增言;二、因喻但取成宗,不应分别差别;三、一切但取成宗,不应更成一切;四、同品但取一分有,不顾其他一分非有;五、以喻合宗但取总相合说,不论声所作即瓶所作;六、异喻但取简滥,不论无体喻,不顺有体宗;七、相违决定但取他过所破,不恤自陷不定;八、遮词但诠非此,不必反显是彼;九、立量但取敌对,不必一切须通;十、立量但取作法,不必详谈学理。昧此十义,立固有过,破亦有过。"③);第四,"方便立破义"("艺不固常,式开方便。"如"纵夺""关并""并量""性相为文""寄言简过"。④)。在这里欧阳渐非常正确地概述因明的规则,包括因明的论辩性质、因明的因法与宗法关系、因明论式特征和立破规则等。他关于现量、比量、能破、似能破内容有这样的论说:"现量有四义:一、五识无分别,二、五俱意识,三、贪等自证分,四、定中离教分别。比量有二义:一、现、比之作具远因,二、忆念之作者近因。悟自悟他,咸归一致,清净所趋,非唯兴净。……能破有六类:一、支缺,缺一有三、缺二有三而无全阙;二、宗过;三、不成;四、不定;五、相违;六、喻过。……似破须更列类。陈那《理门》酌古准情,刊以定类,列为十四:缺宗有一,曰常住;缺因有三,曰至不至、无因、第一无生;缺喻有二,曰生过、第三所作;不成有四,曰无说、第二无异、第二可得、第一所作;不定有九,曰同法、异法、分别、犹豫及与义准,一、三无异,第一可得、第二无生;相违有一,曰第二所作。除其所复,正符十四。"⑤

　　关于圣言量问题和因明在佛学中的作用,欧阳渐的观点是:因明中立破

---

①　欧阳竟无:《因明正理门论本》,第 315 页。

②　同上。

③　同上书,第 315—316 页。

④　同上书,第 316—317 页。

⑤　同上书,第 314—315 页。

设立是必须的，也是不得已的，因明自然不同于内学而自成一科；因明虽有自己的规则，但是比量的立宗及证宗理由必须以内学为依据，因而因明讲立破必服务于内学之"学"之需。其思路概略为：内学只摄"无漏""现证""究竟"①。这是出世间的。要想悟他，需要比量。比量为世间论证，其自然自成一学，佛法"不可以世智相求"，"苦无出世现量"，"苦世智不足范围"，"正面无路，乃不得不假借：一、假圣言量为比量。此虽非现量，而是现量等流，可以因藉。此为假借他人。二、信有无漏本种，久远为期。以是发心最应注意。此为假借他日"。② "创唯识学者既已超出世界，现见如实法界，是故法尔分明，演以悟他。其为本根，取证树义，皆现见事，不假分别，曲意推求。凡所辩论，无非以世所通攻其所不通，如是所举，皆非诠自也。" ③ "因明者。大觉世尊常不离于现观，有音即成至教。非佛立言，皆凭比量。是故证成道理，若因、若缘能令所立、所说、所标义得成立，令正觉悟。若欲悟他，能立之余又必能破。能立、能破，设例纷纭，统绪研求，应别为学。" ④ "菩萨见道，观一切有，如幻如化。幻异决定，若说其幻便违世间，是故世间有言，我亦如言；决定异幻，若见其定，便非真实，是故世间情执，我唯假立。拔济沉迷，方便立量，简过寄言。若自比量，自许言简，无随一过；若他比量，汝执言简，无违宗过；若共比量，胜义言简，世间自教，俱无违过。度生之执，不得不仍众生之习，非限一界，非限一期，非限一趣。不坏假名，而得实相；不毁世间，而入涅槃" ⑤。此引文是说因明在内学中所起的"不坏假名，而得实相；不毁世间，而入涅槃"的工具作用。因明立量，必依圣言量，因为佛学论证为"'依法不依

---

① 欧阳竟无：《谈内学研究》，欧阳竟无著述、赵军点校：《欧阳竟无著述集（下）》，第1347—1348页。
② 欧阳竟无：《今日之佛法研究》，欧阳竟无著述、赵军点校：《欧阳竟无著述集（下）》，第1344—1345页。
③ 欧阳竟无：《唯识二十论》，欧阳竟无著述、赵军点校：《欧阳竟无著述集（上）》，第299页。
④ 欧阳竟无：《成唯识论》，第304—305页。
⑤ 欧阳竟无：《〈瑜伽·真实品〉叙》，欧阳竟无著述、赵军点校：《欧阳竟无著述集（上）》，第332页。

人'……'依义不依语'","依了义经,不依不了义经","因明定例,因、喻之法,不应分别;……圣言量者,因、喻法也","圣言无非","佛如实人,说如实语、自证圣智语、非虚诳语,法尔如是","未证见道,刹那五俱义,不能须臾……凡属论议,非五俱意。……而圣言特异","五识托八,变现而缘,俗现非真","非彼行事,取决于我;非我行事,取决于他。……而我未彻悟,有圣言在","事无征不信。……自证圣智,状证自证","不亲缘佛,疏缘圣言。多闻熏习是无漏种、法身等流、引生、显现,赖有一途,宁复不信"。① 此十个方面强调因明中比量的论证要求。从某种意义上讲,比量包括整个因明理论并没有日常生活论证的作用,所谓不离世间只是讲道理的便利罢了。

2. 因明与《〈观所缘缘论释〉解》

《观所缘缘论》为陈那的唯识学著作,《观所缘缘论释》是护法对《观所缘缘论》的释义,《〈观所缘缘论释〉解》为欧阳渐对《观所缘缘论释》的释义。《观所缘缘论》多以三支论式论证所缘缘理论,《观所缘缘论释》是以因明规则证成所缘缘思想和批评他派观点,所以我们也可以说此二著也是因明应用之著作。《〈观所缘缘论释〉解》则从《观所缘缘论》《观所缘缘论释》经典对应的文本出发,给出欧阳渐的解读。其解读方式是:先列出《观所缘缘论》某一段落,然后分段列出《观所缘缘论释》之释,最后作者给出自己的理解。其解读仍是以因明理论和规则展开的。由于篇幅所限,此处只举一例,以说明之。

> 论曰:二俱非理,所以者何? 极微于五识,设缘非所缘,彼相识无故,犹如眼根等。所缘缘者,谓能缘识带彼相起,及有实体,令能缘识托彼而生。色等极微,设有实体能生五识,容有缘义,然非所缘,如眼根等于眼等识无彼相故。如是极微,于眼等识无所缘义……

---

① 欧阳竟无:《〈瑜伽·真实品〉叙》,第 332—333 页。

释曰：若不言因，此因无喻，犹如因等成因等性。极微总相是所缘性而成之。又能自许不于识外缘其实事，应有有法自相（缺一相字）违过。

若不立量言因，破其过失，则执见何由开悟；此极微之能生，因和合之有境。因不能一因具全二义，为不定因；因既不定，喻中有能立不成过，是为无喻；凡因明例用已成因。成、未成宗；以因成宗，非以宗成因。今之立宗，犹若为能生因性，而立极微，为有境。因性而立，和合以成，是所缘缘之二义。非先有一因，具二之性，以成是极微、和合。则因既不定，喻则无有；宗亦非净，三支互阙，故必立量言因，破其执而开悟也。又若立内色如外现（有法），为识所缘，宗自许不于识外缘其实事故（因）。彼外现有法，为自宗所不许。如今立之，应有有法、自相相违过。出过量云：汝所言内色，为非内色；汝所言似外现，乃实外现；宗自许不于识外缘其实事故（因）。实事明明言陈意许，但不缘耳为示他悟；为防自失，都以设立破显，为安妥故，论立量言因也。外小不明唯识，特在不知所缘、相分义，故陈那造论，辨明所缘缘义；则唯识无境，昭朗若揭。然止是能破而非能立；盖破极微、和集为阙有相义，与破和合为缺能生义；则具此二义之为内色有者，不言而知。故内识如外现之四句偈，非立量言，乃明义言也。

唯识真量，至唐玄奘，始乃成立。量云：真故极成色（有法），定不离眼识（宗）；此宗除寄言简过外，克实言之，为相分色不离自证分识也。量云：自许初三摄眼所不摄故（因），此因克实言之，为不于识外缘色故，即相见俱依自证起之意也。初三为眼界之尘识根，尘为相，识为见；根在相、见外，他宗妄执，自证所无，在所不摄（然今所谓眼根实，亦识上色功能。但他所不及知，岂如兔角）。量云：同喻如眼识，异喻如眼根；此同喻之眼识为见分，与相分同依自证，故用为同品。自宗不许之眼根外色,为他宗所执者,故用为异品;克实言之,同如见分,异如外色也。此量变所缘缘之有境、能生二义为一名言;盖初三之中,具相分有境之所缘义;摄之为言,具自证能生之缘义。因义虽宽,因性实狭;狭因能立宽,因非立故。陈那许彼相在识及能生识故者,非立量言,乃明义言,用能破即是能立之例故也。[①]

此引文中"论曰"后面为《观所缘缘论》文本内容,"释曰"后面为《观所缘缘论释》文本内容,自"若不立量言因,破其过失"至引文结束,为欧阳渐的释义,即《〈观所缘缘论释〉解》文本内容。需要说明的是,欧阳渐将《观所缘缘论释》分成九部分来释《观所缘缘论》这段话,他自己也分别从这九部分来释义,此《观所缘缘论释》引文只是九部分的第一部分。其他八部分为:第二部分从"然法称不许"开始,第三部分从"何以如此?"开始,第四部分从"由非彼相、极微相"开始,第五部分从"诸无其相"开始,第六部分从"纵有因性"开始,第七部分从"若如是者"开始,第八部分从"向者与他出不定成即是能破"开始,第九部分从"如根极微"开始至"所有极微可是余根之识生因"。欧阳渐不仅用现代标点断句,而且逐句给解。

如上引文中,"二俱非理"指《观所缘缘论》前面所说"诸有欲令眼等五识,以外色作所缘缘者,或执极微许有实体,能生识故;或执和合,以识生时带彼相故"。此段只解"二俱非理"中"二"之"一":"诸有欲令眼等五识,以外色作所缘缘者,或执极微许有实体,能生识故。"《观所缘缘论》认为此论证非理,其理由为:首先解释"所缘缘"涵义,所缘缘既有实体(缘),又具实相(所缘),极微如同眼根,有实体而没有实相(事),其是缘,非所缘,不符合所缘缘要求。

《观所缘缘论释》对此段如上欧阳渐所说的九大论证之第一论证是:为

---

① 欧阳竟无:《〈观所缘缘论释〉解》,欧阳竟无著述、赵军点校:《欧阳竟无著述集(下)》,第1367—1368页。

什么"二俱非理"？"若不言因,此因无喻,犹如因等成因等性。"此句是讲五识以极微作所缘缘、五识以和合作所缘缘,应给出理由（因）,如果没有因,也便无喻可言。因喻是证宗的,当因喻证宗时才能成为因。这里是按照因明三支论式宗、因、喻各自功能来说明如何以三支论式进行论证。这里极微有而五根由极微和合而成,即"极微总相是所缘性而成立之。又能自许不于识外缘其实事",便犯了"有法自相相违过"。

对"论"和"释"的诠释,欧阳渐从因明规则出发,其论证进路为:用因明要求破极微为所缘缘,因必一义,二义因而无喻。此因包含极微能生义,又有和合义,在一个正确的三支论式中,因必有一义,此因有二义,因不确定,犯了不定因的错误。因不定,导致喻犯了能立不成错误,即此同喻体建立不起"说因宗所随"关系。没有同喻体所建立的因法与宗法关系,也就找不到同喻依位的同品了。由此宗、因、喻均缺。导致错误的原因就是不懂唯识学讲的唯识无境,所以,陈那破极微所缘缘说缺所缘,和合所缘缘说缺能缘。欧阳渐认为这是明唯识义,真正建立唯识量,即真唯识量是玄奘,如引文"此量变所缘缘之有境、能生二义为一名言;盖初三之中,具相分有境之所缘义;摄之为言,具自证能生之缘义"。

（二）吕澂的因明研究

吕澂（1896—1989,原名渭,后改名澂,字秋逸,也作秋一、鹙子）于1918年辞去上海美术专科学校教务长一职到金陵刻经处研究部工作,以教务主任身份与欧阳渐一同筹建南京支那内学院。从南京支那内学院1922年创立到1952年结束,吕澂伴随始终。他于支那内学院管理院务、授课、校勘刻印经典等。仅举1928—1937年间为例,他编校《藏要》三辑（四百余卷）,又编校木版佛典四百余卷[①]。作为因明学家,其因明成果包括《因明纲要》

---

① 吕澂:《我的经历与内学院发展历程》,《世界哲学》2007年第3期,第77—79、86页。

（1926）、《入论十四因过解》（1928）、《集量论释略抄》（1928）、《因明正理门本证文》（与印沧合注，1928）、《因轮论图解》（1928）、《佛家逻辑——法称的因明说》（1954）、《西藏所传的因明》（1961）、《因明入正理论讲解》（1983）等等。1954年后吕澂的因明研究侧重于法称因明思想的介绍和服务于教学而编的讲义。在支那内学院时期，吕澂的因明研究特色有三：因明在佛学中的作用、《因明纲要》以问题为中心的因明研究和《集量论释略抄》之对勘研究。

1. 因明与佛学五科

吕澂依据印度五科佛学，将因明作为五科佛学之一而学习。其论文《奘净两师所传的五科佛学》《内院佛学五科讲习纲要》《内院佛学五科讲习纲要讲记》确立了南京支那内学院学习科目。其五科佛学观将因明纳入其中，与欧阳渐四科佛学加因明不同，因明在吕澂的学院中成为佛学内容。藏传佛教佛学院僧人必读的五部大论《现观庄严论》《入中论》《释量论》《俱舍论》《戒论》所涉佛教派别和内容与之类似。

《奘净两师所传的五科佛学》 名为介绍玄奘、义净所传佛学，实际目的是确立佛学院学佛科目。他根据《大唐西域记》《南海寄归传》《大唐西域求法高僧传》所载印度因明、对法、戒律、中观和瑜伽五科佛学（"学习次第也大体是以因明、对法为始，中观、瑜伽为终。"[①]）看出因明为五科之一，认为因明内容有："奘师从他们精研了陈那菩萨的《理门论》《集量论》等，归国时又搜集了因明一类梵本至三十六部之多。……其一是揭示了因明独自的规范。因明的来源在于以立破做中心的论议，所以它和对法相互为用，乃是原有的典型。……其二是划清了和内明区别的界线。因明既自成一科，就有些理论和其余属于内明的各门所说不能一致。例如对于自相和共相的解释，在因明是一种根本道理，有它特殊的定义。这就是现量所得的为自相，比量所得的

---

① 　吕澂：《奘净两师所传的五科佛学》，氏著《吕澂佛学论著选集（三）》，第1382页。

为共相。但在内明方面，佛智知一切法的自相、共相都是现量，自共不必和现比相连属。……净师也深通陈那之学，却另译了《集量》等论。"①

《内院佛学五科讲习纲要》　学佛要经三周②：初周要学五经七论，为佛的根本要义；次周要学各科正宗，十九种；三周要穷各科之究竟，十九种，共五十种。其中次周戒律科要学习《因明入正理论》，目的是"思惟论议，有轨可循，则致用宏而事功倍，因明其必学也。方式运用，或逐时推移，而真实简实持，酌中立说，无逾于《入论》矣"。③三周戒律科两种之一《集量论释节本》为必学，因为"《集量论释节本》六卷，院编稿本。陈那自辑《量论》，所以为深入佛说之门也。佛语所诠，无非遮说，《集量》发明比量因喻，用在简余，遮诠显义。故以意逆志，而般若非执，瑜伽离言，涅槃无倒，一以贯之矣"。④

《内院佛学五科讲习纲要讲记》　进一步对三周要义予以说明。"初周思想乃佛学根本之根本，即'心性本净客尘所染'"⑤。次周"即为转依，以成佛为目标，直趋舍染取净之道。然任重道远，必有为之增上相资者，故于前讲外复以二书助之。一《因明入正理论》。思惟、论议，皆因明之用，然以思惟为尤重。论议悟他，而思惟自悟，儒言思则得之也。循因明之规则，达自他皆悟之目标，事半功倍之能，未可忽也"。⑥第三"周"，"以一法界为主，阐明生佛交感之关系。积集资粮，应有方便，故附举二籍，以资入德之助。一《集量论》。陈那之作皆为《量论》，此其自集各《量论》之书也。虽似专说因明，而目的乃以之深入佛说之门，以为非如是，即于佛说不得其解也。故于论端尊佛为量者，可知非泛谈因明之著。又《论》中特详比量，比量方法，在于遮诠，如云甲，意云非乙，所以简别余法也。能以此义，理会佛说，则知

---

①　吕澂：《奘净两师所传的五科佛学》，第1383—1384页。
②　"周"为"层次"义。——本书作者
③　吕澂：《内院佛学五科讲习纲要》，氏著《吕澂佛学论著选集（二）》，第596页。
④　同上书，第603页。
⑤　吕澂：《内院佛学五科讲习纲要讲记》，氏著《吕澂佛学论著选集（二）》，第609页。
⑥　同上书，第628页。

空者,简别自性,意云非自性(非空无之谓)。学者思想循此途径,则于佛说无不通达。如般若之非与无,瑜伽之离言,涅槃之常乐我净,皆为简别余法者。如众生初执无常为常等有四倒,佛即说无常等以除之。若复拨常为无常,仍堕倒见,最后乃举常乐我净而冶其倒。此所说常,即示非无常之谓。皆因遣执,方便立说,非实有常无常也。《集量》即示此方法以为一贯之道也"。[①] 吕澂在这里强调《因明入正理论》的思维、论证作用,《集量论》悟入佛理的作用。

2.《因明纲要》之因明与佛学论证研究

《因明纲要》作为吕澂前期非常重要的概论性因明研究成果,在 1926 年发行。此书以《因明正理门论》文本为解释基础,参照《因明入正理论》《因明大疏》《集量论》《成唯识论》等佛教文献以专题形式总括陈那的前期因明思想,将佛学著作中的经典义理论证为示例,诠释因明义理。此书研究内容可分为三个方面:其一,总结因明论式规则;其二,以三支论式为中心讲能破、以分类十四过类析似能破,重点研究十四过类;其三,以佛学案例讨论佛学论证。

因明论式规则　三支论式由宗、因、喻三支构成,宗为立者之主张,因、喻为理由,《门论》《入论》都有具体规则,规则既定,违反规则便为过错,吕澂融通《因明正理门论》《因明入正理论》《因明入正理论疏》文本,分别从宗、因、喻三支给出因明规则。

宗与似宗有 6 个条目。关于宗的理论及其规则有"释宗名义""宗分总别""别宗极成""所立四义""宗体有无"5 个条目,分别从宗的名称、宗的组成等方面释义并提炼宗的规则,似宗有"不悖世智""不悖立宗所依教义""宗中体义,为言相顺""有法及能别中法,皆属极成""不顾遍许等宗"[②]。讲宗过 1 条。因与似因有"释因名义""因有三相""九句因义"

---

① 吕澂:《内院佛学五科讲习纲要讲记》,第 641 页。
② 吕澂:《因明纲要》,释妙灵主编:《真如·因明学丛书》,北京:中华书局,2006 年,第 22 页。

"因言极成""因体有无""因过十四"6个条目,其中除论及因的基本内容外,有两个规则:因三相和因极成。关于因三相规则,吕澂释为"此因必是宗中有法所有别义,故得名法","同品不必遍皆有因,但必分有,故至'定'言","遍谓全分,悉无有因,如是遮非乃得清净"。①

关于因极成规则,吕澂总结为:"(一)破他出量,因为宗法非自所许,用'汝执'等言简。(二)假设他量,用以破斥,或被他难,顺成自救。所立量言,因于宗有,他不许成,可用'自许'等简。(三)立量晓他,证成正理。此中因法诠义或殊。随宜用'极成'、'自许'或'自许极成'等简。不用'汝执'言者,立量令他顺自故,他义多与自违故。(四)'破量'因体可用他许,仍以'汝执'言简。"② 喻与似喻有"释喻名义""喻是因分""同法异法""喻法简过""喻体有无""似喻十过"6个条目,喻的规则吕澂概括为:"(甲)同法喻宜有能立所立,异法喻宜离能立所立。(乙)同法喻显因相言,宜先合能立而后所立。异法喻显因相言,宜先离所立而后能立。(丙)喻体有无,宜顺宗体。"③

依据宗、因、喻规则,吕澂提出真似立量判定方法的8步法。其一,辨别立敌,审其宗义所净如何。由此可见立宗相符等过。其二,辨其三支是否完具。若为异式,演绎观之。由此可见缺支等过。其三,辨其三支或有言简,是否得与立破相符。由此可见所别不极成因不成缺同喻等过。其四,辨其三支法体有无,是否相顺。由此可见缺支因不成等过。其五,再审宗支,有无余过。宗过可以绮互,具有。见《大疏》卷五。其六,次审因支有无余过。因过四不成行相别故,自无绮互。不定亦尔。惟四相违可说一因具四。又后三不成可有不定相违。见《大疏》六、七。其七,后审喻支有无余过。同异喻相望可有余过,但各自无绮互。其八,总判三支真似究竟。④

---

① 吕澂:《因明纲要》,第25—27页。
② 同上书,第29页。
③ 同上书,第46页。
④ 同上书,第55页。

十四过类研究的整合　在《因明纲要》里，我们可以清晰看到吕澂对于《门论》十四过类的研究，是按照陈那《集量论》过类分类研究进行的，并参照《因明大疏》关于此理论的论述从而形成自己的解读。这将陈那前后"十四过类"思想前后贯通，是一种整体性文本解读的方式，其意义为不仅助益于陈那此理论的系统研究，更为后人研究提供方法论意义。特别值得一提的是，在陈那后继者商羯罗主和法称的因明著作里都没有这一系统理论，而陈那这一理论既是对前人过类的批判性总结，又切合因明重在批判其他学派思想的工具性特征。吕澂研究十四过类，是从违反因明结构及其规则展开的，其中包括三支论式不全的过类和违反因明规则的似宗过、似因过（似不成过、似不定过、似相违过）和似喻过。三支论式不全的过类吕澂称为"似缺过破"，这里所缺指缺因，本来因明就是以因证宗，没有因怎能说宗成立？"至不至相似""无因相似""第一无生相似"属于似缺因过能破，"至不至相似"指因"至""不至"宗。此因本身不是宗之因，因为其不与因三相相应，这种责难是无因责难，也能够自害。"无因相似"讲符合因三相便为正确因法，不管在前、后或同时，这种责难也是犯缺因的错误，也能自害。"第一无生相似"为什么缺因，因为声未生前本无所立，今此增益，即非所论。"似宗过破"指"常住相似"，指宗本身自相矛盾，因为"无常"的特性不恒随有法。依吕澂的解释，此因不成，陷入似比量相违过破。"似不成破"有 4 种："第二无异相似"是有法与因法的宗法性相同所犯的似不成破；"第二可得相似"是违反因三相规则"同品定有性"而要求同品遍有性所犯的似不成因过破；"无说相似"指"说""无说"作为因证明宗的理由所犯的似不成因过破；"第二所作相似"指本应取同品与有法的因法一般性质，但却区别同品与有法的因法性而犯的似不成因过破。似不定破有"同法相似""异法相似""分别相似""第一第三无异相似""第一可得相似""犹豫相似""义准相似""第二无生相似"8 种。其中"同法相似""异法相似"是因的范围过大而违反因三相的异品遍无性所犯的似不定因过能破；"分别相似"是指有法强行转义与同品因法差异的性质而形成的似不定因过能破；"第一第三无异相似"是指有法与同品的宗法或因法涵义而形成的似不定因过能破；"第一可得相似"是指凡因法都是宗法，但并不是宗法与因法等同，如果从宗法的其他理由证明宗法，便犯似不定因过能破；"犹豫相似"是指分别宗法或因法含义便形成犹豫因而导致似不定因过能破；"义准相似"是指同品定有性讲一定有同品具有因法性但不要求全部有，把非有的同品变成不具有宗法性而犯的似不定因过能破；"第二无生相似"同"义准相似"。似相违破有一："第二所作相似"，指不需要分别因法义而提出要分别因法义所形成的似相违破。似喻过能破有二："第三所作相似"指无需分别有法与同品的因法性质而提出分别所犯过错，"生过相似"指同品的性质本不需证明而提出需要证明所犯的似喻过能破。①

与其他因明著作不同，《因明纲要》举例说明因明理论。所举 62 例，均为佛教或与佛教相关的经典文献中的论证。这 62 例出自《因明正理门论》《因明入正理论》《因明入正理论疏》《二十唯识论述记》《广百论释》《般若灯论》《大乘掌珍论》《观所缘缘论》《成唯识论》《成唯识论述记》等著作，而无一宗教外的例子，这些例子里有说明因明理论的，也有违反因明规则的，还有方便作法的，等等。《因明纲要》中举例，"宗"有 11 例，"因"有 13 例，"喻"有 7 例，"三支作法及其刊定"有 13 例，"能破"有 16 例、"似能破"有 2 例。

3.《略抄》《证文》之对勘研究

吕澂认为，印度因明大成于法称，法称以释陈那《集量论》而成就自家因明量论体系，《集量论》是《正理门论》的扩充。从某种意义上看，吕澂以汉文写作方式研究藏传量论，带有以藏、汉传因明文献为基础的因明整体性研究之观念。

---

① 　吕澂：《因明纲要》，第 68—77 页。

　　金本、宝本对勘与期得其真　《集量论释略抄》凡例讲：《集量论释》"番藏仅存传本""今抄略要，但录本宗。所破各家，举目列末。"[1] 关于金本、宝本如何对勘，今编辑如下。现量："番藏《集量本、释》……今据番藏柰旦版（mdo ce 函一至一八〇页，载金本颂释及宝本释），及曲尼版（同函一至八五页，载宝本颂及释），对勘二本，折衷文义，期得其真"，"今抄转译，……故循文绎意，不务支蔓。颂本章句，略存其式。意在引发研寻，示要而已"。[2] 文中"离名言根境"金本作"色为根行境"[3]。为自比量："眼识所受离非青等境，意识亦得而施言诠，此即意识二相，所谓非自相所显者。故义自体是现量境，意诠共相则比量境。"此段两译文异，今以宝本抄。[4] 为他比量："云已所欲者，不待自论"金本译义"不待论宗"，宝本无此不字。"由诸不善学。"金本此句无不字。"即由合知因，不成。"两本颂释文皆不顺，今取意抄。"譬如两俱随一不成，或犹豫因。"此句唯见金本。"复以已成说。"金本此句云："余复待成立，与《理门》文合，而与释不顺。""如说声非是常，业亦应常故，常应可得故。"此段唯见金本。"复於一切因等相中"此下一段两本异，今准《理门》意。"且一边颠倒故"宝本此句作"若一边亦不离"。[5] "此唯依现及教。"宝本此句无教字。[6] 喻："观喻似喻品第四"金本自下三品皆无品名。"遮非又重遮，故无相亦成。"此二句金本作"是故遮止非，以为异品相"。合："合等转非说，应非作成常，无常故所作，又不遍不乐。"此段宝本文句，全同《理门》，隐晦难解，今从金本。"以是因故，应说二类。"金本此句作"或如因法但说随一"，与奘译《理门》同。"若不尔者，说一或不说。"金本缺此句颂。[7] "但为遣相类有异法方便。"金本缺此半颂。"若以遮遣说，与所立因法或差别相

---

① 吕澂：《集量论释略抄》，第 176 页。
② 同上书，第 176—177 页。
③ 同上书，第 187 页。
④ 同上书，第 194 页。
⑤ 同上书，第 205 页。
⑥ 同上书，第 206 页。
⑦ 同上书，第 211 页。

似，说喻应无穷。"金本此段文句，全同《理门》，但与译不顺，今从宝本。"亦应遣衣等而说所作性。"次下数句，金本无文。[1] 过类："又若不尔即不相至，云成所立，知是谁因。""此句以金本抄，宝本意云，若非不成而相至者，所立已成，此是谁因。""又彼遮遣相似故，应有自害过，如是且说言因觉能立中有似三相因缺。""此处版本不明，宝本曲尼版作言觉二因中，柰旦版作觉因等中。""於彼分位自性为缘"，"金本此句意云分别为无"。"若难常住空等如彼亦无"，"以下柰旦版金本释文脱落，直接分别相似"。"此成相似，若唯说喻，前后二宗应俱倒合故。此复"，"此下柰旦版金本始有文"。"此同法相似等若是决定，则得成难。""金本此句作颂文。""多所建立宗，即与因为类"，"金本文句全异，意云，增，不成不定，于因是相似"。"又声虽有其因，非如以缠藤"，"金本译音，实是葛藤之类"。"由异品义说，不乐，名'义准'"，"宝本句末有相似一字"。"即如是等由此过难非理，所余增益损减"，"宝本无此名目"。"如是本论中说相似名亦复不定"，"金本此句全异，意云，如是则成大难"。[2] "于《胜理正理》及《足目正理广分》两者当知"，"金本此句作《正理胜论》及《数论诸广分》云云，与前各品所破次第想合"。[3]

《集量》《理门》编号便勘与归于一脉　"《集量》所宗，《理门》导首。……今逐论文，编号便勘。凡本论文段，记数弧内，所对文段，记数其下。如记（二）七八者，谓本论引文第二段，当《理门》第七十八段，对检《理门证文》本（七八）二处即得。余从是例。"[4] 然而，《因明正理门论》如何证文？如开篇言证文包括："本论章段，对堪集量，凡有相当之处，皆以数字次第记出。本论段落以括弧数字，所对集量则记以括外数字"，"以颂文为纲，长行系属"，"附注取材，兼及番本入正理门论及正理一滴等书"等原则。[5]

---

① 吕澂：《集量论释略抄》，第 212 页。
② 同上书，第 225 页。
③ 同上书，第 226 页。
④ 同上书，第 177 页。
⑤ 吕澂、印沧：《因明正理门论本证文》，载张曼涛：《佛教逻辑之发展（佛教逻辑专辑之二）》、现代佛教学术丛刊（42）第五辑（二），台北：大乘文化出版社，1978 年，第 335—336 页。

例1："现量（三）七九离分别"①，"现量（七九）三除分别"②。例2："名类（四）八〇等相蒙"③，"远离（八〇）四一切种类名言假立无异诸门分别"④。例3："若（一〇）八七贪等自证是现量者，岂分别识亦现量耶？实无是义"⑤，"若于（八七）一〇贪等自证分亦是现量"。⑥

循文绎意与以杜讹传　吕澂以为"晚近治印度逻辑而称举《集量》者，有印度人费氏 S. C. Vidyabhusana。其先著印度中世逻辑，*The mediaeval school of Indian logic*, 1909.⑦ 论及《集量》，列名举义，备为错乱。后重著《印度逻辑全史》，*The History of Indian logic*, 1921. 更张旧说，误解犹半。今一一附为辨正，以杜讹传"。⑧ 就中可见其"略抄"的原则。引例如下："批评费氏颂文堪为量者，错译量所化生"；"批评费氏以离分别与不属名类为二事，大误"；批评费氏"意缘及贪等自证无分别"句错断句读，谓破瑜伽师现量之说，大误。⑨ "所比彼类有，彼无处则无"，吕澂认为费氏著书引此二句于破声量一段中，别以果性、自性、不可得、释因三相，堪论无文，殆系误引法称之说以为陈那当尔也。"或说比余法，以因不乱故"，"以下四颂破所比异义，费氏书中略引其说，而有错解"。⑩ "有法中现比及所信共知不相违"，费氏著书引此一颂，而释义不全。⑪ "观喻似喻品第四"，"金本自下三品皆无品名，费氏书依金本，而谓此为因喻品，系臆测之误"。"应能成立共，不遍及相违，故说喻当二"，"费氏著书误引此至下倒合有二云云，以为喻有两类之证，章句全错"。⑫ 观遮诠品第五"此品文繁，无多正义，故悉从略。费氏著

① 吕澂：《集量论释略抄》，第 183 页。
② 吕澂、印沧：《因明正理门论本证文》，第 344 页。
③ 吕澂：《集量论释略抄》，第 183 页。
④ 吕澂、印沧：《因明正理门论本证文》，第 344 页。
⑤ 吕澂：《集量论释略抄》，第 184 页。
⑥ 吕澂、印沧：《因明正理门论本证文》，第 345 页。
⑦ 威提布萨那：《印度中世纪经院逻辑》。——本书作者
⑧ 吕澂：《集量论释略抄》，第 177—178 页。
⑨ 同上书，第 187 页。
⑩ 同上书，第 194 页。
⑪ 同上书，第 205 页。
⑫ 同上书，第 211 页。

书 *History of Indian logic*, pp. 287-8 解此品云，但破声量。又引首半颂云，声量非比即现，皆与原文之意相悖。又引证第二品破胜论自相比量颂文二句，亦误"。[1] 观过类品第六 "*History of Indian logic*, pp.288-9 释此品，但列十四过类名目，开至不至相似为二，缺常住相似、无异相似、衍无穷相似、配列梵文亦有错误"。[2]

吕澂对其因明研究方法总结为"辨别古今""旁考外宗""广研诸论"。"辨别古今"指的是"立破轨范，说必从新。剖析旧言，宜详古式"。"旁考外宗"是因为"古因明说多取诸外，正理宗言，尤为关合。此宗后佛二百年余而兴，又数百载经文始备。推尊足目，信伪难知。过类、负处，所论大洋，古师制作，承用不改。乃至陈那，犹存其旧"。只有"广研诸论"，才晓因明，"善知方便，反复相成，取证兹编，应为可信"。[3]

（三）王恩洋的因明研究

1921 年，王恩洋（1897—1964，字化中）由梁漱溟介绍，为南京支那内学院研究部研究员，1925 任内学院法相大学主任，在四川、重庆期间，王恩洋在重庆佛学社、华岩寺和汉藏教理院从事讲经弘法的活动[4]。1941 年，王恩洋到沱江佛学研究院工作。1942 年 9 月沱江佛学研究院改名为东方文教研究院，1944 年成立东方文教研究院董事会，王恩洋任院长。[5]1944 年以后，他除了主持东方文教研究院的院务以外，仍为内学院理事（1943 年王恩洋任江津内学院理事直到 1952 年 8 月底内学院停办）。"1943 年 2 月，内学院院长欧阳先生病逝。6 月初，在川同学等组织了院友会，维持院务，推选理事 7

---

[1] 吕澂：《集量论释略抄》，第 213 页。
[2] 同上书，第 225 页。
[3] 吕澂：《因明纲要》，第 13—14 页。
[4] 黄夏年：《王恩洋先生与重庆佛教》，《重庆师范大学学报（哲学社会科学版）》2006 年第 3 期，第 98—105 页。
[5] 李建友：《王恩洋与内江东方文教研究院》，《内江日报》2012 年 2 月 26 日，第 2 版。

人：王恩洋、杨鹤庆、陈铭枢、熊训启……"①。虽然王恩洋的因明著作主要发表于他主持东方文教研究院期间的 1947 年，但是，其因明思想形成于南京支那内学院，并有《〈掌珍论〉二量真似义》一文与吕澂开展讨论（1924 年 1 月于内学院第四次研究会上讲演）。同时他还是内学院理事。所以，研究南京支那内学院因明思想，不能不谈王恩洋。王恩洋因明成果主要有《因明入正理论释》（1947）、《名学逻辑与因明》（1947）等。

　　1. 基于思辩学论域下的名学、逻辑和因明之比较

　　思辩学　　王恩洋为了区别于"西洋逻辑"之"逻辑"名称，把从现代学科分类意义上的逻辑学科称为"思辩学"学科或"论理"学科（"因明者，……以为一切思量论理之方式楷模者也"②）。王恩洋的"思辩学"从外延上包括西洋逻辑、中国名学和佛教因明。所谓"思辩学"，指论争之学，"尚论争者亦必精其教义，正其理由，而实其证据。又必善于辞令，雄于辩才。守其辩德，于是而论辩思惟之术随之而生。此在西洋则曰逻辑，在中国则曰名学，而在印度则曰因明。此三者正名定词、循事察理、立己破他所必不可缺者也"。③此论争之学为"思辩之术"："思谓思想，辩谓辩论，于境有疑故起思。于理不决故兴辩，思所以通其疑。尔知所未知，辩所以明其理而定所未定。思辩有术，术者方法也。其方法奈何？曰，一者在求正常之理由，二者在得确实之证据。理由正当，证据确实，则其思必通，便能知所不知；其辩必胜，便能定所不定；此思辩之术也。……思者，一己内心之筹度。辩者，对他言语之争执。思以自为，独求其知。辩者为他，令人得解。思重比度。辩重言说。二者之性质固确乎其不同也。是故可说：思者自己对自己辩论。而辩者自己令他人思想也？因明于思名曰比量。于辩名之曰立破。比量为自悟。立破在

悟他。"①"思辩之术"为专门之学："虽然,常人皆能思,而所思不必得实。常人皆能辩,而其辩不必合理。于是邪思横议出,诐词诡兴,真理反晦,是非混淆。不得思辩之益,反受思辩之害,是不可以不加订正。于是而思辩之述乃有专门之学矣。在中国则有正名之论。在希腊则有思想之律。在印度则有三支比量。浸浸发展,遂有名学逻辑与因明。"②"正名"意义在于"吾人何以能思想能辩说耶? 曰以有'名'为工具也"。③"盖逻辑者,思辩之术,只论思辩之应遵何等规律,始合思辩之道。始能推论无误,始能辩论有果,只在论究方法,更不论究原理。纵以原理论,亦只限于思想论辩之理,更不涉及物理心理生理政理法理等也。"④"因明精约,义理丰盛,……是诚思辩之学之宗极,驾中国西洋之名学逻辑而上之。"⑤由如上引文可知,王恩洋讨论了什么是思辩术、思辩学,此思辩学定义侧重大乘佛教之自悟悟他之特征。在王恩洋的观念里,思辩学包括为自悟之思想,为悟他之论辩。以及思辩学所包含的名学、逻辑、因明各自特征,而关于三者特征王恩洋又有详述。

西洋逻辑为推论求知之法　"西洋逻辑,始自希腊,及近代而益盛。其对名辞概念之辨析,命题判断之类分,条理成章,亦即我国名学正名定辞之功也。然其最贵者,乃在推论求知之方法。有演绎法焉,有归纳法焉,有实验法焉。演绎者,本公例以应殊事。归纳者,由殊事以求公理。实验者,人为计划,取证事实,以验其理想之是否正确、而建立真理者也。故逻辑之大用乃在求知识而训练思想也。"⑥"故演绎绝非求知之方。真为求知之工具与方法者,亦唯归纳与实验耳。虽然,此之归纳与实验,即并非逻辑之事,实乃人类历史经验之积累,与夫科学之工作。……吾人用思想,思想必求其贯通;求知识,知识必求其一致;发议论,议论必求其合理。则逻辑者,正思辩之

---

①　王恩洋:《名学逻辑与因明》,《王恩洋先生论著集(第九卷)》,第 117—118 页。
②　同上书,第 119 页。
③　同上书,第 119 页。
④　同上书,第 126 页。
⑤　同上书,第 136 页。
⑥　王恩洋:《因明入正理论释》,第 10—11 页。

工具，为一切治科学哲学者所不能少。"① 王恩洋认为西方逻辑根本特征为思想律，即同一律、矛盾律与"不容中律""只为名实诠表是非抉择之准则"②，是真思想、辩说必遵之律。实验逻辑非逻辑，黑格尔辩证法、马克思唯物辩证法（辩证逻辑）非逻辑，"形而上学逻辑"非逻辑，数理逻辑亦非逻辑，因为"然实验之事，已入科学范围……辩证逻辑则又走入玄学范围……若夫数理逻辑以简驭繁，以约驭变，诚为便矣。详形式逻辑本出于数学，尤与几何学关系最密。然其过重形式已嫌失之机械。更进而变语言文字为符号，则其机械之性愈重，亦何能表达人心事变之繁真理至道之赜也哉？"③ "若夫形而上学，离语言，离文字，不可思议之境……即用不着逻辑，即其自身为超出逻辑之范围也。"④ "西洋人近来好谈逻辑，每嫌于旧逻辑之不足用，于是有数理逻辑，有辩证逻辑，有形而上学逻辑等。风起云涌，洋洋大观，其实均无当也。"⑤ 王恩洋对于西方逻辑的理解，只为演绎法，即遵循思想律之形式科学，除此以外反对一切逻辑类型，包括数理逻辑。

名学为析辞、正名以致辩　"名学之用，重在正名。正名以举实，立言以达意，使人与人间情志交喻，而收互助生养教诲之功……然既有名言，即因有辩说。辩说者所以竟名言之功，故辩亦治名学者所有事也。……然则析辞正名以致辩，实中国古昔名学之职志也。……然我国名家自始即走入歧途，好立异说，玩奇辞，不以明理为先，而以胜人为务。然后有道家去名息辩之思想。以为名不足以举实，而辩不足以明是非而显道真。……墨家儒家起而拥护名辩，则有墨经大取小取诸篇，荀子正名之论，精义至当，至足珍贵。"⑥ 思想辩说以名为工具。思不能离名，辩亦不离名，因为"人类因实而命名，因名以举实，既便记忆，益利想象，古往今来之事，虽已灭未生不

---

① 王恩洋：《因明入正理论释》，第13—14页。
② 同上书，第18页。
③ 同上书，第17—18页。
④ 王恩洋：《名学逻辑与因明》，第127页。
⑤ 同上书，第128页。
⑥ 王恩洋：《因明入正理论释》，第10页。

现在前者,皆得因名以举之……足以资比较,而得其真理。……名也者,人己心知交通之具,无名则人己之交绝也。名言既立,而辩说随兴。辩也者,曲折晓喻,所以使人曲喻吾意者也"。① "正名"之所以为中国名学之特征,正是对于名之特征的要求,"名所以举实,而以喻诸人者也。故一者,名必须有恒久固定性……二者名言必有人群共同承认之公共性,……共享之公器,此人所共喻共晓者也"。② 王恩洋在概述中国名学特征基础上,论述"正名"与"思"、"辩"之关系。换一句话说,他是在说明名学为什么是思辩学的一种类型。

因明纯为辩学 "因明者,研寻正量之学。量也者,审虑事理之具。量有二种:一曰现量,二曰比量。现量者,能量心智触对现境,直证亲知,不假余事比度以得其义者也。……比量者,能量心智虽现在前,所量事义隐而未显,疑而难决,必待余事比度而知,乃能定其谁何,判其真伪者也。……因明者,乃就人类所有一切比量推求研究,审其是非,明其得失,得其定律公例,以为一切思量论理之方式楷模者也。……欲定群言之是非,故必追寻所以言者之得失;欲知量果之诚伪,必寻量因之正邪,能量之具不乖,而后所量之义不谬。于是立破之义详,因明之学出矣。"③ "因明纯为辩学。……既不言正名,又不言求知,而只言立破。……佛法建立五明,正名定辞者,声明之事。求知之方法,证真之工夫,若闻若思,若止若观,若定若慧,又皆在内明中详之。又佛法之言智慧,重现观而不贵比量。闻思为智慧之始,而非智慧之成。智慧之成也,在菩萨则为般若,在佛则为菩提,均超夫一般世俗之所谓知识与智慧。"④ "因明之用,立正破邪,利益有情,令法久住……盖经三支之建立,立宗以严其义,立因以明其理,同喻以证其实,异喻以简其滥。如此

---

① 王恩洋:《名学逻辑与因明》,第119—120页。
② 同上书,第121—122页。
③ 王恩洋:《因明入正理论释》,第20—22页。
④ 同上书,第11—12页。

则不但人因此而悟所未悟,已亦因此而信所信,而信亦坚矣。"① 因明为"辨证之术","要皆集中心智于三支立破,及三十三过"。②

因明与逻辑不同　第一,三支不同于三段论。在王恩洋看来,虽然形式看似相似,其本质不同,表现在:三段论大前提难以成立,因为大前提从时间看,包括过去现在未来,为一未经论证之武断之词;小前提和结论已经包括在大前提中,所以为废词,达不到思辩者从已知求所未知之目的;如果按照因明要求,三段论可能犯"自语相违""能立法不成""相符极成""不定"等过。"故逻辑三段多为无义。……若夫因明……三支比量,宾主对扬。自悟悟他,理莫能易。又其显过三十有三,论轨七分,胜义葳蕤,叹观止矣!"③ 第二,因明不同于演绎法,"故因明之法,同喻异喻,全无武断臆说,而格最密周详,有科学家之实验精神,其论为内籀,为类比,与演绎法之执之一理以驭万事者,相去盖有迳庭矣"。④ 第三,思辩学不离事实。逻辑的真理为形式上的必然,"吾谓此等机械的形式……为编造的真理,非真理也,戏论耳。安有离事实而有真理者! 安有离内容而有形式者?"⑤

因明与名学不同　王恩洋把中国名学分为三类:第一类为惠施、公孙龙等专门之名家,好立异说、玩奇辞;第二类为道家,去名息辩;第三类为墨辩和荀子,正名。第一类为诡辩,第二类否定名辩,第三类不及西洋逻辑和佛教因明。"因明既以人之所已知而喻所未知,又以世之所极成而立所未成,故其立言谨慎,不与世违。凡公孙龙、惠施之徒,好立异说玩奇词之过皆息。若夫论及违夫常识、超过世间之哲理,则必以他词简别,确定范围……佛法虽以实证胜义为最高,以超出言辩为至上,并不以名言为真,以思辩为极。然在因明,则必确立是非,明辩真伪,而绝不以道家之泯是非而齐物论者为然。不但

① 王恩洋:《因明入正理论释》,第 12 页。
② 王恩洋:《名学逻辑与因明》,第 128 页。
③ 王恩洋:《因明入正理论释》,第 17 页。
④ 王恩洋:《名学逻辑与因明》,第 136 页。
⑤ 同上书,第 137 页。

以其违世间,亦以其不真见至理也。此所以无我国名学之失者也。"①

2.《因明入正理论释》:一种文本田野的工作

中国近现代因明研究者依据的主要文本是《因明入正理论》,对此研究的工具有多种。既有以西方传统逻辑为重,也不乏中国经典研究的"注经"方式,王恩洋便是后者的典型代表。用历史人类学的话语说,王恩洋对《因明入正理论》之注释是一种文本田野的工作。其成果《因明入正理论释》突出特点为三:不离佛学,把因明研究置于佛教理论体系中;结合古因明、新因明文献注解《因明入正理论》;尊重文本,依文本衍生己见。

王恩洋对《因明入正理论》之注释注重佛学义理,没有脱离佛教而谈因明,体现因明研究的整体性特征,凸显"逻辑"与文化、社会之关系。兹举例如下。就"世间相违"释言,"佛云世间,谓可破坏,有迁流非究竟名世;堕世中故名间。简异胜义,名世间也。即是世俗常情共许之知识,在瑜伽又名世间极成真实也。……疏云,凡因明法,所能立中若有简别,便无过失。若自比量,以许言简,显自许之,无他随一等过。若他比量,汝执等言简,无违宗等失。若共比量,以胜义言简,无违世间自教等失。如掌珍论真性有为空。如奘师真故极成色不离于眼识等。就真义立,明定范围,不就世俗,则不得复以世间相违为彼过也"②。这里王恩洋诠释佛如何认定"世间",以及在共比量中,佛理论证为什么要简别之道理,区分"世间相违"与佛理之关系。就"现量"中"正智"释言,"诸五识、五俱意识、贪等自证、及修定者离教分别,皆是现量。此正智唯属第四。显故特说,非无余三"③。王恩洋在研究现量无分别、离名种、现现别转等义理后,特别强调在四种现量中,唯修定者离教分别才是佛教正智。就"量果"释言,"按陈那言:心心所法一识三分,相分是所量,见分是能量,自证分是量果。所以为量果者,见分能量相分,自证

―――――――――

① 王恩洋:《因明入正理论释》,第14页。
② 同上书,第41—42页。
③ 同上书,第73页。

分复能量见分。见分缘相或现或比，自证分缘见唯现非比。如其现比量而现证故。故此说如有作用而显现故亦名量果也。又此中不言如彼作用而显现故，但言如有作用者，作用有为主造作义。佛法但言因缘和合生，无为主义，故云但有功能缘无有作用缘。为简正有作用，故言如有作用也"。①这里不仅区分佛教相分、见分、自证分与我们日常所理解的三个概念内涵不同，而且专门以佛教义理诠释"如有作用"之意义（功能缘）。

王恩洋没有依据逻辑学之概念，而是用因明文献和佛教理论来诠释《因明入正理论》。《因明入正理论释》主要依据《因明入正理论疏》和《因明正理门论》。文中每段文本分析都没有脱离《因明入正理论疏》，形成"疏……""疏云……""又疏云……""又疏中每云……""疏有多解，今唯取此……"等形式。在诠释《因明入正理论》时，他既拿《因明正理门论》作证据，亦有二者之比较，同时在讨论"似能破"时又专门把《因明正理门论》"十四过类"放在《因明入正理论释》里作自己之理解。也用古因明、佛教内明注释《因明入正理论》，如引"地持经""佛地论""成唯识论""瑜伽对法""显扬等说""瑜伽十五""显扬十一"等。文末"附"为"杂集论论轨抉择疏"。

王恩洋诠释《因明入正理论》虽依经典，但是并不是毫无己见，其实，有许多见地显见于《因明入正理论释》里。如"内明"与"因明"差异之区分，他总结为："是故欲得真现量者必先清净诸根，已除狂醉。或复调练心行净治诸障，令心得定，勤修止观，心学圆满，真慧乃生，然后于诸法实相亲证现观矣。凡此种种，则内明所有事也。诸欲求得真比量者，亦必于能立能破，宗因譬喻，立量律仪，极深研求，辨其真似，得其究竟，然后比智正真，出言无过。凡此则因明所有事也。"②又如"比量"与"能立三支"关系之比较，他认为体现在自悟与悟他的不同和推理与立量的差异，比量属于自我推理，能立为立量悟他。其差异有四："一、能立重在言，比量重在思。二、能立为对

---

①　王恩洋:《因明入正理论释》,第 77 页。
②　同上书,第 21 页。

众诤论、故严于宗因譬喻之无过,比量为冥思独造之事、故重在观察推证假设实验之正确。三、能立先宗后因喻,比量先疑次观次思而后得结论。四、比量者能立之根据,能立者比量之表现乎言论者也。"[1]

二、武昌佛学院的因明学科建设

1922 年 8 月 26 日武昌佛学院召开董事会,成立武昌佛学院,梁启超任董事长,太虚任院长,李隐尘为院护,设专修科;1922 年 9 月 1 日开学;1924 年专修科改为大学部,同时成立研究院,1926 年停办;1928 年改武昌佛学院为世界佛学苑筹备处,王森甫任董事长;1929 年办研究部,1930 年停办;1932 年世界佛学苑图书馆成立,法舫代馆长,研究工作分为佛经考校科和佛学编译科;1933—1935 年两次招收研究预习生;1938 年教职人员西迁;抗战胜利后,苇舫筹备复兴武昌佛学院,1946 年 9 月法舫从锡兰回国主持院务,佛学院又恢复招生;1949 年停办。关于武昌佛学院的建设,代表研究有于凌波的论文《武昌佛学院创办始末》[2],吕有祥的论文《太虚法师与武昌佛学院》[3] 等。

(一)武昌佛学院因明学科之平台建设

因明学科平台建设包括学校建设、师资队伍建设、人才培养、课程建设、因明研究等。本部分不再重复写作武昌佛学院校史,仅选取太虚、法舫、印顺三人物回忆,以口述史方式研究。法舫为第一届学员,印顺 1934 到世界佛学苑图书馆读经半年,1936 年又到武昌佛学院从事教学与研究。

太虚在汉藏教理院暑期训练班的演讲《我的佛教改进运动略史》将其佛教 30 年的改革运动分为四个时期,第一期叙说自己从 1908 年学佛("余在

---

① 王恩洋:《因明入正理论释》,第 76 页。
② 于凌波:《武昌佛学院创办始末》,氏著《中国近现代佛教人物志》,北京:宗教文化出版社,1995 年,第 144—158 页。
③ 吕有祥:《太虚法师与武昌佛学院》,《法音》1990 年第 1 期,第 32—39 页。

民国纪元前四年起”)到中华佛教总会成立、主编《佛教月报》这段时期,包括受康有为、谭嗣同、严复、孙中山、章太炎、梁启超、吴稚晖、张继、托尔斯泰、克鲁泡特金等学说影响和禅、般若、天台之佛学的影响,曾参加过几处僧教育会,也包括参加佛教学校、祇洹精舍的经过,以及到南京发起组织佛教协进会,曾对佛教提出了三种革命(一为教理的革命,二为教制的革命,三为教产的革命)之事。如其叙说,经过金山风潮后,江、浙诸山长老于上海发起组织中华佛教总会,由八指头陀商量将佛教协进会并入中华佛教总会,因此中华佛教总会成了全国统一的佛教最高机关,辖有省支会二十多个,县分会四百多个,佛教会、大同会等组织亦自行解散。总会办有《佛教月报》,由太虚负责主编。太虚佛教改革运动的第二个时期是从 1914—1928 年间,讲自己闭关 3 年,到日本,到普陀山、武汉、北京、上海、广州、庐山等地的讲经讲佛学活动。尤其是在武汉成立佛学院,包括闽南佛学院讲学,以培养佛学人才。第三期太虚回忆的是 1928—1938 年十年的佛学改革运动,包括在法国巴黎发起世界佛学苑,在南京接管佛国寺,欲实现为世界的新佛教,依教、理、行、果四门进行佛教改革,即教从佛陀所遗留下来的佛寺塔像及文字经典,向东西各国搜集,设立法物馆、图书馆,作为研究所根据的教。例如南方的小乘教理,西藏的大乘教理,中国的综合教理,欧美以新方法研究的佛学,都一一加以分类、比较的研究。行包括律、禅、密、净诸修行的法门。果是依教理而修行所得的结果,如信果的信众,和戒果的僧众,以及定慧果的贤圣众。太虚欲建世界佛学院,拟以雪窦寺为禅观林,北平柏林佛学院为中英文系,闽南佛学院为华日文系,成立研究汉藏文佛学的汉藏教理院,将武昌佛学院改为世苑图书馆,推动世界佛教运动。并欲组织中国佛教会,建设现代中国僧制大纲。第四期,他欲成立世界佛教大学,院址拟设在印度。欧、美、亚洲诸国,可以遍设学院,依照近代大学制度,毕业后即授学士位。①

---

① 太虚:《我的佛教改进运动略史——太虚大师在汉藏教理院暑期训练班讲》,演培、妙钦、达居记,《海潮音》第 21 卷第 11 号(1940 年 11 月),载黄夏年主编:《民国佛教期刊文献集成》(200),北京:全国图书馆文献缩微复制中心,2006 年,第 218—224 页。

　　法舫在武昌佛学院成立 26 周年时讲述武昌佛学院如何发展而成世界佛学苑。如其演讲内容，武昌佛学院 1922 年农历七月二十日开学，第一届学僧有 80 余人，专修科，学制 3 年，后缩短到 2 年。教师有太虚、空也、妙阔、史一如、张化声、唐大圆、李慧空、陈济博，第一年董事长梁启超，第二年董事长汤芗铭，院护李开侁；第一届毕业之后，改专修科为大学部，另成立研究部。从开办到北伐的 5 年是武昌佛学院发展的黄金时代，1927 年大敬组织新的董事会，王森甫为董事长。1928 年太虚在法国发起世界佛学苑，总苑预备设在中国，法舫、大敬、王森甫等在武昌佛学院成立世苑筹备处，1929 年唐大圆、法舫、大敬、张化声入住武昌佛学院，由法舫负责学院，李子宽兼任董事长。1930 年太虚在北平发起世苑设备处，于是法舫和尘空法师经沪赴北平负责。1931 年按照太虚要求，法舫、尘空、本光、寂安、苇舫会于武昌佛学院，由法舫主持学院兼编《海潮音》。1932 年世界佛学苑图书馆在学院成立，方本仁居士为本院董事长，佛学苑图书馆的研究工作分为校考和编译两个部门，芝峰、会觉、印顺、谈玄、尘空、本光、苇舫、竺摩、止安、月耀等法师都在院中做研究工作。在图书馆成立之后，直到日军入侵武汉，佛学院办班、授课、购买或征集图书等，教师及研究者有芝峰、会觉、印顺、大醒、净严、会觉、谈玄、法舫、苇舫等。武昌佛学院被称为"佛教的黄埔"，学者自由研究佛学的各宗各派，如小大显密、性相空有、台贤净律等，还讲授科学、哲学及外国语。法舫认为太虚第一期改革的思想是发扬中国本位佛学，1929 年以后，太虚的第二期改革思想是发扬世界佛学，组织世界佛学苑、在南京设总苑，设武昌佛学院图书馆、汉藏教理院、闽南佛学院，拟设世苑华日文学院、巴利三藏院、北平教理院，组织锡南留学团，重建牯岭大林寺，辟为世苑净土林，拟改沩山和雪窦寺为世苑禅修院等。还派大勇、法尊、严定、观空、恒演等前往西藏学习，以图沟通汉藏佛学，命法舫、白慧、达居考察南洋各国佛教，打通巴利文、梵文壁垒。[①]

────────────

① 法舫：《从武昌佛学院到世界佛学苑——在武院成立廿六周年纪念会讲》，《法舫文集》（第三卷），北京：金城出版社，2011 年，第 210—218 页。

　　印顺的《太虚大师年谱》讲述太虚的弘扬佛教活动,今复述如下。1914 年月霞主办华严大学于上海哈同花园,弘扬贤首宗,后迁杭州;学生有常惺等。1917 年内政部准章嘉、清海准成立中华佛教会。1918 年觉社成立,蒋作宾任社长,同年世界佛教居士林成立,王与楫居士担任林长。1919 年太虚于觉社讲《因明入正理论》等,度大慈、大觉、大勇出家;同年陈定远成立中国五族佛教联合会,谛闲于宁波开办观宗学舍。1920 年太虚被推为西湖弥勒院及大佛寺住持,汉口佛教会成立,李隐尘为会长;同年长沙佛教正信会成立。1921 年太虚任西湖净慈寺住持;同年太虚于北京弘慈广济会讲经期间,专门为蒋维乔等讲《因明论》。1922 年太虚到中华大学暑期讲习会讲《因明入正理论》,讲义为"因明大纲";同年 5 月太虚任汉口佛学会院长;8 月 26 日武昌佛学院开董事会成立会,太虚任会长,梁启超为董事长,李隐尘为院护;同年 9 月 1 日佛学院开学,空也、史一如等为教师,法尊为学员。1923 年院外研究部成立;3 月太虚改新佛教青年会为"佛化新青年会";4 月汉口佛教会成立宣教讲习所,太虚为所长,唐大圆为教务主任,芝峰毕业于此;7 月在庐山大林寺发起世界佛教联合会;同年有史一如与南京支那内学院聂耦庚关于因明作法之争。1924 年武昌正信会成立,杨选丞为会长;5 月武汉佛化新青年会成立;秋,武昌佛教女众院成立;11 月北京慈因寺成立藏文学院。1925 年大勇改藏文学院为留藏学法团;同年支那内学院设法相大学,厦门南普陀寺请常惺成立闽南佛学院。1926 年太虚在虹口发起全亚佛化教育社(后改名中华佛化教育社),在北京拟设世界佛教联合会北京办事处,拟筹办寰球佛教图书馆;10 月国民革命军攻克武昌,佛学院和汉口佛教会停办。1927 年 4 月太虚到厦门南普陀寺任住持兼闽南佛学院院长。1928 年 7 月于南京毗卢寺成立中国佛教会筹备处。1929 年 6 月在上海出席中国佛教会第一次执监委员会,太虚为常务委员;同月上海佛学书局创办;11 月南京中国佛学会在万寿寺成立,太虚为会长。1930 年 9 月北平世界佛学苑(华英文系)柏林教理院成立，台源、常惺任院长。1931 年 1 月太虚参加上海中国佛教会第一次常务会议；4 月出席上海全国佛教徒会议，太虚一系执管中国佛教学会，移至南京毗卢寺。1932 年 8 月重庆北碚缙云山创办世界佛学苑汉藏教理院，太虚主持开学典礼，致书法尊从藏回川主持；9 月 25 日世苑图书馆在武昌成立。1933—1945 年太虚在国内外传播佛教。1945 年春西安大兴善寺巴利三藏学院成立，太虚任院长；9 月太虚推法尊任汉藏教理院院长；12 月汉藏教理译场成立，太虚任场主，12 月 17 日依法组织中国佛教整理委员会，太虚等任常务委员。①

如果说南京支那内学院重在内部建设的话，武昌佛学院则偏向佛学的社会传播。武昌佛学院因明研究之平台建设以太虚为领军人物。关于太虚（1890—1947，主名 15 个，发表文章笔名 19 个，法名唯心）之因明贡献应置于中国近现代佛学改革运动中。以武昌佛学院为考察点而论，从内部看，表现于武昌佛学院发展史；从外部看，呈现于太虚与其学生以武昌佛学院之建设理念而新建之佛学院以及佛学杂志的创办。正是佛学院等佛学机构的建设，为因明研究提供平台。如佛学院第一学期便开设《因明入正理论疏》课程，学员因此有非常好的因明训练，所以佛学院培育出法尊、芝峰、印顺、虞愚等因明大师便自然不过了。

（二）太虚与《因明概论》

太虚 1922 年在武昌中华大学讲授过因明，讲稿以《因明概论》为名由武昌正信印书馆出版，后以《因明概论唯识观大纲》为名又由武昌铅印。《因明大纲》一书作为武昌佛学院丛书由北京铅印。

《因明概论》分四章，即第一章"何谓因明"、第二章"因明之纲目"、第三章"因明之解析"、第四章"泛论因明"，兹将此著作内容概述如下。

---

① 　释印顺：《太虚大师年谱》，北京：中华书局，2011 年，第 45—337 页。

第一章讲了"因明之名义"与"因明之宗旨"。太虚以《因明大疏》定义因明为以理由达到明宗的学术,因明的作用服务于论证正理的目的。今引文以证之:"因明一名,其所名之义若何?此须先审知者。兹有数义焉。一曰明者犹云学术……二曰:因者正指立言者之言论。……三曰:因者或即照了言义之智。或即发生智解之言。……四曰:生因曰因……举此四义,则因明一名之涵义,不越此矣。然于四义中以第一义为最完。盖所以立言者,无非欲令闻者得了所言之宗旨耳。欲达到此目的,必须于生了各三之为因者无虚谬乃可。故于此因,不可不有专科之学术以明之。故因明者,换言之即讲明何者为达到立言目的所必由途径之学术也。"① 因明宗旨:"夫不明立言之因,而妄冀立言之果,恣立言论,此世之所由多诐辞淫说诡辩谳言以惑乱乎人心,使正智障蔽不发也。洵能明立言之所因,了然无惑,则邪说不待剪除而自灭。依之以立言论,皆能发闻者之智以照了所立正理而契入之。此则因明宗旨之所存也。"②

第二章因明之纲目,如其言:"夫因明之目的,唯在能运用正当之言论,以建立所欲令他人了解之真理,俾皭然辉耀于世间,如日月之恒照,不为浮议之云所蒙蔽而已。故首明能立焉。宗为所立。因喻为能立。乃陈那之正义。合宗因喻多言谓之能立者,以所诠之宗义为所立,而能诠之宗言及因喻皆为能立故。且须明所立之宗,始彰能立因喻为何者之能立,故虽正明能立之因喻,必兼明所立之宗以助显之。次明能破者,若知邪论过谬之所在,则能一一取而摧荡廓清之,如扫浮云而显天日。故欲立正言,必继之以破邪论也。无可立而妄立,无可破而妄破,则谓似立似破,言其似是而非也。抑此似立似破,即能破者所破除之邪论。然言形乎义,义持乎智,设非先有自悟之智,虽欲立言令他了解,又安能取义建言以令他了解哉?故次明不从名言以直证之现量智,及从闻名言以推知之比量智,以明能立能破之正论所由生

---

① 太虚:《因明概论》,沈剑英总主编:《民国因明文献研究丛刊(5)》,第 11—12 页。
② 同上书,第 12 页。

起之本。然非辨明似现似比，则混滥不分，必难极成真智，而邪论仍不免依以萌生；故终之以断似现似比之惑。于是根源肃清，自悟圆明，可以达悟他之目的矣。"①

　　第三章因明之解析，分"能立"，"能破、似立、似破"，"现量、比量"，"似现、似比"四节，是以文本内容为基础的。在"能立"里讲"宗因喻"三支："然宗、因、喻三所以次第如是者，为先显示自所爱乐之宗义故；为欲开显依现见事决定道理令他摄受所立之宗义故；为欲显示能成道理之所依止现见事故。"②在"宗"释里重点在宗依，"因"释重在因三相，"喻"在释同法、异法。总结三支得出："此之一论，于支有三：一宗、二因、三喻。于物有七：一宗依、二宗体、三因、四同喻体、五同喻依、六异喻体、七异喻依。……其通常论式虽如此，然临应用时不必定拘其格式。……故因明法即在平常谈话之中，若吾人所谈话合于理者，必一一皆不与因明法相违也。"③"能破、似立、似破"三部分内容放在一起，其释为："欲令他人了解己之宗义，虽在能善成立宗、因、喻三支圆满无过之言论，然与彼带有过失之言论相形之时，即能破彼不得成立。抑伪言乱真，若非指出其过失之所在，一一破除之，则正论虽建而邪言未息，犹足摇惑闻者，俾莫知所准从，故能立之后即须继以能破也。第能破之所破，即是似立，故当详叙似立之过，俾立者知其过失而不犯，破者能善出其过而祛其迷谬。然破之而不当，则于无过能立妄出其过，其为失言且尤甚于似立；故于似破亦不可不论也。"④能破依《入论》见言述之，似立讲三十三过，似破里强调："若不能真实显示他人立言之过失，而妄言他人所言之过失，名似能立。此应有二：（一）对于实有过失之言论，以不知其过失故，而不能实显。（二）对于实无过失之言论，以妄见其过失故，而谬指其为

①　太虚：《因明概论》，第13页。
②　同上书，第14页。
③　同上书，第19—20页。
④　同上书，第20页。

过，今此论中所列陈者，属第二义。乃似能破中之过失尤重者也。"① "现量、比量"部分在讲现量时重在种类，说明佛的认识与常人之不同，"然此但从前五识，及同时意识之见分，以说明现量。因是平常人所易知，且易错认者故。若夫各心心所之内二分现量，与第八识之现量，则平常人虽具有之，然全不能知也。其定中独头现量与根本后得二智现量，则又非修证到不能知有，故此皆不举焉"。②比量讲依因三相而正智生，特举例："此人是人宗，是人类故因，如某人等喻"③，此例显然不合因明要求。"似现、似比"部分以《入论》内容作简单介绍。

第四章讲"因明之历史""新旧因明之异点""因明与逻辑之比较"。在因明与逻辑的比较中以三段论为理论基础。"因明之历史"包括因明之创始、因明之革新、因明之流传三部分，第一部分讲古因明发展，并与亚里士多德逻辑产生时间比较，得出"足目所创者，不但为古因明之全，抑且为新因明所出，其功勋较希腊演绎论开祖之亚里斯多德过无不及；而早于亚里斯多德者殆三千年"。④第二部分讲由古因明到新因明的革新。第三部分讲因明汉传之情形。"新旧因明之异点"一节认为，就古因明而言，九句因和五支论式为核心内容，并将新因明改革概括为八点："（一）五分改为三支。（二）但因喻为能立，而以宗为所立。（三）宗依与宗体之判定。古来有以前陈有法为宗依，而后陈法为宗体者；亦有以前陈为宗体，而后陈为宗依者，亦有以前后并为宗体者。今批评审定前后并为宗依，而以不相离性为宗体。（四）于因三相具阙之注重。（五）喻体喻依之判别。（六）异法喻之增设。（七）废除遍所许宗，先业禀宗，旁凭义宗，而但取不顾论宗。（八）审定唯有现比二量，摄譬喻圣教于现比。"⑤因明与逻辑的不同，太虚分为两点论述，如下：

---

① 太虚：《因明概论》，第39页。
② 同上书，第40页。
③ 同上书，第41页。
④ 同上书，第43页。
⑤ 同上书，第46页。

一、形式之不同。

通常的逻辑论式

大前提（同喻体）	凡炭素物皆可燃
小前提（因）	金刚石是炭素物
断案（宗）	故金刚石可燃

通常的因明论式

宗（断案）　　　金刚石可燃

因（小前提）　　炭素物故

喻（大前提）　　若炭素物见彼可燃（同喻体）如薪油等

（同喻依）

若不可燃见非炭素物（异喻体）如冰雪

等（异喻依）

今据此以审其不同之点：（一）三段之中段相同而前后相翻，殆正由一为自悟一为悟他之故欤。（二）逻辑之中段亦两个名词构成，因明但用一个名词，殆以宗上有法陈之在前，顺势说下，不须重故。（三）因明逻辑之大前提，但有因明之同喻体，而缺少同喻依，异喻体异喻依之三件。（四）因明之同喻体多用若如何见如何之字……使小前提断案所论之物，已确定在凡皆之内，则更言此物之为何所以如何，岂非辞费而毫无所获乎？……

二、性质之不同，偶举如下：（一）逻辑仅考理之法式，因明兼立言之规则。（二）逻辑用假拟演绎断案，因明用设证解决问题。（三）逻辑以范已观察于物所生之思想为目的，因明以令他决了于我所立之宗义为目的。（四）逻辑非如因明之汗有归纳方法。（五）逻辑非如因明之注重立论过失。[①]

---

① 太虚：《因明概论》，第47—48页。此处史料已经点校。

在书中末尾有一"六离合辞例释义",包括原文、释义、辞例、例释四部分内容。所谓六离合释,"乃天竺之辞句通例,犹八啭声之为一声或数声之各单名字之通例,及因明用为多名句推论一义之理论例"。[①] 太虚以通俗例子予以解说。

(三)慧圆与《因明入正理论讲义》

史一如居士(1876—1925),法名慧圆,毕业于东京帝国大学,精通日文、英文,曾在诸多大学任教,后追随太虚。其因明讲授教材为《因明入正理论讲义》,内容如太虚言:"因明、晚唐后久成绝学;比年重光于华土者,功莫慧圆居士若! 居士初在沪、汉、京从余听受纲略,即湛心于是。取藏中关于因明诸经论,及遗在日本诸古疏暨近人新著,穷搜冥讨,融会贯通,遂慨然有发明斯学之志。旋应中国大学授论理学聘,乃论论理学有西洋形式者,与佛教因明者,著为佛教论理学。嗣余招至武昌任佛学院讲师,授因明及俱舍等,修正其佛教论理学为因明入正理论讲义,即今佛学院印行者也。"[②]

《因明入正理论讲义》分第一章"题前概论"、第二章"解释题目"、第三章"本论科释"三章,其中第一章与太虚《因明概论》第四章,第二章与太虚同书第二章,第三章与太虚同书第二、三章相对应。

第一章"题前概论"包括形式论理学与佛教论理学的比较和源流两部分。其中与形式逻辑比较的内容与太虚内容基本相同。源流内容:因明学之创造、因明学之改革、因明之传承、因明学之应用。其比较内容可与太虚对照:

(一)形式论理学即西洋论理学,肇自希腊亚理斯多德。所谓形

---

① 太虚:《因明概论》,第50页。
② 史一如遗著,男史珏编:《慧圆居士集序·一》,《海潮音》第6年第11期(1925年11月),载黄夏年主编:《民国佛教期刊文献集成》(163),第413页。

式者,不问事物之为何,使入于吾人之思想中,而规定其可遵可循之轨则也。(二)佛教论理学即东洋论理学,肇自印度足目。其目的在明其立言所据之因以使他人了悟也。二者立论之法式,大致相同。惟前者自审其拟议之正否,不在悟他而在自悟。后者以己所主张之论旨,晓示于人,非仅自悟尤重悟他。①

附录形式论理学及因明学对照表

形式论理学

　　大前提(喻)……凡炭素物皆可燃

　　小前提(因)……金刚石是炭素物

　　断案(宗)………故金刚石可燃

因明学

　　宗(断案)………金刚石可燃

　　因(小前提)……炭素物故

　　喻(大前提)……若炭素物见彼可燃(喻体)譬如薪油等(喻依)

两派差别之处略举有五

　　(一)形式论理者,思考之法式。因明者,谈论之规则也。

　　(二)形式论理,演绎断案。因明,证明断案。

　　(三)形式论理,以思考之正当为目的。因明,以令他决了自宗为目的。

　　(四)形式论理,非如因明注重过失论。

　　(五)形式论理,非如因明之含有归纳的意味。(喻体类形式之大前提,喻依则具有归纳之意)。②

---

① 慧圆:《因明入正理论讲义》,沈剑英总主编:《民国因明文献研究丛刊(9)》,第11页。
② 同上书,第11—12页。

　　第二章"解释题目"包括因明产生、改革、传承、应用等内容。因明学之产生讲足目"至少亦在五千年以前。……九句因、十四过类,实创自此。……足目之论式,不但为古因明全体之模范,并为新因明论式所由出"。[1]因明学之改革有:"(1)五段式改为三段论式。(2)三段式中以宗为所立。(3)第一段之宗,为宗体宗依之辨别。(4)第二段之因,考究三相之具阙。(5)第三段之喻,为喻体喻依之辨别。"[2]因明之传承列举了主要的因明著作,如"龙树《方便心论》《回诤论》等之中,弥勒《瑜伽论》之第十五卷、无著《显扬论》之第十卷、《杂集论》之第十六卷及世亲《如实论》(世亲有《论轨》《论式》《论心》三部在中国无译本)均说因明法。属于古因明之系统"。[3]因明学之应用主张:"试一读《掌珍论》《成唯识论》等书,即当感种种之困难矣。盖是等文字悉应用因明法则而成。如不解论理,何能读其高文并了其奥义耶。以外如法藏之《十二门论宗致义记》,龙树之《方便心论》《回诤论》,世亲之《如实论》,陈那之《集量论》《观所缘缘论》,清辨之《般若灯论》等。莫不皆然。破邪显正,成规具在。"[4]

　　第三章"本论科释"与太虚不同,如上太虚重在义理概括,而慧圆以窥基注解方式并依窥基注解内容而展开。今举数释如下。

　　在解释"随自乐为所成立性"句时,慧圆先用窥基的《因明大疏》解释,然后对窥基的解释再解释,最后给出自己的解释。他明确四宗何者可作证宗,得出遍所许宗、先承禀宗"反于违他顺自之规则",傍准义宗"论体有背言语之理",不顾论宗"无过失"等结论。[5]

　　慧圆在解释六因时得出:"因明之多言能立,端以言生因为主,是名正生。智为言之所依,义为言之所诠,皆非正生,名曰兼生。"[6]又云,"因明本

①　慧圆:《因明入正理论讲义》,第12—13页。
②　同上书,第20页。
③　同上书,第22—23页。
④　同上书,第24页。
⑤　同上书,第54页。
⑥　同上书,第60页。

以生起他解为主,故智为了之正。而言了义。了亦兼所摄。但以上所明言智义等,其详细分类,更有得果、类别、约体、望义之不同"。①

他在讲因三相时,得出三段论与因明的不同,"从言之三支门,言所谓喻,从义之三稛门言,所谓同品定有性异品遍无性。于形式论理学则全然无之。……在西洋论理学,关于材料之议论,为归纳论理学之专门。……故其方法,不外一面集其同类,一面除其异类。实与因明学之同喻异喻相似。何以言之。因明学亦遣除异类……集积同类……以证明立宗之断案故也。是以因明学于或意义上,谓之演绎归纳之两合法,亦无不可"。②

同喻与异喻比较说:"(一)同喻之合作法,必先因后宗。异喻之离作法,必先宗后因。(二)同喻以因同品为主,宗同品为助。异喻以宗异品为主,因异品为助。(三)同喻在有体论法,必举事喻之物体,异喻虽在有体论法,只以理喻为足,而事喻则不必要。"③

相违因与相违决定比较说:"(一)相违决定者,立者敌者,反对其论式之宗相,而其能立之因,各以别之事件成之。相违因则不然,敌者即就立者之本因,别成立与立者反对之宗也。(二)相违决定,前后俱邪。盖前后二量,皆无悟他之功用,属似能立。相违因则前邪后正,立者之论属似能立,敌者之论属真能破。"④

"唯识比量"释义云:"奘公立一真唯识量,时人无敢对扬者。量云,宗:真故极成色,不离于眼识;因:自许初三摄眼所不摄故;喻:犹如眼识,此量'真故''极成''自许'等,皆简别语。故举此以为立论之楷模。大疏解宗之简别曰:'有法言真,明依胜义。(四种胜义中第一世间胜义,第二道理胜义)不依世俗故,无违于非学世间。又显依大乘殊胜义立,(第三证得胜义)非依小乘,亦无违于阿含等教色离识有。亦无违于小乘学者世间之失。极

① 慧圆:《因明入正理论讲义》,第 62 页。
② 同上书,第 81—82 页。
③ 同上书,第 104 页。
④ 同上书,第 187 页。

成之言,简诸小乘后身菩萨染污诸色。(小乘说后身菩萨染污如纳妻生子之类)一切佛身有漏诸色。若立为唯识,便有一分自所别不成,亦有一分违宗之失。十方佛色及佛无漏色,(大乘所立)他不许有。立为唯识,有他一分所别不成。其此二因,为(二色之因)皆有随一(自他)一分所依不成。'说'极成言'为简于此。立二所余共许诸色。(前言大小乘各不共许色外之共许眼所行色)为唯识故。"①

"真能立"释义云:"因明自足目创始,以致陈那之改正。虽得明其概略,而于释尊之《解深密经》及龙树菩萨之《方便心论》所说者,尚未有说明之机。故特一言,以资引证。解深密经第五,举契经、调伏、本母(即经律论)之三种。本母,即论议,所谓'证诚道理'也,证诚道理者,当说明事物时,可为证据之道理也。此分二种。一清净、二不清净。清净者真正之义,有五种。不清净者不正之义,有七种。……清净中之五种。第一现见所得相者,实验之事实,即现量是。第二依止现见所得相者,根据实验而得之推理,即比量是。第三自类譬喻所引相,即同喻。第四圆成实相,即无过之真能立。……意谓以实验之事实(现量),并由其实验所得之推理(比量),及其例证(同喻)。决定能成其所立之事实,是曰圆成实相。盖即指完全无过之真能立也。第五善清净言教相者,人人可信可凭之圣贤言语,即圣教量是。不清净中之七种。第一此余同类可得相,与第四一切异类可得相为一对。第二此余异类可得相,与第三一切同类可得相为一对。此四种适与清净中第一第二相反,即似现量似比量是也。……第五异类譬喻所得相者,前四种是关于喻体之过误,此则关于喻依之过误,谓喻依妄举异类以为同品,全反于清净中之第三也。第六非圆成实相者,反于前之圆成实相也。……第七非善清净言教相者,亦反于前之善清净言教相可知。"②

慧圆的《因明入正理论讲义》与太虚的《因明概论》一样,为佛学院或大

---

① 慧圆:《因明入正理论讲义》,第137—138页。
② 同上书,第113—116页。此处已点校。

学讲义。作为讲义,此二教材主要受日本学者大西祝的《论理学》一书影响。大西祝的《论理学》由胡茂如于1906年翻译,由河北译书社出版。其中因明内容分为一篇,与西方传统逻辑有比较。太虚、慧圆采其说,用包括"碳素物可燃"例。我们不能依此来判定他们的因明水准。其实慧圆参与因明与佛法关系之论辩,颇有见地,而且他翻译日文因明文章,如《论有法差别相违因之分本作别作二法》[①]一文即为翻译日本云英晃耀《论疏方隅录》中的内容。

三、北京三时学会的因明经典解释

1924年,韩德清(1884—1949,本名韩克忠,字德清,号清净)与朱芾煌(1877—1955,名黻华)等诸同仁成立法相研究会;1927年,改法相研究会为三时学会。三时学会之成立,在当时北京市政府社会局备案为文化哲学研究机构。学会内部分总务、研讲、修持、刻印4部。理事10人,韩清净为会长,朱芾煌为副会长。韩清净主持研究、讲学,朱芾煌主持编纂《法相辞典》,徐智卿主持编辑刻印经论。本节研究时段至1949年韩清净逝世止,内容只含《瑜伽师地论科判·披寻记》、《因明入正理论释》和《法相辞典》中的因明思想。

(一)北京三时学会因明研究之特质

《瑜伽师地论科判·披寻记》　为韩清净经典之作,其中因明义理为研究《瑜伽师地论》因明的重要思想来源。马一崇、高观如等居士整理韩清净遗著《瑜伽师地论科判·披寻记汇编》,于1959年印刷100部。其特征可见下"附:《瑜伽师地论科判·披寻记》'因明'释义"。

《因明入正理论释》　为1932年韩清净在三时学会的因明讲义,于1934

---

① 慧圆:《论有法差别相违因之分本作别作二法》,《海潮音》第4年第7期(1923年8月),载黄夏年主编:《民国佛教期刊文献集成》(156),第401—405页。

年据韩哲武、饶凤璜笔记石印。其因明理解以《因明入正理论》为体,以《因明正理门论》《因明入正理论疏》《瑜伽师地论》为工具,解读《因明入正理论》每一文句。因为是讲义,以学生听懂为目的,所以此文更注重释而非偏向论。但此文能够体现他的因明观念。其因明观念是,因明是佛学论证的工具。如下简单从四个方面作以概括。第一,因明性质。因明为五明之一,因明之"因"为言生因,"明"为智了因:"由立论者言,能生敌证智解故;名言生因。由敌证智解,能照所立宗义故;名智了因。"① 正理有三义,指所立宗,指言义,诸法本真自性差别。偈颂"上二句意约立者言生因说。下之二句,意约敌证智了明说"。② 以《瑜伽师地论》七因明,说《入论》"七因明中,但摄论体,论据,及论庄严,论负四种"③。第二,释"能立与似能立"为此文重点。能立讲宗因喻,"宗者:所尊,所崇,所主,所立之义。……因者:所由。喻者:比况"④。此中说明辩论根据需要可以省略因喻,"此多言中,宗最先说;应名为开。彼先未了,今创显故。因喻后说;应名为示。宗言未了,今更具阐故。诸辩论时,宗因喻言非定要具。敌已解宗,无须因喻。若宗未解,待因方成;举因已了,喻不须说"。⑤ 文中讲三支论式涉及宗依四对名称,包括不顾论宗、因三相、同品、异品、九句因、同法喻、异法喻等。如,讲"同品定有性"时用九句因正因释,区分狭因宽宗、宽因狭宗的关系,"若以宽因,成立狭宗,其因即有共不定过。……反之若以狭因,成立宽宗,其因即无诸不定过"⑥。依《瑜伽师地论》《门论》解同法喻、异法喻,此文得出:"因贯宗喻。即此三支,不增不减;能具显示比量道理。"⑦ 此外,似能立依次讲宗九过、因十四过、喻十过,涉及所批评派别之主张的介绍等内容,如数论师二十五谛、

---

① 韩清净:《因明入正理论释》,释宗性主编:《韩清净全集(11)》,北京:国家图书馆出版社,2015年,第6页。
② 同上书,第14—15页。
③ 同上书,第17页。
④ 同上书,第18页。
⑤ 同上书,第20页。
⑥ 同上书,第41页。
⑦ 同上书,第72页。

胜论六句义等。第三，以佛理释现量与比量："现比，通智及境"①。如释"现现别转"为"由现量智，从种生现，才生即灭，实无住义。种各别生；现非一体，是故说言现现别转"。②还如讲四种现量，认为此"通有漏无漏两种"③用因三相释比量："亲取于境，名所量也。如有作用，指见分说；而显现故，指相分说。见相是智。此智名果；亦名为量。"④似现量与比量释亦以文义作。他在这里没有讨论比量与能立关系。第四，依据文义释能破与似能破。在能破里讲"多言有过，不成能立；支阙无言，亦非能立"⑤。他在这里没有回应前面所讲省略因喻与缺支关系，虽然前面讲"似能立"时提及其解释有些模棱两可，并说"此论有未尽意"⑥。在似能破里列举《门论》十四过类条目，也没有予以论证，"今但举名，义繁不述"。⑦这两个问题在《门论》里交代的很清楚，所以，研究《入论》，《门论》是基础。

《法相辞典》　由朱芾煌自 1934 年 10 月至 1937 年 4 月编撰 30 个月而成，于 1939 年由商务印书馆出版。《法相辞典》因明条目的编撰均以因明文献而成。其既为我们正确理解因明的参考工具，又为因明资料汇编。其中古因明以《瑜伽师地论》《集论》为主，新因明以《因明入正理论》为主，并举其他文献所涉相关内容。

无论韩清净的释义，还是朱芾煌的辞典，均反映北京三时学会研究因明的特点，注重因明经典解释，而无任何西方逻辑痕迹。董绍明称韩清净"从知法知义，名句文立基，分段分科分句，用新式标点佛经是第一人，主张建立佛教训诂章句学"⑧。

---

① 韩清净:《因明入正理论释》，第 165 页。
② 同上书，第 169 页。
③ 同上书，第 170 页。
④ 同上书，第 176 页。
⑤ 同上书，第 183—184 页。
⑥ 同上书，第 161 页。
⑦ 同上书，第 186 页。
⑧ 董绍明:《北京三时学会简介》，《佛教文化》1991 年第 3 期，第 80—83 页。

（二）《瑜伽师地论科判·披寻记》"因明"释义

谓于观察义中诸所有事者：于所成立，思惟决择，名观察义诸所有事。如下七种应知。……谓一切言说言音言词者：见、闻、觉、知，四种言说，是名一切言说。言所须具，是名言音。起言说欲，是名言词。

谓诸世间随所应闻所有言论者：谓诸世间善法言义，应可听闻，名所应闻。彼之言论世所欣尚，故名尚论。

若所爱有情所摄诸欲等者：谓自所爱有情所摄诸欲，与余有情更相侵夺故。

或欲侵夺者：通说前三差别应知。谓自所摄，他欲侵夺；若他所摄，自欲侵夺；所爱有情所摄，与余互欲侵夺。

若无摄受诸欲者：此中诸欲，非自所摄，非他所摄，亦非自所爱有情摄，名无摄受。

或为观看或为受用者：觉慧为先、功用为先、欲乐为先，眼见众色，是名观看。互相受用，受用境界受诸快乐，是名受用。于无摄受诸欲，为此二事，更相侵夺，或欲侵夺，应知是此所欲说义。

因坚执故等者：此说贪为因缘种种相别不欲弃舍，是名坚执。不欲出离，是名缚着。无有厌足，是名耽嗜。乐着受用，是名贪爱。由是为因，遇不饶益，故令发愤，互相乖违。

兴种种论兴怨害论者：诤无止息，前后变异，名种种论。或为毁辱、或为恼害，口出矛𠟤，更相𠟤刺，名怨害论。

若所爱有情所作身语恶行互相讥毁者：谓自所爱有情所作恶行，与余有情互相讥毁故。讥，谓现前位。毁，谓背面位。如前已说应知。

于如是等行恶行中等者：此说兴诤论者三种补特伽罗相：谓有一类未受净戒乃至未能远离恶行以来，常得说名愿作未作诸恶行者。此即第一补特伽罗。复有一类虽受净戒不作恶行，而于定地未得作意，未能制伏欲界烦恼，是名未离欲界贪瞋痴者。此即第二补特伽罗。复有一类贪瞋痴相极为增上，拘碍于心，令不自在，覆蔽其心，令不显了，是名重贪瞋痴所拘蔽者。此即第三补特伽罗。

或自所摄他所遮断等者：语现行时，若被遮止，令不相续，是名遮断。应知略有四相差别，如文可知。初三种相，谓于现在位；后一种相，谓于过去位。或为成立自宗而有所说，令他摄受自所许义，名欲摄受所未摄受。

谓粗恶所引等者：若毒螫语，若粗犷语，名粗恶所引。若非可爱可乐可欣可意语，名不逊所引。邪举罪者，言不应时，若复不实，若引无义，若复粗犷，若挟瞋恚，是名绮言所引。又邪说法时，亦有五相，名为绮语。谓不思量语，不静语，杂乱语，非有教语，非有法语。由是此说，乃至恶说法律等言，义如（有寻有伺地）说。（陵本八卷十二页）

为诸有情宣说正法等者：为断有情所疑惑故，宣说正法，由此能令无倒听闻。为达甚深诸句义故，研究抉择，由此能令清净思惟。为令智见毕竟净故，教授教诫，由此能令修习正定。

令彼觉悟真实智故等者：此中初句，释前令心得定所由。后句，释前令得解脱所由。心得定故，能如实知，能如实见，是名觉悟真实。得解脱故，能为他说宣扬开示自所证法，是名开解真实。

初二种论应当分别者：谓于言论尚论中，或是真实，或不真实，或能引义，或引无义，或应修习，或应远离，由是说言应当分别。以此二种，总摄一切杂染清净言论。

一于王家等者：此中六种处所，谓即处在六种众中。处大众中，名于王家。处执众中，名于执理家。处多众中，名于大众中。处谛众中，名于贤哲者前。处善众中，名于善解法义沙门婆罗门前。处杂众中，名于乐法义者前。此六种众，如下无畏中说。（陵本十五卷十六页）

能成立法有八种等者：此中立宗，谓即宗言，由是说言能成立法。前说自性差别，谓即宗义，是故说言所成立义。余自下释。

谓依二种所成立义等者：自性差别，是名二种所成立义，如前已说。以此为依，摄受自宗所许品类差别。此复云何？谓依自性所成立义，摄受自宗所许品类差别，或立为有，或立为无，及以差别所成立义，摄受自宗所许品类差别，或立有上无上，乃至有为无为，是名各别摄受自品所许。或复依二所成立义，善自他宗，于一切法能起谈论，是名摄受论宗。

若自辩才至建立宗义者：此中初四差别，明建立宗义所依。后五差别，明建立宗义所为……相状相似等者：如下相比量中广释其相应知。谓随所有相状相属，或由现在，或先所见，推度境界，是相比量所有略义，此应准释。

自体相似等者：如下体比量中广释其相应知。谓现见彼自体性故，比类彼物不现见体，或现见彼一分自体，比类余分，是体比量所有略义，此应准释。

业用相似等者：如下业比量中广释其相应知。谓以作用比业所依，是业比量所有略义，此应准释。

法门相似等者：如下法比量中广释其相。谓以相邻相属之法，比余相邻相属之法，是法比量所有略义，此应准知。

因果相似等者：顺益义是因义，成办义是果义，是故因果展转相似。由是道理，观察义中能成即因，所成即果，是故亦说展转相。

谓诸根不坏作意现前者：此中诸根，谓诸色根，依色根现量，说诸根不坏故。作意，谓三界意及不系意，依意受现量，说作意现前故。

谓欲界诸根于欲界境等者：此中已生已等生，谓欲界诸根于欲界境。从出生位乃至诸根成熟以来，是名已生。诸根成熟乃至耄熟位，名已等生。若生若起，谓上地诸根于上地境，受上地生，彼根名生。

入上地定,彼根名起。根境相对,同一界地,是名相似。

谓上地诸根于下地境等者:谓生欲界依欲界身,引发上地若眼若耳,由此见闻下地色声。如有寻有伺地说。(陵本十卷十九页)今说上地诸根于下地境,义应准知。此中已生,谓最初生位。已等生,谓相续生位。若生,谓于果位。若起,谓于因位。总略为论,名如前说。然非无别,随义应悉。又此诸义,亦可通前,不更分别,名如前说。

覆障所碍等者:覆有三种:谓日后分,或山山峰影等,悬覆、遍覆、极覆。如意地说。(陵本一卷十五页)今于此中说有三暗,逆次应知。谓由极覆,名为黑暗;由遍覆故,名无明暗。由悬覆故,名不澄清色暗。

隐障所碍等者:谓由药草等力,令身隐没,不显现故。

幻化所作等者:谓如幻师,积集草叶木瓦砾等,现作种种幻化事业:所谓象身、马身、车身、步身、末尼、珍珠、琉璃、螺贝、璧玉、珊瑚、种种财谷库藏等身,名幻化所作。于中色相,或胜所见,是名殊胜。或似所见,是名相似。如是幻状迷惑眼事故,名惑障所碍。

损减极远者:谓极微色应知。分析诸色,至最后边,是故说名损减极远。

非已思应思现量者:思惟过去,是名已思。思惟未来,是名应思。二种俱非境现在前,故名现量。

若境能作才取便成取所依止者:此中取言,有二种别:一,所取法,二,能取法。所取法者,如说若境,能作才取。能取法者:如说便成取所依止。

犹如良医授病者药等者:此中举药为喻:谓彼药物若受用已正消变时,名为才取。即于尔时,病势损减增长安乐,是名取所依止。当知此中药之色、香、味、触,为其所取。身受安乐,是其能取。由是喻成现量境界。病未愈时,此药于病,名应思惟。病若愈已,此药于病,名已思惟。唯是寻求推度境界,故非现量。

若境能为建立境界取所依止者:想所取相,此名为境。能取境想,此名为取。修瑜伽者,于三摩地所行境界中,由种种想安立诸相以为所缘,是故彼想,名建立境界取。境事为依,取方得生,是故彼境,名为取所依止。

如瑜伽师于地思惟水火风界等者:此中举喻:谓瑜伽师,于地思惟水火风界。此地名为建立境界取所依境。如是于水、于火、于风,思惟余界义亦如是。由是说言如其所应,当知亦尔。

此中建立境界取所依境等者:地等诸界,若正思惟,未起胜解,名解未成。于尔所时,不成所依,名应思惟。起胜解已,名解成就。于尔所时,转作余想,名已思惟。离此二种,地等诸界,现为地等诸想之所依止,故名现量。

谓于少数起多数增上慢等者:于少谓多,称量高举,名增上慢。当知此慢,意识相应,故作是说:由余所引意识错乱故,举喻应知。

谓于余形色起余形色增上慢等者:此由解了高举,名增上慢。下二错乱,义皆准知。

忍受显说等者:忍可领受,是名忍受。此是见因。显发宣说,是名显说。妄计吉祥,是名生吉祥想。此是见果。坚执不舍,此见自相。

谓五色根所行境界等者:如先所说三现量中,诸根不坏,才取便成取所依境,及非五种错乱境界,是名色根现量体相。

谓诸意根所行境界等者:如先所说三现量中,作意现前建立境界取所依境,及非心见二种错乱境界,是名意受现量体相。

谓与思择俱已思应思所有境界者:翻前所说非已思应思现量应知。

以执持自相比、知道俗者:持僧伽胝及以衣钵正知而住,乃至广说行时、住时诸所作业正知而住,由此自相,比知是道。余则不尔,比知是俗。

以慈悲爱语至比知菩萨者:此说五种真实菩萨之相。菩萨地说:一者,哀愍,二者,爱语,三者,勇猛,四者,舒手惠施,五者,能解甚深义理密意。(陵本四十七卷一页)应准彼释。

以诸威仪恒常寂静比知离欲者:谓离欲者,身业安住,诸根无动,威仪进止,无有躁扰,乃至广说不为种种欲寻思等诸恶寻思扰乱其心。如声闻地说。(陵本三十三卷二十页)此应准知。

以具如来微妙相好等者:由诸如来,以三十二大丈夫相等庄严其身,名具微妙相好。四无碍解,皆悉成就,名具智慧。烦恼所知二障永断,多住无上无等第四静虑天住,名具寂静。哀愍世间,令诸天人获得义利利益安乐,名具正行。六种神通,皆悉成就,名具神通。义如菩萨地释。(陵本三十八卷二页)所言应者,谓应为一切恭敬供养故。等正觉者,谓如其胜义觉诸法故。具一切智者,谓于能引摄义利法聚,于能引摄非义利法聚,于能引摄非义利非非义利法聚,徧一切种现前等觉故。亦如菩萨地说。(陵本三十八卷三页)

如以现在比类过去等者:此释前标现见比不现见。谓以现在现见体性,比类过去不现见体;或以过去已现见体,比类未来不现见体,或以现在现见近事,比类远事不现见体,或以现在现见自体,比于未来不现见体。

又如饮食衣服等者:于彼彼事乐欲转时,或触于利,是名为得。或触非利,是名为失。彼彼事中,于随一事现见或得或失,比知所余一切不现见事得失亦尔。此中一分,谓于一切资具中一事应知。又以饮食一分成熟既现见已,比余所不现见一分成熟亦尔。此中一分,谓于一事中少分应知。

谓以作用比业所依者:用不离体,用为能依,体为所依,故能依所依互相系属，是故依用可比知体，名以作用比业所依。如下举事，其相易知。

谓以相邻相属之法等者：谓此彼法，义相邻近，名相邻法。如说无常故苦，苦故无我，皆是此类。又若此法能引彼法，当知此彼互相系属，如说生老病死等是。如下举事，其相易知。

谓以因果展转相比者：依因比果，依果比因，名以因果展转相比。如下举事，因果相比，随应可知。

谓一切智所说言教等者：此说正教量有三种差别：若佛自说经教，展转流布至今，名一切智所说言教，是为第一。若圣弟子从佛听闻而有所说，名从彼闻，是为第二。或圣弟子依佛言教如理决择而有所说，名随彼法，是为第三。当知此中诸圣弟子，随应当知凡圣有别。摄事分说：若于是处说有多闻诸圣弟子，当知此中是诸异生。若于是处唯说有其诸圣弟子，当知此中说已见谛。（陵本九十四卷十一页）

不违圣言等者：无漏名圣。圣弟子说，或佛自说，不违正法，不违正义，顺趣无漏，由是故说不违圣言。

或于有相减为无相者：此如大乘恶取空者，执一切法皆无自性，于杂染相及清净相有损减过故。

而妄建立一分是常一分无常等者：如计梵王是常等，名妄建立一分是常，一分无常。如计苦乐等受实有差别，非性唯苦，名妄建立一分是苦，一分非苦。如计我为有色，我为无色等，名妄建立一分有我，一分无我。

于佛所立不可记法等者：谓有问言：世间常耶？此不应记，但言我说此不可记。乃至问言：如来死后有耶无耶？此不应记，但言我说此不可记。如决择分说。（陵本六十四卷七页）如是等类，名佛所立不可记法。于如是事不如理思，谓为可记。或为他说，名安立记。

或于不定建立为定等者：如说乐受贪所随眠，苦受瞋所随眠，不苦不乐受痴所随眠，唯约多分为论，而非一向。以于乐受中多生染着，于苦受中多生瞋恚，于不苦不乐受中计四颠倒故。若执一切，是名相违。无漏界中，一切粗重诸苦永断，名胜义乐。是故乐受，亦非一切皆是有漏，与乐俱业，非定顺苦，是故亦非一切受苦异熟。若执一切，是名相违。

或于有相法中无差别相等者：诸有为法，三有为相之所相故，名有相法。若于其中灭有为相，证得涅槃，是即无为，此名无差别相。以无为法，唯有为灭之所显故。若于其中生住异灭三相可得，是名有差别相。颠倒建立，是名相违。如下自释种种应知。

于不实相以假言说立真实相等者：言说所行，名不实相。胜义所行，名真实相。颠倒安立，故名相违。

若一切法自相成就等者：谓一切法，无始时来，理成就性，是名法性。若佛出世，若不出世，一切法性，法尔安住；非由安立名句文身，彼法成就。依此道理，故作是问。

为欲令他生信解故者：此中道理，如菩萨地真实义品问答诸法离言自性应知。（陵本三十六卷二十页）。

为先显示自所爱乐宗义故者：谓如前说各别摄受自品所许故。

为欲开示因喻二种相违不相违智故者：因喻二种，不能顺成所立宗义，是名相违。离此过失，能顺成宗，名不相违。此释建立同类、异类。若能了知此或相违，或不相违，是名为智。此释建立现量、比量及正教量。三量为依，于彼相违，或不相违，决定了知故。

又相违者由二因缘等者：谓若因喻，不能成自宗义，反成相违所立，名不决定，如四相违因是。又若因喻，非共所许，尚待成立，非是能成，名同所成，由所成宗，一许一不许故。不相违中二种因缘，翻此应知。

　　若于此法毗奈耶中等者：由佛善说法毗奈耶内法所摄，说名为此。摄事分说：道理所摄，名之为法。随顺一切烦恼灭故，名毗奈耶。于此论旨，依闻思修增上方便无能引夺，名为已善。辩才无尽，能立自义，名为已说。知殊胜德，名为已明。

　　若于彼法毗奈耶中等者：恶说法毗奈耶外道所摄，说名为彼。由非道理所摄，不顺烦恼寂灭故。于彼论旨，研求善巧，是故闻思不爱不乐，故不修行。若于他说，速能了悟，速能领受，是名已善。速能酬对，是名已说。深知过隙，是名已明。

　　谓能引发胜生定胜者：此中胜生，谓增上生道。定胜，谓决定胜道应知。

　　由九种相言具圆满等者：翻下九种言过应知。（陵本十五卷十八页）

　　处在多众杂众等者：如前已说六种处所，今应配释：处多众中，谓于大众，如说四方人众聚集处，名大集中故。（陵本八卷十一页）处杂众中，谓于乐法义者前。处大众中，谓于王家。有大威力，名为大故。处执众中，谓于执理家。处谛众中，谓于贤哲者前。处善众中，谓于善解法义沙门婆罗门前。其心无有下劣忧惧，谓意表业。身无战汗，面无怖色，谓身表业。音无謇吃，语无怯弱，谓语表业。由此诸相，当知无畏。

　　以时如实能引义利等者：有寻有伺地说：于邪举罪时，有五种邪举罪者：言不应时故，名非时语者。言不实故，名非实语者。言引无义故，名非义语者。言粗犷故，名非法语者。言挟瞋恚故，名非静语者。（陵本八卷十三页）今于此中，亦说五相，如次翻释应知。

　　复有二十七种称赞功德等者：此中称赞功德，五论庄严，为所依止，一一配属，随应当知，繁不具述。

我论不善汝论为善者：于一切法能起谈论，是名为善。与此相违，是名不善。

我不善观汝为善观者：于所立义，审知因喻二种相违，或不相违，名为善观。若异此者，名不善观。

我论无理汝论有理者：立宗离过，是名有理。与此相违，是名无理。

我论无能汝论有能者：因喻离过，是名有能。与此相违，是名无能。

谓愤发掉举等者：遇不饶益，不能堪忍，由是愤发，令心掉举，是名愤发掉举。非理寻思忽遽而转，由是躁急，令心掉举，是名躁急掉举。

非义相应等者：引不可爱生，是名无义。不引可爱生，是名违义。不顺道理，是名损理。因喻相违，非所极成，是名与所成等。引他征诘，是名招集过难。空无自义，是名不得义利。以余因喻，成此因喻，是名成立能成。余文易知。

观察得失至或作不作论出离相者：此中自损损他及与俱损，乃至身心忧苦。如前有寻有伺地释应知。（陵本九卷九页）执持刀杖等，谓身语恶行。种种恶不善法，谓欲恚害寻伺。如是等类为观察时，是名观察过失。利益安乐，若自若他，乃至天人义利，及与安乐，如是等类为观察时，是名观察功德。若堕过失，不引功德，是不应作，便不兴论，若离过失，能引功德，是所应作，当兴言论，是名第一或作不作论出离相。

观察时众等者：此中僻执，谓于恶见诸外道前。贤正，谓于贤哲者前。善巧，谓于善解法义沙门婆罗门前。于此时众，应善观察，或不兴论，或兴言论，是名第二或作不作论出离相。

观察善巧不善巧等者：于观察义诸所有事，能审思择，是名善巧。不审思择，名不善巧。诸所有事，谓即前说论体乃至论多所作法,故于文中,置有等言。于此诸事,应善观察,或不兴论,或兴言论,是名第三或作不作论出离相。

论多所作法至辩才无竭者:论庄严中说有五种,今于此中唯取其三,名多所作。谓善自他宗、言具圆满,及与无畏。所余二种,于所立论,非多所作,是故不说。辩才无竭,即彼言具圆满所摄应知。①

(三)《法相辞典》因明条目摘抄

1.古因明摘抄

　　[因果比量]……因果比量者:谓以因果展转相比。如见有行,比至余方;见至余方,比先有行。若见其人,如法事王,比知当获广大禄位;见大禄位,比知先已如法事王。若见有人,备善作业,比知必当获大财富;见大财富,比知先已备善作业。见先修习善行恶行,比当兴衰;见有兴衰,比先造作善行恶行。见丰饮食,比知饱满;见有饱满,比丰饮食。若见有人食不平等,比当有病;现见有病,比知是人食不平等。见有静虑,比知离欲;见离欲者,比有静虑。若见修道,比知当获沙门果证;若见有获沙门果证,比知修道。如是等类,当知总名因果比量。②

　　[同类]瑜伽十五卷七页云:同类者:谓随所有法,望所余法,其相展转少分相似。此复五种。一、相状相似,二、自体相似,三、业用相似,四、法门相似,五、因果相似。相状相似者:谓于现在、或先所见、相状相属,展转相似。自体相似者:谓彼展转、其相相似。业用相似者:谓彼展转、作用相似。法门相似者:谓彼展转、法门相似。如无常

---

① 韩清净:《瑜伽师地论科判·披寻记汇编》,释宗性主编:《韩清净全集(3)》,第96—143页。此段史料已校勘。
② 朱芾煌:《法相辞典》,上海:商务印书馆,1939年,第593页。

与苦法,苦与无我法,无我与生法,生法与老法,老法与死法;如是有色、无色,有见、无见,有对、无对,有漏、无漏,有为、无为,如是等类,无量法门,展转相似。因果相似者:谓彼展转,若因若果,能成所成,展转相似。是名同类。又云:问:何故后说同类异类现量比量正教等耶?答:为欲开示因喻二种相违不相违智故。又相违者,由二因缘。一、不决定故,二、同所成故。不相违者,亦二因缘。一、决定故,二、异所成故。其相违者,于为成就所立宗义,不能为量;故不名量。不相违者,于为成就所立宗义,能为正量;故名为量。是名论所依。①

相比量者:谓随所有相状相属;或由现在,或先所见,推度境界。如见幢故,比知有车;由见烟故,比知有火;如是以王,比国,以夫,比妻,以角犎等,比知有牛,以肤细软发黑轻躁容色妍美,比知少年,以面皱发白等相,比知是老,以执持自相,比知道俗,以乐观圣者,乐闻正法,远离悭贪,比知正信,以善思所思,善说所说,善作所作,比知聪睿,以慈悲,爱语,勇猛,乐施,能善解释甚深义趣,比知菩萨,以掉动轻转嬉戏歌笑等事,比未离欲,以诸威仪恒常寂静,比知离欲,以具如来微妙相好智慧寂静正行神通,比知如来应等正觉具一切智,以于老时见彼幼年所有相状,比知是彼。如是等类,名相比量。②

瑜伽十五卷八页云:现量者:谓有三种。一、非不现见,二、非已思应思,三、非错乱境界。如彼卷八页至十页广释。二解杂集论十六卷十页云:……③

[论负]杂集论十六卷十一页云:论负者:谓舍言,言屈,言过。由此三种,诸立论者,堕在负处,受他屈伏。舍言者:谓自发言,称己论失,称他论德。谓我不善,汝为善等。言屈者:谓假托余事方便而

---

① 朱芾煌:《法相辞典》,第611页。
② 同上书,第834页。
③ 同上书,第951页。

退。或说外事而舍本宗。或现忿怒恼慢覆藏等。如经广说。假托余事方便退者：谓托余事，乱所说义。如经说：长老阐铎迦，与诸外道共论，或毁已立宗，或立宗已毁。言过者：略有九种。一、杂乱，二、粗犷，三、不辩了，四、无限量，五、非义相应，六、不应时，七、不决定，八、不显了，九、不相续。杂乱者：谓舍所论事，广说异言。粗犷者：谓愤发卒暴，言词躁急。不辩了者：谓所说法义，众及敌论所不领悟。无限量者：谓言词重迭，所说义理，或增或减。非义相应者：略有五种。一、无义，二、违义，三、损理，四、与所成等，五、招集过难义。不可得故。义不相应故。不决定故。能成道理，复须成故。一切言论非理非谛所随逐故。不应时者：谓所应说，前后不次。不决定者：谓立已复毁，毁而复立；速疾转换，难可了知。不显了者：谓越阐陀论相，不领而答。或典或俗，言词杂乱。不相续者：谓于中间，言词断绝。①

　　[论轨决择] 集论八卷十一页云：何等论轨决择？略有七种。一、论体，二、论处，三、论依，四、论庄严，五、论负，六、论出离，七、论多所作法。如彼卷十一页至十三页广释。②

　　[论体六种] 集论八卷十一页云：第一论体，复有六种。一、言论，二、尚论，三、诤论，四、毁论，五、顺论，六、教论。言论者：谓一切世间语言。尚论者：谓诸世间所随闻论。世智所尚故。诤论者：谓互相违反所立言论。毁论者：谓更相愤怒发粗恶言。顺论者：谓随顺清净智见所有决择言论。教论者：谓教导有情心未定者令其心定，心已定者令得解脱，所有言论。③

　　[论依二种] 集论八卷十二页云：第三论依，谓依此立论，略有二

---

① 朱芾煌：《法相辞典》，第 1328 页。
② 同上书，第 1330 页。
③ 同上。

种。一、所成立，二、能成立。所成立有二种。一、自性，二、差别。
能成立有八种。一、立宗，二、立因，三、立喻，四、合，五、结，六、现
量，七、比量，八、圣教量。所成立自性者：谓我自性，或法自性。差
别者：谓我差别，或法差别。立宗者：谓以所应成自所许义，宣示于
他令彼解了。立因者：谓即于所成未显了义，正说现量可得不可得
等信解之相。立喻者：谓以所见边，与未所见边，和会已说。合者：
为引所余此种类义，令就此法，正说理趣。结者：谓到究竟趣所有正
说。现量者：谓自正明了，无迷乱义。比量者：谓现余信解。圣教量
者：谓不违二量之教。①

　　［论出离］……杂集论十六卷十一页云谓观察得失，令论出离。
或复不作，恐堕负处，故不兴论。设复兴起；能善究竟。又若知敌论
非法器，时众无德，自无善巧；不应兴论。若知敌论是法器，时众有
德，自有善巧；方可兴论。敌论非法器者：谓彼不能出不善处，安置
善处。时众无德者：谓不淳质，乐僻执，有偏党等。自无善巧者：谓
于论体乃至论庄严中，不善通达。与此相违，名敌论者是法器等。②

2. 新因明部分摘抄

　　［能立］因明入正理论云：此中宗等多言，名为能立。由宗因喻
多言，开示诸有问者未了义故。又云：如说声无常，是立宗言。所作
性故者：是宗法言。若是所作见彼无常如瓶等者：是随同品言。若
是其常见非所作如虚空者：是远离言。唯此三分，说名能立。如疏
一卷十九页释。③

---

① 朱芾煌：《法相辞典》，第1330页。
② 同上书，第1329—1330页。
③ 同上书，第891页。

［因］……因有三相。何等为三？谓遍是宗法性，同品定有性，异品遍无性。云何名为同品异品？谓所立法，均等义品；说名同品。如立无常，瓶等无常；是名同品。异品者：谓于是处、无其所立。若有是常；见非所作。如虚空等。此中所作性，或勤勇无间所发性，遍是宗法；于同品定有，于异品遍无；是无常等因。如疏二卷十六页释。[①]

［喻］……喻有二种。一者、同法，二者、异法。同法者：若于是处，显因同品决定有性。谓若所作；见彼无常。譬如瓶等。异法者：若于是处，说所立无；因遍非有。谓若是常；见非所作。如虚空等。此中常言，表非无常。非所作言、表无所作。如有非有，说名非有。如疏四卷一页释。[②]

［同品一分转异品遍转］……同品一分转异品遍转者：如说声非勤勇无间所发。无常性故。此中非勤勇无间所发宗，以电空等为其同品。此无常性，于电等有，于空等无。非勤勇，无间所发宗，以瓶等为异品。于彼遍有。此因以电瓶等为同法故；亦是不定。为如瓶等无常性故，彼是勤勇无间所发为如电等无常性故，彼非勤勇无间所发？如疏六卷十七页释。[③]

［俱品一分转］……俱品一分转者：如说声常，无质碍故。此中常宗，以虚空极微等为同品。无质碍性、于虚空等有，于极微等无。以瓶乐等为异品。于乐等有，于瓶等无。是故此因以乐以空为同法故；亦名不定。如疏六卷二十页释。[④]

［相违决定］……相违决定者：如立宗言：声是无常。所作性故。譬如瓶等。有立声常。所闻性故。譬如声性。此二皆是犹豫因故；

---

① 朱芾煌：《法相辞典》，第590—591页。
② 同上书，第1189页。
③ 同上书，第614页。
④ 同上书，第927页。

俱名不定。如疏六卷二十二页释。①

[相违有四]……相违有四。谓法自相相违因，法差别相违因，有法自相相违因，有法差别相违因等。此中法自相相违因者：如说声常。所作性故。或勤勇无间所发性故。此因唯于异品中有。是故相违。法差别相违因者：如说眼等必为他用。积聚性故。如卧具等。此因如能成立眼等必为他用；如是亦能成立与所立法差别相违积聚他用。诸卧具等，为积聚他所受用故。有法自相相违因者：如说有性非实非德非业。有一实故。有德业故。如同异性。此因如能成遮实等；如是亦能成遮有性。俱决定故。有法差别相违因者：如即此因即于前宗有法差别，作有缘性。亦能成立与此相违作非有缘性。如遮实等，俱决定故。如疏七卷一页释。②

[俱不成者]……俱不成者：复有二种。有及非有。若言如瓶；有俱不成。若说如空；对无空论，无俱不成。如疏八卷一页释。③

[俱不遣]……俱不遣者：对彼有论，说如虚空。由彼虚空不遣常性无质碍故。以说虚空是常性故，无质碍故。如疏八卷八页释。④

[现量]……此中现量、谓无分别。若有正智、于色等义，离名种等所有分别，现现别转；故名现量。如疏八卷十一页释。⑤

[能破]……复次若正显示能立过失；说名能破。谓初能立缺减过性，立宗过性，不成因性，不定因性，相违因性及喻过性。显示此言，开晓问者；故名能破。如疏八卷二十七页释。⑥

---

① 朱芾煌:《法相辞典》，第837页。
② 同上。
③ 同上书，第926页。
④ 同上书，第926页。
⑤ 同上书，第951页。此前有瑜伽、杂集论。——本书作者
⑥ 同上书，第891页。

第二章　中国近现代大学的因明研究

如导言所言,日本明治维新以来的因明研究,最大特征是西方逻辑进入因明文本。如云英晃耀的《因明大意》(1882)以诠释《因明入正理论》为主,还包括与三段论比较等内容。村上专精的《活用讲述因明学全书》,第一篇为"因明学序论",内容包括"思想与语言的关系""与论理学的直接关系""逻辑与因明的比较""因明的语义""因明学的原则""因明学与佛教的关系"等;第二篇为因明学史论,内容包括"足目的因明论""释迦佛的因明论""龙树的因明论""弥勒的因明论""无著的因明论""世亲的因明论""陈那的因明论""天主的因明论""三国之传来"等;第三篇为"因明学理论"(对窥基《因明大疏》的解说);称"因明学"为"东洋的论理学"或"印度的论理学",称西方逻辑学为"西洋的论理学"[1]。胡茂如1906年翻译大西祝的《论理学》,是书分上、下两卷,共三编。上卷包括第一编"形式论理",下卷包括第二编"因明"以及第三编"归纳法"。日本的因明研究直接影响着中国近现代大学的因明教育与研究。

---

[1]　肖平、杨金萍:《近代以来日本因明学研究的定位与转向——从因明学到印度论理学》,《佛学研究》2010年总第19期,第402—409页。

一、中国近现代大学的因明教育

在中国近现代大学（含师范学校与高中）里，因明教育与研究的表现多样，除了因明教材、因明文献校释、因明专论的著作和论文，还包括逻辑学教材中的因明、印度宗教哲学教材中的因明、先秦哲学研究中的因明等等。本书不对此类成果进行梳理，并将因明经典校释、因明与先秦哲学研究等内容放入其他章节。本节从逻辑学教材、印度宗教哲学教材、因明专论等方面总结中国近现代大学因明教育与研究之特点。

（一）中国近现代大学的逻辑与因明课程设置举例

中国近现代大学的因明教育在"逻辑学"或"印度哲学"或"墨子研究"等课程里。逻辑学教学，因大学不同虽有异，但从总体看，与当今大学的逻辑学教育不同，近现代大学非常重视逻辑学教育。如果从现在的大学院系看，哲学系、中文系、历史系、政治学系、心理学系、法学系、商学系、经济学系、管理学系、教育学系等均有逻辑学教育，有的大学体育系也有逻辑学教育。还有部分高中、师范等也有逻辑学课程。课程门类包括逻辑学导论、逻辑学史、高级逻辑学，也有部分学校因老师而开设因明课程，如国立北京大学、厦门大学等。讲课内容主要为西方传统演绎逻辑和归纳逻辑及因明、中国名学与西方逻辑比较。今从《民国教育史料丛刊》选取部分文献例证之。

据《1928—1929 年高等教育概况大学课程目录》[①]得知，当时大学文学院逻辑学相关课程开设情况为：中国文学系"墨子"课程，中央大学 3 学分、大夏大学选修课 3 学分；哲学系"论理学"，燕京大学为 4 学分的必修课，中山大学、东北大学、厦门大学为 3 学分的必修课，河南大学为 2 学分的必修

[①] 《高等教育概况：民国十七年至十八年》，李景文、马小泉主编：《民国教育史料丛刊》（911）。

课,清华大学为 8 学分的选修课,光华大学为 3 学分的选修课;"高级论理学",中央大学为 3 学分的必修课;"论理学派别",金陵大学为 3 学分的选修课;"论理学史",燕京大学为 6 学分的选修课;法学院"论理学",暨南大学、安徽大学为 2 学分的必修课;教育学院"论理学",安徽大学、劳动大学、复旦大学为 2 学分的必修课。这些课程里有许多基础内容涉及因明。

北京民国大学 1916 年创办,1917 年开学,1930 年改为民国学院,由大学预科和大学部组成。大学部分文科大学、法科大学和商科大学。其中文科大学分哲学门、史学门、文学门、地理门。法科大学分法律学门、政治学门和经济学门。所有预科门必修论理学课程,为 2 学分。大学哲学门基本科目中论理学 3 学分,论理学史 2 学分,"研究问题举例"课程设"论理学与因明学之比"内容。课程设立随时间推移有所改动,其中 1924 年度哲学系(课程中称系)基本科目及学分是:中国哲学大纲 4 学分、中国哲学史 3 学分、西洋哲学大纲 4 学分、西洋哲学史 3 学分、认识论 2 学分、认识论史 2 学分、行为论 2 学分、行为论史 2 学分、论理学 3 学分、论理学史 2 学分、印度哲学大纲 3 学分、印度哲学史 2 学分、宗教学 3 学分、宗教史 2 学分、心理学 3 学分、心理学史 2 学分、外国文 8 学分,每周 4 节。选修科目为:孔家哲学、老庄哲学、墨家哲学、程朱哲学、阳明哲学均 4 学分,科学方法论 3 学分,美学概论、美术史、人类学及人种学、生物学各 2 学分,教育学概论、教育史、社会学各 3 学分,第二外国语 6 学分(每周 3 节,教学年限 1 年),外语 2 年除外,其他每周与学分一致。[①]1933 年度,教育学、体育专修科开设一学年的论理学课程,4 学分。[②]

燕京大学 1918 年成立。1928 年哲学系开设论理学大意课程,2 学分;名学史 3 学分;现代哲学中之逻辑问题 2 学分,由黄子通讲授。1949—1950 年哲学系选修课思想的方法 3 学分,选修普通逻辑 2 学分,选修高等

① 《北京民国大学一览》,李景文、马小泉主编:《民国教育史料丛刊》(898)。
② 《北平民国学院二十二年度一览》,李景文、马小泉主编:《民国教育史料丛刊》(966)。

逻辑 3 学分（张东荪讲授），还有墨家哲学（梅贻宝讲授），选修课墨家之逻辑观念 2 学分。[①]

1929 年国立清华大学有 13 个系。各系公共必修学科中甲组学科（中国文学系、外国语文系、哲学系）有 8 学分，须从物理、化学、生物、逻辑中选一。另哲学系开设 1 学年题为论理学，每周 3 学时，8 学分；心理学系论理学，4—6 学分，选修；算学系哲学与逻辑选一，6 或 8 学分；政治系论理学，6 学分，必修。[②]

大夏大学文学院 1931 年 6 月时，国学系、英文系、哲学系、社会学系开设论理学，3 学分；理学院第四学年第一学期开设论理学，3 学分；教育学院、商学院开设论理学，3 学分；法学院预科开设论理学，2 学分。[③]

1930 年度武汉大学文学院开设论理学，1 学年，每周 2 小时。史学系、哲学教育系、外国文学系、中国文学系、法学院等系、院设论理学为必修课，2 学分，此外法律学系、政治学系、经济学系、商学系均开设论理学。[④]

中国大学哲学教育系一年级开设普通论理学。[⑤]

（二）逻辑学教材中的因明

逻辑学教材中的因明研究特点是基础性的。就因明依据而言，偏重《因明入正理论》文本，研究特点是将因明融入逻辑学科。因明简史依据《因明入正理论疏》，因明比较偏重论式之同异。本目以 1910—1940 年代的教材为例以窥其提纲中因明所关注点。

1914 年出版的张子和《新论理学》因明介绍　称因明为印度之论理，介绍极简，概括因明特征为"演绎的归纳法"。在古因明里以例讲了五分作法

---

① 《燕京大学本科课程一览》，李景文、马小泉主编：《民国教育史料丛刊》（995）。
② 《国立清华大学学程大纲学科说明，国立清华大学一览》，李景文、马小泉主编：《民国教育史料丛刊》（933）。
③ 《大夏大学一览》，李景文、马小泉主编：《民国教育史料丛刊》（982）。
④ 《国立武汉大学一览（民国十九年度，民国二十二年度）》，李景文、马小泉主编：《民国教育史料丛刊》（1002）。
⑤ 《中国大学概览》，李景文、马小泉主编：《民国教育史料丛刊》（1000）。

和九句因，关于新因明介绍了三支作法。特别值得注意的是他把印度古代学者分为六派：论派、瑜珈派、论理派，胜论派、声论派、吠陀派。把因明归于论理派。①

1928 年出版的张延健的《论理学》第二编因明论　包括五章：第一章因明论大意、第二章古因明与新因明之形式、第三章自悟法与他悟法、第四章论三支法之规则、第五章因明论式与三段论式之异同。其中，第一章包括因明的简史、定义；第二章以例介绍古因明形式、新因明形式，突出譬喻"实质"；第三章讲现量比量能立能破，强调他悟法重要；第四章讲宗之前陈与后陈、因三相、同品喻与异品喻；第五章比较三支论式与三段论不同。（第一，均由三部分组成，次序相反，三段论不分自悟与悟他；第二，小前提为命题"何者为何"，"因不具命题之形式"，因指"何故"；第三，因明除与大前提一样，还多喻依，即"更欲发明喻体所有之事实的根据，更加喻依"，因此"可谓顺思想进行之自然次序"。②）

1932 年出版的张希之的《论理学纲要》第四编附论　因明相关内容包括因明学的意义、因明学的沿革、因明学略论（总论、论证式、宗的组成、九句因、十四过、判断的质量）三部分。总论讲八门二益，论证式讲五分作法、三支作法，比较二法，然后解释自性差别、有法法、所别能别。详解九句因，简介十四过。"判断的质量"部分从质分为表诠与遮诠，认为"'表诠'即论理学上所说的'肯定'，'遮诠'即'否定'，'全分'即'全称'，'一分'即'特称'。而'有体'及'无体'乃因明学所特有。'有体'为实质上的肯定，而'无体'则为实质上的否定。如'真理为空想'其形式为'表诠'，而实质上则为'无体'，因为这个判断在实际上是否定真理的存在；反之如'真理非空想'，其形式为'遮诠'，而在实质上则为'有体'"。③这样，他将判断分为表

① 张子和：《新论理学》，沈剑英总主编：《民国因明文献研究丛刊（24）》。
② 张延健：《论理学》，沈剑英总主编：《民国因明文献研究丛刊（24）》，第 43—44 页。
③ 张希之：《论理学纲要》，沈剑英总主编：《民国因明文献研究丛刊（24）》，第 74 页。

诠有体全分判断、表诠有体一分判断、表诠无体全分判断、表诠无体一分判断、遮诠有体全分判断、遮诠有体一分判断、遮诠无体全分判断、遮诠无体一分判断八种。

1931 年出版的范寿康的《论理学》（高级中学师范科） 包括原理论（概念、判断、推理）和方法论两编。此书在"绪论论理学的性质及其略史"里有提及因明，认为："因明，就传说言，乃系足目论师的创说。后人陈那把因明稍加修改，陈那的弟子天主再加补充，乃集因明的大成。普通，把陈那以前的因明叫做古因明，陈那以后的因明叫新因明。亚里士多德的论理学与印度古代的论理学在组织上面很多类似的地方，并且亚氏的论理学的组织实在过于完备，所以有许多学者就推想以为希腊的论理学发源于印度的。"①

1936 年出版的林仲达的《论理学纲要》 分四部分介绍因明内容，提出因明就是一种"察事辨理底学问"。他指出因明包括古因明论式，是"应用现实的事物，来证明对方没有承认的事物，而使他承认"，认为新因明论式即"三分作法"，是"三支法底规则"，包括：规则一"宗底前陈与后陈"，要求是前陈必有法，后陈必能别；规则二"因底三相"；规则三"同品喻与异品喻"，他在此讲了同品喻的三支论式和异品喻的三支论式。"自悟法与他悟法"讲比量与现量后讲能立与能破。②

1940 年出版的王章焕《论理学大全》附论第一编 介绍因明，分第一章"绪论"、第二章"因明之沿革"、第三章"古因明"、第四章"新因明"四章。第一章讲五明，讲因明，讲五支、三支。第二章讲婆罗门六派，此文称宜夜耶（论理派）、卫世师（胜论派）、僧佉（数论派）、弥漫萨（正统派）、瑜伽、费擅多"六学派互相对峙辩难，遂致辩论证明方法渐次发达，就中以宜夜耶派所研究者最为精密。如'五分作法'、'九句因'、'十四过'等，均其所发明也。此等论理上之法式，实为婆罗门族普通之科学。是后，经释迦（Cakya）、龙

---

① 范寿康：《论理学》，李景文、马小泉主编：《民国教育史料丛刊》（982），第 30 页。
② 林仲达：《论理学纲要》，沈剑英总主编：《民国因明文献研究丛刊（24）》，第 85—93 页。

树（Nagarajune）、无著（Asamgha）以至世亲（Basbandha），殆有千余年，陈陈相因，无甚改变，即所谓古因明者是也。世亲对于因明，颇有所阐发，著有《论轨》《论式》《论心》三书（三书唐元奘至印度时亲见之，后竟不传，其大旨存于慈恩寺窥基所撰之《正理门论大疏》中）实为新因明之前驱。陈那（Dignaga）承世亲主张三支因明论，一变古来论理上之形式，详其构造组织及谬误，所谓'新因明'者实始于是。陈那著书曰《因明正理门论》（Nyaya-diva-rataraka-sa-stra）……唐贞观中，洛阳僧元奘西游十五年，就众亲戒贤胜军等，研究因明，归后编译经典如《瑜伽师地论》（无著说）、《因明正理门论》、《因明入正理论》等译，皆成于期间。高足窥基受元奘口授，著《因明入正理论疏》六卷。又传元奘所习之法相宗，而为中国法相宗之初祖。其后中国因明之学与法相宗共其盛衰。惜未甚振也。中国法相宗就衰之时，正日本法相宗全盛之日。缘日本僧道昭智通等，前后入唐至长安，亲谒元奘。东归，各宏其道，其传流分南北两寺。北寺派有善珠者著《明灯录》，解释窥基之大疏极精。其后日本法相宗与因明之学亦不甚振。逮明治之初，有云英晃曜氏等，极力发挥因明思想，欲使与新来之论理学相对当。然至今日，尚未见其大发达也"。第三章"五分作法、九句因、十四过"只介绍了"同法相似"。第四章第一节概说、第二节八大部门、第三节论式之改正，除三支内容外，与张希之一样，分八个判断。此书将判断称命题，图表与定义文字基本一致。①

（三）印度宗教哲学教材中的因明

1. 谢无量《佛学大纲》（1916 年）中的因明

谢无量（原名谢蒙），自 1903 年起断断续续地在各地不同学校任教，1909 年在杨文会处学佛，1910 年被聘为四川存古学堂监督兼讲席，1912 年

---

① 王章焕：《论理学大全》，沈剑英总主编：《民国因明文献研究丛刊（24）》，第 175—191 页。

存古学堂改名四川国学院(1914年国学学校,1918年改四川公立国学专门
学校,1927年专门学校合并为公立四川大学),谢无量、刘师培任院副,1913
年谢无量因病离开。①

　　1916年出版的《佛学大纲》分卷上序论和卷下本论两卷。其中卷下分
三编,"佛教论理学"为第一编,内容有"因明学之渊源""三支因明论""因
明学与论理学之比较"和"中土因明论之流传"四章。其因明内容可概括为
七个方面。

　　第一,西方逻辑学出于因明说。"世人或以希腊亚里士多德造论理学,
盖窃取于印度因明之方法,故西洋之论理,实出于因明。此虽未有确证,然
因明学之兴,固远在论理学之先,其推理之式,有相通者,亦今日言论理学所
不可不考也。"②"惟亚里士多德实为亚历山大之师,而其卒又在亚历山大还
军后之三年。(亚历山大以纪元前三百廿七年入印度,二十五年还师,亚氏
卒在纪元前三百二十年。)"③

　　第二,外道创立九句因和十四过类和五支论式。"因明学为法相宗所
依,其实兴于释迦以前,出于外道之说。释迦虽破外道,惟于因明之法,则
似取之。盖辨言正辞,必有恒轨,亦犹孟荀弘道之不废墨经也。"④"十四过出
于足目无疑,九句因则殆尼夜耶后学之所立也"⑤《尼夜耶经》著因明五分论
式,则又由十四过、九句因而益进,乃能有此,实启三支之先路者也。"⑥此书
以例讲解五支论式、九句因、十四过类。

　　第三,释迦至世亲因明沿用外道。"释迦幼时,尝从婆罗门受因明学"⑦,

① 杨正苞:《四川国学院述略》,《西华大学学报(哲学社会科学版)》2009年第1期,第27—
　 30页。
② 谢无量:《佛学大纲》,《谢无量文集(第四卷)》,北京:中国人民大学出版社,2011年,第
　 160页。
③ 谢无量:《佛学大纲》,第200页。
④ 同上书,第160页。
⑤ 同上书,第163页。
⑥ 同上。
⑦ 同上书,第171页。

以《西域记》说五明,《解深密经》说释迦因明思想,讲如来成所作事品,讲四种道理、五种清净、七种不清净与因明关系。介绍龙树的《方便心论》、无著的《瑜伽师地论》因明,提及《显扬圣教论》《阿毗达摩杂集论》,详述《如实论》过失论。得出"因明学渊源于尼夜耶学派以来,由九句因、十四过等之辨,以立五分论式。释迦至世亲几一千年,其间虽渐臻详密,并用五分论法,未之有改也"。①

第四,陈那新因明对旧因明改革有七:其一,论式改正,以三支论式改五分论法;其二,能立所立改正,"能立可当论理学之前提(premise),宗可当其断案(conclusion)"②;其三,宗之改正,宗体为不顾论宗,宗依为极成;其四,以三相辨因;其五,喻之改正,喻体喻依的结合,合离顺逆之喻;其六,误谬之研究,指出陈那误谬 29 种、商羯罗主误谬 33 种;其七,三量的改革,五分作法有现量、比量汉和圣教量,陈那将圣教量摄入比量中。

第五,现量与比量、三支论式、谬误研究。现量重讲史,以《因明入正理论》讲似现量。比量重分类,得出:"凡现量比量者,人类所以得智识之形式也。今普通论理学,必先立真实之概念,而后能施判断。因明论亦须先究所以得知识之方法,而后可言议论之法则也。"③此外讨论了三支论式宗依、因三相、合作法与离作法,列表解 33 种谬误,反对《因明大疏》所分九千多种谬误说。

第六,因明与论理学比较。他认为二者比较是从直言命题出发的,从直言命题质与量分三种,对应因明表诠、遮诠与全分、一分。因明多了"有体"与"无体"这两种从内容所分的直言命题,所以因明直言命题有八种。由此构成的三段论自然有差异。"三段论法所谓质之分类,仅就其形式分肯定、否定,而不问其内容意义之如何;三支论法则有形式与内容之区别,分有体、

① 谢无量:《佛学大纲》,第 179 页。
② 同上书,第 182 页。
③ 同上书,第 186 页。

无体,故质有四种,命题之总数有八种。然因明学之论式,直完然有论理学之规模也。"①

第七,窥基《因明入正理论疏》概说。从"四宗""六因""谬误之分类""真能破之分类""异喻之喻体"等六个方面论说《因明大疏》。

2. 梁漱溟《印度哲学概论》(1919)中的因明

梁漱溟,1916年受蔡元培聘请到北京大学任教,1917年为哲学门三年级讲授印度哲学概论,1918年在哲学门研究所讲授佛教哲学,同年由北京大学出版部出版《印度哲学概论》。1919年此书又由上海商务印书馆初版发行,1922年三版有增删,为后来再版定本。其中在第三版序中说其因明研究据吕澂观点而论:"愚曩于《续藏》暨《日本佛教全书》等遍求佛教二颂疏释不得,因取《广百论释论》之义为之推绎。今吕君盖从《入论疏瑞源记》得见唐贤释文者,其说自是有根据,义当从之。"②

《印度哲学概论》分印度各宗概略、本体论、认识论、世间论四编,将因明量论作为认识论来研究。梁漱溟从知识论视角来研究知识本源、知识界限和知识本质讨论量的问题,关于因明专作一章,讲尼耶也正理和《因明入正理论》内容概要。梁漱溟认为印度知识本源"此是印度人所论之知量","是以简择是非,准于其量,故亦名论量"。诸派量理论包括:"弥曼差人所为立声常住论者,主持圣教量也"③;"吠檀多入亦专以《吠陀》为宗。现量比量皆非所尚。所引以自证信者唯圣典(Sruti)"④;"数论人立三量"即证量、比量和圣言量,"胜论宗似是但立现比二量"⑤,"尼耶也派最重认识之研究。彼谓宇宙不出知与所知二者,因以量、所量摄尽一切法。其所立十六谛,首量谛、所量谛。余十四谛但是因于量所量而生者"⑥,"前后弥曼

---

① 谢无量:《佛学大纲》,第204页。
② 梁漱溟:《梁漱溟全集(第一卷)》,济南:山东人民出版社,2005年,第27页。
③ 同上书,第144页。
④ 同上书,第145页。
⑤ 同上书,第146页。
⑥ 同上。

差人之说声量，视余宗之圣教量为有深趣"。①佛法量论如其言："检龙树于《方便心论》举知因有四：现见、比知、喻知、随经书。于《回诤论》复取而破之。……无著述弥勒《瑜伽师地论》自造《阿毗达摩集论》均举现、比、正教三量，而彼解正教量云：'正教者不违现比之教'。世亲《佛性论》亦云'证量不成，比喻、圣言皆失'。是佛教自始鲜有建立多量者，而陈那限立现比二量，固有开其先者矣。商羯罗主绍陈那之学，由是以来遂为定论。"②梁漱溟从《门论》《入论》《因明大疏》详解现量比量二量划分之合理性。关于知识界限，梁漱溟区分了诸宗与佛法的差别，就佛法而言，"一切知识无外现、比、非量"③。

梁漱溟以《门论》《因明大疏》等解"非比量"，以《成唯识论》《佛地经论》释"世间现量""佛位现量"，进而解非量："世间现量唯证依他。佛位现量两证依他及与圆成。由此差别。依他生灭，即彼生灭，说为世间。圆成无生，即彼无生，说为出世。唯证世间，说为世间现量。兼证出世，说为佛位现量。故云佛位现量遍知一切世出世间也。"④

就知识本质言，梁漱溟以讲唯识学为主，以《宗镜录》疏释而论。就因明论言，梁漱溟讲尼耶也派的十六句义和佛法。在十六句义"似因"里插入九句因，在"倒难"里插入十四过类。在他看来，外道因明与佛教古因明没有区别："又闻有外道因明佛教因明之别，岂古因明中尼耶也学与无著世亲学犹各区分欤？恐无何等要点可得。有之或在知识本身问题，今亦未详也。即所谓后世诸宗各有其因明者，实际上亦未必有何区分。"⑤他认为佛法因明由陈那独创，方成佛教内学："佛教之古因明本效法外道。今审龙树无著世亲所言皆与尼耶也比同，未能以佛法熔铸之。当此之时实唯外学。陈那天

①　梁漱溟:《梁漱溟全集（第一卷）》，第 147 页。
②　同上。
③　同上书，第 159 页。
④　同上书，第 164 页。
⑤　同上书，第 174 页。

主以后深辨现比以说认识,因明乃得介通于佛法。当此之时则固内学矣。"①
此书因明论部分摘录《因明入正理论》以证新因明通佛法。

(四)因明教材

1. 覃寿公《哲学新因明论》(1932)

覃寿公,又名覃达方、覃方达,早年留学日本,其著作《哲学新因明论》
1932年由汉口中西印刷公司出版,唐大圆、释大愚作序。在其《哲学新因明
论》"缘起"里,作者将其因明观述为:"一、论理学得世间科学上统系之理趣。
若因明论,圆成实相,见编中引《解深密经》为能立,则得科学以上,佛天之途
径。一、论理学上科学之统系,于谛为苦集。因明论上善清净相,于谛为苦空。
由苦集而言,则为造世间一切物质之罪恶。由苦空而言,则为觉世间一切之凡
愚。"关于其因明研究将以专文论述,今摘其目录以窥其详尽与深入。

第一编总论包括外道因明,古因明新因明,中国、日本因明的传承,因明
总论等内容。在总论里,将十四过类、现量、比量、似现量、似比量、有体、五
体、表诠、遮诠、全分、一分纳入。第二编分论讲真能立、似能立。

此因明专论与其他因明著作不同有三。其一,在讲解某一理论时插入
外道的相关理论。如:在讲"因明之外道"附注"胜论二量,数论三量、正理
派五量、声论六量",讲"十四过类"附注"尼耶也经二十四种倒观与理门论
十四过类对照表",讲"似现"附注"数论五唯量,胜论德句、业句、有性、同
异、和合等句",讲"现量相违"附注"胜义十句义",讲"自教相违"附注小
乘派别,自语相违附注顺世外道,能别不极成附注"十句论及俱舍论",讲
"所别不极成"附注"金七十论",讲"俱不极成"附注"'义范'九德为和合
因缘"讲"相违决定立量之原则"附注"小乘七十五法表"等。其二,注重从
《因明入正理论》文本和文献本身来研究,而不用逻辑学概念体系解读因明。

---

① 梁漱溟:《梁漱溟全集(第一卷)》,第179页。

其具体研究例如对因明意义的说明，以大疏、义纂分析成因明二十五释，得出："上述因明之解释，如是纷繁矣，今欲融通诸释，为因明之意义，作论判焉。因明者，于妙观察智源中，欲以其意义显于功用，而冀其有当于一悟字者也。"[①] 其三，以完全归纳的方式研究，用图表表现不同论式，引文略。

2. 龚家骅《逻辑与因明》（1935）

龚家骅的著作《逻辑与因明》1935 年由上海开明书店出版，是基于西方传统逻辑观念下的因明研究的教材。此著作分三篇。第一篇讲逻辑，包括绪论、概念、判断、推理和研究法、整理法和辩证法。第二篇讲因明，包括绪论、三支、真能立与似能立、真能破与似能破、真现量与似现量、真比量与似比量、自悟悟他、论轨方隅等内容。第三篇逻辑与因明之比较与批评。按照著者观点，其讨论内容为"普通形式逻辑"，"将思考分析其要素分概念、判断、推理三种，以说明其形式及种类，并显示正确思考所当遵守之法则，名为逻辑原理"。依其逻辑原理，他们所研究的因明和逻辑与因明比较显然不一致，在第二篇因明里，他完全是依因明文献解因明，通俗易懂，吻合因明大意，其所参考书目如其言："本书所用参考书约三十余种，为《因明入正理论》、《〈因明入正理论〉直解》及《因明纲要》等书。"[②]

《〈因明入正理论〉直解》为智旭著作，而龚家骅在比较中则站在西方逻辑立场认为与二者同有 11 方面，异有 3 个方面。

比较逻辑与因明，孰为彼此相似之处，孰为彼此差异之点是也。就大纲言之，原理方面，大致相似，其所差异，形式而已。……

（一）逻辑为科学之科学，与因明为论中之论……因明所以辨理与非理，以真能立中，真现量真比量，名之为理；似能立中，似比量似现量，名为非理。彼不学因明，无以知其真似……（二）逻辑之"思

---

① 覃寿公：《哲学新因明论》，沈剑英总主编：《民国因明文献研究丛刊》（7），第 26、65 页。
② 龚家骅：《逻辑与因明》，沈剑英总主编：《民国因明文献研究丛刊》（15），第 155 页。

考原理"，与因明之"因中三相"。……遍是宗法性与充足理由之原理相似，同品定有性与同一律相似，异品遍无性与矛盾律拒中律相似；合而言之，同品定有性异品遍无性二者，与同异原理相似……（三）逻辑中"概念之内包外延"，与因明之"量"。……皆确定其范围而已……（四）逻辑中"命题三部分"与因明之"宗中三分"。……宗中所别，与命题之主辞相似；宗中能别，与宾辞相似；随自乐为所成立性，与连辞相似……（五）逻辑"假言论式"，与因明"三支简言"。……今此三支简言，与混成假言论式相似，而"自许""极成""真性"等简言，与定立前件相似。"汝执"等简言，与破斥后件相似。……（六）逻辑上"四种对当"与因明之"九句因"。……四种对当与九句因比较，皆系论其性质之同异与分量之同异……（七）逻辑之"带证体论式"与因明之"三支作法"。……说明其理由则一也……（八）逻辑"归纳推理之原则及条件"与因明之"因中三项九句"。……同品异品之有非有与，归纳推理之原则三条件，均属相似……（九）逻辑归纳法中倍根三表，研究法中穆勒五法，以及假定立证，与因明三支作法之由喻立因，由因立宗。……同法异法，与培根三表相似；穆勒之五法，与由喻立因相似；假定立证，与由因立宗相似……（十）逻辑上实然的必然的以及一切谬误，与因明之真能立似能立真能破似能破。……（十一）辩证法与因明之比量。……正反合有类乎现量而实非现量，只与比量相似……一曰形式上之相似，（四）（五）等项是也。二曰性质上之相似，（二）（三）（六）（七）（八）（九）（十一）等项是也。三曰效用上之相似，（一）（十）等项是也。……

　　逻辑与因明其差异之点……（一）形式上之差异。此又分为两种，一为论式上排列次第之差异，二为规则上之差异。……（二）本质上的差异。逻辑之所本为哲学，因明之所本为内明，即佛教学理是也。……（三）效用上之差异。……

　　逻辑论式之宜于推理,因明论式之宜于论证。……

　　逻辑与因明之批评。……从形式言,逻辑优于因明;从本质言,因明优于逻辑;从效用言,辨是非,别有无,彼此相似,固无优劣之可言也……①

3. 栾调甫的因明研究

栾调甫自 1920 年代起,先后任职于齐鲁大学、山东大学等高校,担任课程很多,包括名学、因明等,其因明讲义名为《因明(辩篇之二)》。在教学之外,他也有多篇西方逻辑、因明、名学比较研究的论文。今以因明而论概括为二。**一是因明文本解释**。《因明(辩篇之二)》以《因明入正理论》文本为基础,以窥基《因明入正理论疏》为主要依据,在概括或引用文本内容基础上,以"附注"形式给出解释。包括绪论、真能立、似能立、真能破、似能破五部分内容,如"考核真立,当有二义。一是宗义圆成,二是因喻具正。分说如下。宗义圆成者:圆是满足,成是成就。能依所依,满足无阙,是谓宗圆,亦曰支圆。能依所依,均极成就,是谓宗成,亦曰支成。宗圆且成,是谓宗义圆成。因喻具正者:具是完具,正是无邪,一因二喻,完具无阙,曰因喻具,亦曰支具。一因二喻,具正无邪,曰因喻正,亦曰支正。一因二喻具而且正,是谓因喻具正","总说似立,共四十过。支缺过七等,多言过三十有三"。② **二是逻辑与因明之比较**。此类代表成果集中见于其论文《因三相图解》,其比较的内容是三段论与三支论式之对应关系,他认为:"因明三支论式之宗,当逻辑上连珠三段之判——原……宗中前陈有法当判之小名,后陈法当判之大名,因则连珠三段之中名也。……以逻辑言之:即大名之外举大于中名,而为全分肯定辞之例——大原,由是应知:新因明三支中因之初相

---

① 龚家骅:《逻辑与因明》,沈剑英总主编:《民国因明文献研究丛刊(15)》,第 159—179 页。此史料已经点校。
② 栾调甫:《栾调甫子学研究未刊稿》,南京:凤凰出版社,2011 年,第 124、160 页。

具有连珠之小原,而其第二第三相具有连珠之大原。"① **三是逻辑、因明与名学之比较**。此比较基于三段论、三支论式之同,从思想、文字、言语的差异说明名学不同于逻辑、因明。"若印度、希腊、中国,其言语别矣,其文字殊矣,其为辩学亦不能不因之而异","辩学产生在文字之后,文字所以代表思想,辩学所以论其思想之理,则辩学当视为纯粹论思理之学","夫思有必至之理,言有当然之序,文有一定之法,其论列思理、言序、文法,以成为一种有系统之学术,是为辩学。故辩学者植基于思想,滋长于言语,而成功于文字者也"。② 此外包括论式比较、因明"立破"与墨辩"说辩"之比较。

栾调甫将墨子"言有三表"与"立辞三物"相对应,"本""原""用"分别对应"故""理""类"("盖三表之本,原用谓本之于故,[本谓根据],原之于理,[原,察也,谓察之于事理。]用之于类也。")又以因明"宗""因""喻"比附"故"、"理"、"类"。他将"故"分为三种涵义,第一种涵义指"真能立之辞",为"大故",相当于因明的"宗"、三段论之"结论"("'故,所得而后成也'。此'故'字当以因明之'宗',及逻辑之'判'conclusion 释之,即真能立之辞,辞者意之表也。常人随心成意,无所推籀,意本先诚,辞自非真。若在辩者,因事造意,顺意吐辞,皆有故为之本,有理为之原,有类为之用,故意无不诚,辞无不立,而大学之道贵'诚意',墨辩之之篇首明'故'者此也。")。第二种涵义之理由,为"小故",相当于因明的"因"、三段论之"小前提"("墨辩'故'与'假'对言,……'假'之为言假设……其对'假'言当为'已然'。盖据已然之故推之,所谋易举。……至《经说》说此,为立言方便计,乃分为'小故'、'大故'二名,而以'小故'命表首,'大故'命表尾',亦谓由此'小故'生彼'大故'也。此当因明三支之'因',逻辑三段之'小原',minor primiss")。第三种涵

① 栾调甫:《因三相图解》,《齐大月刊》1930 年第 1 期,第 11—22 页。
② 栾调甫:《墨学研究》,任继愈、李广星主编:《墨子大全》(第 51 册),北京:北京图书馆出版社,2004 年,第 500、500、503 页。(此页码为对应关系,后同,不再逐一说明)。

义指"闻知",相当于与《瑜伽师地论》的"正教量"("或据墨子'于何本之？本之于古者圣王之事'之言,而谓三表首列之'故',仅当《喻伽》八能立中之'正教量'。余案《辩经》论'知',有'闻知'、'传知'、'说知',即《瑜伽》所谓'正教量'、'现量'、'比量'三者")。"理"为三段论"大前提",因明之"喻体"("理虽得'比量'亦兼资'正教量'矣,比当因明之'喻体',逻辑之'大原'major premise。")兼具因明"同品定有性"与"异品徧无性"("三表之'理',本同因明之喻体,惟其同于因明之喻体,故能止其同类,或推其异类以行之,然则因明言'因',三相之'用品定有'与'异品遍无',二性'理'固具之。")"类"也为"喻"("盖谓由'理'而取其同类或推其异类,以与其所成之辞——大故——相比……此当因明之'喻',因明分'喻'为'同喻'、'异喻'二种,亦适相同。")[1]

关于因明"立破"与墨辩"说辩"关系,他在《平章胡墨辩之争》一文里略有断言:"'说'所以明者其然也,而'辩'所以争者其不然也。辩其不然,尤足证以彼为非之为确诂。盖《墨辩》之有说、辩,犹因明之有立、破。"《墨学研究》为"立破"与"说辩"之详尽比较。首先,"说"为"立":"'说'为用以说明其所立之'故',盖立者其'故'必真,若其不真,则'故'不立。不立之立,因明谓之似能立,能立之立,因明谓之真能立,故说以求真,非以明似也。"其次,"辩"为"破":"'辩'为用以争正彼方所立之非,为因明之破,因明家分立破真似,共成四义,一真能立,二真能破,三似能立,四似能破。实则只有真立、真破两门,因真能立者,彼方必不能破,不能破而破之,故成似能破,真能破者,彼方必不能立,不能立而立之故成似能立,于是可见真似不能两立。因真立立,真破亦立,故谓立破互相成也。墨子言'非',……即谓彼此两方互非,必有一是"。他建议依不同论证文本释各自文义:"愚以逻辑、因明、墨辩之为名学,因属同科,而其方法、形式亦有不同,学者取逻辑、

---

① 栾调甫:《墨学研究》,第 509、509—510、510、511、511、513、511 页。

因明显了之说,以通墨辩隐秘之义,显云一时方便,然必融贯全经详观异同,庶使阐明一家之言,而无相乱也。"①

二、国立北京大学的因明研究

从《民国教育史料丛刊》可知:1898 年京师大学堂正式设立,12 月 17 日开学;1912 年 5 月改为国立北京大学;哲学系设立在文学院下;哲学系 1914 年设中国哲学门,1915 年改哲学门②。在 1929 年 12 月 17 日召开的北京大学卅一年纪念活动中,印发《北京大学卅一年纪念刊》,王烈《北京大学概况》一文列举哲学系课程:科学方法与科学效果、生物学、逻辑学、中国哲学史、伦理学、普通心理学、社会学原理、教育学、认识论、印度哲学、宗教哲学、伦理学史、明清思想史、墨子哲学、老庄哲学、二程及阳明哲学、中国认识论史、德国哲学、康德哲学、统计学理论和自然论、西洋近世认识论史、古印度宗教史、唯识哲学、因明学、伦理学史、宗教史大纲、基督教史、美学原著选读、中观哲学、哲学、kulpe 孔德学说。③ 以 "哲学系同学会" 署名的《北京大学哲学系之过去与将来》一文里讲述哲学系之创办史:由光绪二十八年(1902)师范馆的哲学课程到光绪二十九年(1903)理学门中开设 "辨学" 课程,到民国元年大学文科哲学门的 "中国哲学类" "西洋哲学类" 均开设 "论理学" 与 "印度哲学概论",再到 1918 年哲学系成立,课程分哲学、教育与心理三组;至 1925 年后,哲学系、教育系、心理系并列,哲学系开设课程 120门,开设的因明及与因明相关课程有逻辑、逻辑史、因明学、唯识世论校读,佛家哲学、唯识哲学、中观哲学、梵文、古印度宗教史、墨子哲学等;哲学系还设有读书会,分四组,康德哲学组,导师张颐;论理学组,导师陈大齐;论

---

① 栾调甫:《墨学研究》,第 281、512、513、595 页。
② 国立北京大学讲师讲员助教联合会:《北大院系介绍》,李景文、马小泉:《民国教育史料丛刊》(896),第 83—119 页。
③ 王烈:《北京大学概况》,李景文、马小泉主编:《民国教育史料丛刊》(897),第 40 页。

理学组,导师傅铜;中国哲学组,导师徐炳昶。[1]1935 年度北京大学文学院
哲学系开设课程中,逻辑 3 学分,因明学 2 学分,逻辑原理 3 学分,数理逻辑
2 学分;教育学系基础必修课选二中含有逻辑;生物系选修课有社会学、哲学
概论、伦理学、论理学;法学院政治学系,逻辑为必修课,3 学分。[2]1948 年
哲学系,逻辑学为必修课,4 学分,分 1、2 年级两年学完,老师是胡世华,陈
强业;哲学研究所入学考试科目含国文、英文、中国哲学史、西洋哲学史、逻
辑。[3] 从以上北京大学逻辑学、因明相关课程设置看,此校是民国时期为数
不多重视逻辑和因明学习的学校。本节以陈大齐、熊绍堃、周叔迦(另有熊
十力因明与新唯识论一节,见第四章)因明研究为例,总结北京大学因明研
究特色。

(一)陈大齐的《因明大疏蠡测》

陈大齐(字百年),1914 年起任北京大学教授,1922 年任哲学系系主任,
1927 年任教务长,1929 年 9 月至 1931 年 1 月任北京大学(代理)校长。他
在北大任教、任职长达 16 年,讲授过"哲学概论""论理学"等课程。1931
年离开北大后,陈大齐在国民政府考试院供职。如其言,"民国初年,始读因
明","曩治逻辑,思习因明"。在北京大学讲逻辑并为学生读书会逻辑组组
长的陈先生,"数年以来,积稿十有二万余言,稍加编次,与名《因明大疏蠡
测》"。[4] 此书稿"虽尝油印分赠"[5],终于在 1945 年于重庆铅印出版。所以,
该成果归于本节亦不为过。

《因明大疏蠡测》针对《因明大疏》所讨论的问题,选取 42 个方面给出

---

① 哲学系同学会:《北京大学哲学系之过去与将来》,李景文、马小泉主编:《民国教育史料丛刊》(897),第 62—69 页。
② 《国立北京大学研究所国学门概略》,李景文、马小泉主编:《民国教育史料丛刊》(919),2015 年。
③ 国立北京大学讲师讲员助教联合会:《北大院系介绍》,李景文、马小泉:《民国教育史料丛刊》(896),第 83—119 页。
④ 陈大齐:《因明大疏蠡测》,"序"。
⑤ 同上书,"后记"。

自己的理解,其所依据因明文献有《因明入正理论》《因明正理门论》《因明入论续疏》《因明入论庄严疏》《因明正理门论述记》《因明入正理论疏前记》《因明入正理论疏后记》《因明入正理论义纂要》《因明论疏瑞源记》等,目的是阐释如何理解《因明正理门论》《因明入正理论》所讲内容。这42个问题各对应一篇论文,所做众多解释是对《因明大疏》的批评。其批评所依据的仍然是经典文献和自己的理解。今分列概述如下。

似立似破之悟他悟自　《大疏》释《因明入正理论》"能立与能破,及似唯悟他"句有悟他、自悟作用。陈大齐认为《大疏》误读,破《大疏》似立似破之悟自的观点,"《疏》作此解,殆缘误认似立似破足以悟自"。[1]其理由是"似立似破,自其功用言之,不能悟他,与真立破异,自其目的言之,本欲悟他,与真立破同。故自立破之目的以观似立破,其为悟他而非悟自",似破之境"有真能立,有似能立"。[2]

宗与能立　在《门论》等文献里,宗有"能立""所立"二义。陈大齐从因明作用出发,回答此问题为:"宗是所立,亦是能立,貌似抵触,义各有当。以能望所,释立为成,宗是所立,以能望似,释立为申,宗是能立。"[3]

极成　陈大齐将极成分为自性、境界、差别、依转极成四种。所谓"自性共许"就因明言,必须立敌共许,"真极共许,一而不二"。"是故真极有体,须决定有,不得犹豫。"有体简无体,简犹豫。他提出:"立与敌名义境界齐一之谓,故借此名,名曰境界极成";"意许互忤,即名差别不成,返此无过,应名差别极成";"因喻本成,虽非今净,然以不成为成,应亦不能无失"。其中前三种要求宗依、因和同喻依均应如此极成,第四种只涉及因喻同喻依。陈大齐依4种极成要求,列出11种不极成:自他两俱全分所别能别俱不极成、自他一分所别能别俱不极成、自他全分所别能别俱不极成、无体全分两俱随一不

---

① 　陈大齐:《因明大疏蠡测》,第1页。
② 　同上书,第2—3页。
③ 　同上书,第9页。

成、一分无体随一不成、无体全分随一不成、有体无体全分一分两俱随一不成犹豫不成、两俱随一无体全分俱不成、一分无体随一俱不成、随一无俱不成、有体两俱随一所立能立俱不成两俱随一无俱不成。此 11 种不极成针对共比量而言，至于自比量、他比量的随一不成，"以许执简，便可无过"。①

许执　讨论从 3 个方面论述，包括所别、因言和能别及同喻依。即如立敌一方不共许，可对此作，"许执""简别"。②

有法及法非互相差别　针对《大疏》"有法及法互相差别"而论，陈大齐认为只能用宗法差别宗有法，不能用宗有法差别宗法。他认为，窥基举例是从佛理（"是故据胜为论"）而言，但不符合因明要求，因此犯因明"一分违自""不定因"过，指出"此亦体义相待之说，非必立敌相形之词。然则同为体义相待，后先所说，亦有未符。且因明宗，立以悟他，若离立敌，何缘说宗。今出宗体，说差别性，乃谓但约体义，无关立敌相形，于因明理，亦有未安"，"是故以后别先，应非因明所许"。③

乐为所成立性之所简　《大疏》肯定简别因喻，批评"兼简宗因喻三似"。陈大齐认为："既简因喻，已摄二似。《疏》之简似，疑如前说，能立二义，未予辨明。似因似喻，非真能立，但简能立，恐犹未尽。然此能立，望所言能，立是成义，不谓立破。能立成其所立，非与似立对望。故此能立，总摄真似，简滥已周，可不更说。似宗亦宗，岂宜简别。"他还认为，"似立之宗应非后时乐为"，"应依《理门》，但简因喻，不简似宗"。④

宗义一分为因　为宗中能别为因和有法为因两种，陈大齐认为这"等于逻辑循环论证"。其中前者属于"他随一不成摄"。后者《大疏》认为与前者过相同即"无所依过"，陈大齐认为不妥，其错误原因应在"以其因于同异品均不转故"。⑤

---

① 陈大齐：《因明大疏蠡测》，第 11—17 页。
② 同上书，第 18—20 页。
③ 同上书，第 22—23 页。
④ 同上书，第 24—27 页。
⑤ 同上书，第 28—29 页。

以因依法所依不成　此为《大疏》观点，陈大齐认为《大疏》理解有错：
"以因依法"之"法"为宗依，立敌共许，只有宗体才是立敌不共许，而宗体
为"有法是法"之判断，"是故宗中之法，自其自性言之，必须共许，自其依转
言之，必不共许。同名共许，所许不同。……自性极成，以因依之，何故乃有
所依不成"。①

是遍非宗法　他认为《大疏》批评"是遍非宗法"正确，"疏主破之，其
义甚是，惜其为说，尚未透彻"，因为"为宗法者，皆宗有法之义，不当更有别
体有无之分"。②

全同之三失　指《大疏》讲有法与法为全同，犯三错误，无同品、无异
品。宗有一分相符极成。他认为，对一的理解容易，二、三可能被理解为
"衡以全同方为同品，世间事物既无尽同，一切应皆异品……世间事物，自其
大体观中，未有尽异，应无异品可举"。他认为"同品之同既同诸义，非同一
义，是故宗言当随应以诸义为法……若释同品为同宗有法上一切相同之义，
宗有一分相符极成"。③

宗同异品不同异于有法及法之故　陈大齐认为《因明大疏》释宗同异品
不同异于有法"其事甚确，其故亦正"。因为"宗同异品同异于有法，但有异
品，遍无同品"。宗同异品不同异于法则不妥，因为"同品若同于法，立敌无
共同品"。④

宗同品　《大疏》就"宗同品"的定义包含七义："同品同于不相离
性""宗同品是体类""同品通有无体""同品不取全同""所立法兼意
许""所立法为两宗所诤""所立法为因正所成"。陈大齐认为，此七义中，
有些不妥，如"今言取因所成，不无过当之嫌"。所以，定义可修改为"宗同
品者，谓有无法同有言陈意许所立之法"。⑤

---

① 陈大齐：《因明大疏蠡测》，第 31 页。
② 同上书，第 32 页。
③ 同上书，第 33—34 页。
④ 同上书，第 35—36 页。
⑤ 同上书，第 40—41 页。

宗异品 陈大齐将其定义改为"宗异品者,谓有无法无其言陈意故所立之法"。[①]

因同品、因异品 陈大齐认为《大疏》未释清楚,其释为"因同品者,谓有因义共许之法","因异品者,应为不有因之法义"。所以,"因同异品,亦正取义,兼取于体,同宗异同。就取义言,因同品者,同于因法,因异品者,无能立法。义依体见,故兼取体。如立声无常宗,所作性故为因。瓶等有所作性,是因同品,虚空无所作性,是因异品"。[②]

同法异法 "《疏》既别立新名,以称因法同异,同法异法宜有专指,但称因宗二法同异,不应再作因同因异。庶几名各一义,界限分明而无混淆。"[③]

同品非有异品非有 陈大齐用换质换位推理得出,"在立为同品有非有异品非有,在敌为同品非有异品有非有"。[④]然而这种情况不存在。

宗同异品除宗有法 陈大齐用逻辑比较,认为宗同异品如不除宗有法,在逻辑符合规则,而在因明则违反规则:"有法非共同异,理应同异双除。因后二相即逻辑之归纳推理。逻辑归纳,不除其宗,因明除之,此为二者不同之点。"就同品除宗言,首先,"有法与因,其范围宽狭相等者,在逻辑可以中程,在因明必有过失。……故是不共不定"。其次,"有法与法,其范围宽狭相等者,在因明均无可成立。……此宗缺无同品可举。……既无同品,自无同法喻依,遂成无体阙中之缺无同喻过"。就异品除宗言,首先,"立量之际,其宗有法,在立为同品,在敌为异品。立者既缘同异未决,不得引为同品,敌论应依同一理由,不得摄入异品。故立之宗同品除宗,敌之宗异品亦除宗"。例如,"同类中唯一例外,得弄诡辩以证其非例外"。又如,"某纲仅分甲乙二目,有某特性本为甲目所独具者,得弄诡辩其亦为乙目所具,或证其非甲目所有"。[⑤]

① 陈大齐:《因明大疏蠡测》,第48页。
② 同上书,第50—51页。
③ 同上书,第53页。
④ 同上书,第56页。
⑤ 同上书,第57—60页。

因后二相与同异喻体 陈大齐反对将二者作用视为同一:"因明归纳作用,存于后二相中。后二相以宗同异品为推理之资料,同有异无为推理之准则。推理所得,即二喻体。故后二相,归纳之用,同异喻体,归纳之果。一用一果,其不同一。在三支作法中,同异二种喻体,既为归纳推理之结论,又为演绎推理之前提,归纳演绎,两俱有关。因后二相,局于归纳,无关演绎。一局一通,其不同二。"[1]

正因 陈大齐认为,因三相是正因的必要条件而不是充分条件,正因应具备三个条件,"一者三相具足,二者无违决因,三者宗不违现"。[2]

倒离所成之宗 陈大齐认为,"疏主谓倒离之结果,翻成空常住宗,此则不无可疑"。他认为,"若如《疏》云,可有三失,后先二解不相符顺,同喻异喻所证非一,倒离正合混淆不分"。[3]

异喻之远离 《大疏》释"若是其常,离所立宗,见非所作,离能立因",即"离宗离因之说"。《庄严疏》释"无所立无常宗处,远离能立所作因也",即"离宗异因同之说"。以陈大齐说,前者释不如后者。前者"离其二立:离所立宗,即宗异品;离能立因,即因异品。离在概念,不在判断。异法喻体,准此理则,定其轨式,应曰一切宗异品皆是因异品"。后者"释远离为宗异品之远离因同品,离在判断,不在概念。……一切宗异品皆非因同品……然若衡以因明理则,庄严之说终觉稍胜。"其失有三:"合即合宗同品于因同品,离应离因同品于宗同品。……若如《大疏》释为离宗离因,于异喻依见其无常,已离宗竟,见其有碍,已离因竟。直已'双离宗因'……若释离为离宗离因,其异喻体轨式必为宗异品遍有因异品,虽可间接相通,终嫌不能直接符顺。"[4]

---

① 陈大齐:《因明大疏蠡测》,第 62 页。
② 同上书,第 72 页。
③ 同上书,第 73—74 页。
④ 同上书,第 75—77 页。

无体阙　"无体阙过但有第二少分与第七",即"阙同喻"和"因及同异喻俱缺"。

缺异喻过　陈大齐认为,"有宗异品者,不得阙异喻依,阙则成过,无宗异品者,无缘有异喻依,阙无非过。分别既明,两无抵触"。①

缺无同品与同品非有　陈大齐说:"缺无同品,其缘能别不成,可同同品非有,其缘宽狭相等,不得视作同无。强不同以为同,不免邪减之失。然若谓为无过,亦违因明义理。同品除宗,别无可举,既缺事例以供归纳,因第二相无由完成。可作无体阙过,免与同无相混。"②

全分一分　又说:"逻辑全称特称,偏重形式,因明全分一分,偏重实质。其言全分,或谓一名之全,或谓多名之全,一分亦尔,或谓一名之分,或谓多名之分,皆属内义,无关外形。明论师立一切声常,其中一分明论声常,不违自比,其余一分声常之宗始违比量,义指一分,宗犹全称。是故全称全分,义尚可通,特称一分,殊难同解。"③

比量相违　他认为:"比量相违,似宗所摄,乖返正智,定是邪宗。相违决定,其因犹豫,令敌证者不生定智。……故此二违,于因于宗,俱有分别,谓为互摄,未见确当。"④

自语相违与自教相违　此二者"分别之道有三。一者如定宾说,自语相违不待更寻自他教宗,便成相违,自教相违必待更寻自他教宗,方有乖返。二者自语相违是体义相违,自教相违是宗宗相违。……三者自语相违不得以胜义简,自教相违得以胜义简别"⑤。

犹豫不成　关于犹豫,"一者疑其体之有无,二者疑其于有法有",《大疏》于似因犹豫不成外,又举似宗能别所别两俱三种犹豫不成"。陈大齐认

①　陈大齐:《因明大疏蠡测》,第84页。
②　同上书,第87页。
③　同上书,第89页。
④　同上书,第93页。
⑤　同上书,第96页。

为,"《疏》立所别犹豫,又立能别犹豫而不以随因生疑为宗过,窃谓若欲贯彻此二,应取二种犹豫之说","能别之极成不极成,有与所别同其类者,故能别犹豫亦为有无未决之疑体。此一义也。能别又为不共许法。此所云许,谓许其于有法上有。犹豫云者,游移于许不许之间,疑而未决。此为犹豫之又一义"。[1]

似因所依不成　陈大齐认为,"有法无体,所别不成,故此因中所依不成,亦即宗中所别不成","窃谓必宗因两有过,方可别立宗因二过,若宗与因同属一过,理应审察孰为过主,或宗或因,科以过名,不必株连,重复说过","能别与因,同为有法之法。有法无体,因无所依,既有所依不成之失,能别同无所依,亦应同有此过。然于似宗,《大疏》未尝于能别不成外,别立能别所依不成过名"。[2]

宗因宽狭　此为陈大齐以逻辑比较因明之说。他首先强调因明不同逻辑在于,因明论式有二义:"一自所涵意义之内容言,二自所指事物之范围言。"关于前者《大疏》以体义说宗,关于后者《大疏》以局通说。其次,依因明九句因中二正因,他确立有法、法和因范围为有法狭于因法,因等于或狭于法,其他皆为过,依此,陈大齐分析12种情况中四正八过。最后比较三段论四格诸有效式中只AAA为因明式,理由是,只三段论第一格符合因明宗因喻顺序,因明不设否定判断,因明不设特称判断,"故因明量,俱属正格,余三变格,不顺因喻。……因明除异喻体,不设否定判断。同喻属着,因是宗法,俱应肯定,不得否定。因喻肯定,宗亦随尔。……因明判断,应唯全称,不有特称"。[3]

相违因　"相违即因云者,谓所作因违于常宗,其违在因自家,相违之因云者,谓无常相违法之因,其违在宗中法。《庄严》、《略纂》,兼取二义。《大

---

① 陈大齐:《因明大疏蠡测》,第97—100页。
② 同上书,第101—102页。
③ 同上书,第104—111页。

疏》虽取之因而斥即因,然亦不无兼取即因之嫌。"①陈大齐以相违因二义批评《大疏》之说自相矛盾,并从《大疏》文中找证据论述。

二种差别 "二种差别,意许别义,立所乐许,敌不许有,他不极成,方便矫寄,敌所必诤。"②

法差别相违因 陈大齐比较世亲、陈那之不同:"世亲出宗过,陈那出因过。……出过有别,所破不同。"③

有法自相相违 陈大齐批评《大疏》之释:"先陈后陈,宽狭本异,抑令同一,复于因喻,强同品为异品,翻正因为似因,是故准《疏》所说,不无矫破之嫌。"④

有法差别相违因 同上,陈大齐认为:"与彼有法自相相违,虽有加言之异,于义实无二致。彼过既未确当,此过亦有同失。"⑤

因义分别 《大疏》不许。陈大齐认为根据论证需要,应有分别:"诸凡因义,非可等观,有不可分别者,亦有应分别者。"所谓分别有"析总法为别法"和"析言陈为意许"两种。前者"有关宽狭。因望有法,准理应宽,望彼能别,或狭或等",否则便有可能出现"随一成过",后者如不明其意许,"立敌是非,终且不决"。⑥

有体无体、表诠遮诠 陈大齐依据诸多文献,阐释有体无体表诠遮诠之含义,涉及宗因喻、自、他、共比量等理论。他认为,"宗之有体无体,意取表诠遮诠。因之有体无体,取共言不共言,共言有体之中,复分有无二种,以表诠为有体,以遮诠为无体。喻体之有无体,亦取第三表遮,喻依之有无体,谓物体之有无,有物者是有体,无物者是无体"。他认为:"有体无体,合自他

① 陈大齐:《因明大疏蠡测》,第113页。
② 同上书,第120页。
③ 同上书,第124页。
④ 同上书,第131页。
⑤ 同上书,第134页。
⑥ 同上书,第136—138页。

共，拟分为四。立敌共许其事物为有者曰两俱有，立敌共不许其有者曰两俱
无，立许敌不许者曰自有他无，敌许立不许者曰他有自无。"有义无义亦同：
"立敌共许有遮有表者，是两俱有义；立敌共许唯遮不表者，是两俱无义；立
许有表敌但许遮者，是自有他无义；立但许遮敌许有表者，是他有自无义。"
因此，"同喻有体，亦表亦遮，同喻无体，唯遮不表。……异法喻别成特例，以
其止滥功能为准，但取于遮，无取于表"。①

有体宗、无体宗　根据因明文献和吕澂、熊十力理解，陈大齐给出 16 种
情况加以分析："有法有体无体，能别有义无义，相对互说，可有四句。泛言
有无，义不明确，若复配以自他共言，有法能别各有四种。是故有法为首，计
有四句，复以能别为首，亦有四句，四个四句，合十六句。"由此得出 3 种宗
体："一者有体表宗，二者无体表宗，三者无体遮宗。"②

宗因喻间有体无体之关系　陈大齐批评《大疏》之分析错误（"泛说有
无，未分自他及共，且于随一有无，或说为有，或说为无，不尽一致。又于无
宗，或说其总，或但一分，不兼其余。名实不一，遂滋混淆"），并从"有法两
俱有体"、"有法两俱无体"、"有法自有他无体"、"有法他有自无体"四个方
面分析因、同喻依、异喻依关系。③

共自他比　陈大齐讨论三者的体、用、类。就体而言，"自他比量，宗因
喻三皆可依共。三支尽共，是共比量，或一或二，或俱非共，是自他比。……
谓共比量取立敌共许，自他比量但取立敌随一许边，纵有依共，亦取随一，非
谓自他比量尽须依自或他，不得依共"。就用而言，"今共比量，立自宗以显
正智，破他义以遣邪门，正符因明本旨，且亦悟他最胜。……他比有二，一者
遮宗，二者表宗。……正理未获俱申，悟他功能稍逊。自比依自，建立自宗，
不与敌共，无以服他，但有立正，不能破邪。悟他功能，此应最劣"。从种类

---

① 陈大齐：《因明大疏蠡测》，第 140—160 页。
② 同上书，第 164—169 页。
③ 同上书，第 172—188 页。

分,共比量只有一类,即"宗(有法能别)两俱有体, ——因两俱有义,共许依宗, ——同喻两俱有体,共成二立"。自比量"凡十有八",他比量"凡十六种"。[1]

"**三十三过与自他共**" 陈大齐认为,(1)似宗九过,共比量中,现量相违、比量相违、自教相违、世间相违,违自违共均为过,自语相违违共是过,能别不极成、所别不极成、俱不极成共自他三不成均为过,相符极成符共符他是过;自比量中,现量相违、比量相违、自教相违违自是过,世间相违无过,自语相违违共是过,能别不极成、所别不极成共自二不成是过,俱不极成无过,相符极成符他是过;他比量中,现量相违、比量相违、自教相违无过,世间相违违他为过,自语相违违共是过,能别不极成、所别不极成共他二不成是过,俱不极成无过,相符极成符他是过。(2)似因十四过,共比量中,两俱不成为共不成过,随一不成为自他二不成过,犹豫不成、所依不成共自他为过,共不定共自他三共为过,不共不定共自他三不共为过,同品一分转异品遍转、异品一分转同品遍转、俱品一分转含共自他为过,相违决定含共自为过,法自相相违因共他自三相违为过,法差别相违因、有法自相相违因、有法差别相违因不含共他自;自比量中,两俱不成为共不成过,随一不成为自不成过,犹豫不成、所依不成共自二不成为过,共不定为共自二共过,不共不定为共自二不共过,同品一分转异品遍转、异品一分转同品遍转、俱品一分转、相违决定含共自为过,法自相相违因、法差别相违因、有法自相相违因、有法差别相违因含共自为过;他比量中,两俱不成为共不成过,随一不成为他不成过,犹豫不成、所依不成为共他二不成过,共不定为共他二共过、不共不定为共他二不共过、同品一分转异品遍转、异品一分转同品遍转、俱品一分转、相违决定含共他为过,法自相相违因为共他二相违过,法差别相违因、有法自相相违因、有法差别相违因不含共他自。(3)十似喻,共比量中,能

---

[1] 陈大齐:《因明大疏蠡测》,第 190—197 页。

立法不成、所立法不成、俱不成含共自他，自比量中含共自，他比量中含共他；共比量中所立不遣、能立不遣、俱不遣含共自他，自比量中含共自，他比量中含共他。要言之，"无合倒合，但有自过，不有余二，通自他共三种比量，自无自倒，皆是过失"，"三量之中，各以自不离自倒离为失，余二不可有故"。①

（二）熊绍堃的《因明之研究》

据盛葳、章润娟介绍，熊绍堃 1888 年生于贵阳，1911 年在四川参加辛亥革命，1914 年留学日本，1918 年回国，1926 年担任其夫人唐守一创办的北平女子西洋画学校董事，1939 年任教于北京大学文学院，1946 年离开北京大学，任北平女子西洋画学校事务员兼国文教员，1953 年女子西洋画学校改为熙化美术补习学校，1954 年唐守一病故，熊绍堃任代理校长。② 熊绍堃 1925 年开始在《人权》上发表其研究因明的成果，1935 年写成《因明之研究》初稿后得病，1939 年修改完成由北京同文纸店印行，1939 年到北京大学文学院工作至 1946 年，修改完成出版。③ 熊绍堃因明研究有三个特色：第一，欲贯通中、西、印之"逻辑"；第二，因明之理解独特；第三，对因明文献有述评。

熊绍堃依希腊文 λόγος 涵义建立"諰学"学科，认为"最好是将因明，论理，墨学三种合并起来，成一系统，组成'諰学'"，"论理学这个名称，就不对，logic 在希腊原语 λογος④ 本是言和思的意义，译成论理，或名学，均只顾着言的方面，顾不着思。如用音译逻辑，又觉这两个陌生字，好像凑不拢，有些晦涩。很想把他改称'諰学'，取其且言且思之意"。⑤ 熊绍堃据《说文解

---

① 陈大齐：《因明大疏蠡测》，第 199—277 页。
② 盛葳、章润娟：《无名画会考》，《东方艺术》2007 年第 23 期，第 106—109 页。
③ 熊绍堃：《因明之研究》，沈剑英总主编：《民国因明文献研究丛刊（15）》，"自序"；姚南强：《熊绍堃的因明研究》，沈剑英总主编：《民国因明文献研究丛刊（15）》，第 181 页。
④ 应为 λόγος。——本书作者
⑤ 熊绍堃：《因明之研究》，第 189 页。

字》"諲"字的意义,即"諲"字有"言"和"思"义,得出"言"和"思"的关系:"思想为内在语言,语言等外部思想。"[1]他认为,諲学有三大思想传统,中国、印度和古希腊。中国传统有墨子的辩学,印度有因明,西方有思维术。他主张,"墨子所说的辩,是分别名物是非真伪的方法。论理学的思维术,是获得正当的语言规律,与真确的思想法则。因明所说的,是追求言论根据的正当原因的所在。如果不懂墨辩,便得不着墨家所谓辩胜当也的当。不懂思维术,便得不着能够实验的思想。不懂因明,便得不着佛家所说的胜义。所以这三种学科,都是锻炼言语和思想最重要的工具,可以说是鼎立的"。[2]并提出因明为"諲学"中的印度学科之一,此学滥觞于印度婆罗门教正理派,佛教《瑜伽师地论》讲的"五明"之一,"即立论者以一定论式,发表其主张,而就其主张所根据之事物,加以研究之学科也"。[3]因明有论式,分为五支作法和三支作法,其中三支作法与三段论式"形式与实质,均大同而小异"。[4]熊绍埜用"諲学"命名逻辑学科以体现其论证特性这一观点,源自人的思想与语言的关系。从汉字意义看,有其统摄性。这不仅反映了西方逻辑所讨论的语言与思维的关系,也吻合新因明"八门二益"的特征。至于对中国逻辑具体分析,不是熊绍埜着意笔墨的地方,仅仅提到而已。如他提出以"孔子八毋"对应唯识学八识,建议来者用因明研究中国传统:"学者若应用因明,研究八毋,以建设新哲理,一拓前贤未达之域。"[5]

基于言语下的因明研究　熊绍埜所谓"諲学"指研究言语形式和思想形式的学问。因明在言语形式方面的内容,熊绍埜指的是《因明入正理论》开篇偈颂的第一、二句("能立与能破,及似唯悟他""能立与似能立"),是以三支作法为形式的论证结构研究。熊绍埜的研究有这样几个特点。

---

[1]　熊绍埜:《因明之研究》,第 256 页。
[2]　同上书,第 187 页。
[3]　同上书,第 197 页。
[4]　同上书,第 200 页。
[5]　同上书,第 260 页。

其一，关于宗的结构研究，称宗由宗依和接词组成，宗依分前陈和后陈，前陈称体，后陈称义。体义又各分三，自性与差别、有法与法、所别与能别。熊绍埴将宗依分为两个层次。第一层次是一般说，第二层次方显因明之称谓，如他在讲"遍是宗法性"时有言："何谓遍是宗法性，凡因必遍通与宗依之前陈之有法之全体"①，就是例证。接词是连接前陈与后陈之词，汉语可以省略。

其二，关于宗的类别，熊绍埴依据窥基《因明大疏》文本内容进行分类。与《因明大疏》不同在于，他称八识中前五识为现量、第六识为比量，第七、八识为非量："凡眼耳鼻舌身五识所显现之色声香味触五尘境界，为现量。就意识中所构之境界，从事追求，加以比较，因而得经验智与分别智者为比量。"②并肯定自己以八识、三量证孔子八毋有开创之功。讲"因"时，他讲了因三相、足目的九句因，其中讲九句因是用因三相原理解释的，如第一、三、九句不合异品遍无性，第五句不合同品定有性，第四、六句不合同品定有性和异品遍无性规则。讲"喻"时，他讲了同喻、异喻、喻体、喻依，认为孔子讲的"视其所以，观其所由，察其所安"表达的就是宗、因、喻。同时简述了五分作法。

以上为熊绍埴关于"能立"的论述。此处熊绍埴八识对应三量的做法有违于因明文献，对孔子所讲的三句话有过度诠释和机械比附之谬。关于"似能立"，熊绍埴依据《因明入正理论》三十三过为基础，参照《因明大疏》，对每一过作通俗的解释，用图表展示三十三过、数论派的二十五谛、胜论派的六句义等。关于"能破与似能破"，熊绍埴的讲解包括真能破的立量破和显过破两种，他提出因明能破必须知彼、知己。如同前述，其语言极为通俗明了，今引文证之："真能破分二类，一，立量破，二，显过破。何谓立量破，看出他说之错误，而就其错误所在，别为一种论法之组织，使彼从此领悟其说

① 熊绍埴:《因明之研究》，第 208 页。
② 同上书，第 207 页。

之非,而打消之是也。何谓显过破,不别立论法,但就他说所有过失之处,显言之,使彼不能再圆其说,而打破之谓。"① 从以上释义看,熊绍垄将因明作为宣讲主张的议论之法,符合因明之特征,不过他认为《因明正理门论》"载有似能破之十四过类,解释繁难,无多大用"。②

基于思想下的因明研究　关于思想形式方面,熊绍垄讨论了现量、比量、似现量、似比量四部分内容。关于现量,"即凭藉五官对于外界现象,直接量度之谓也"。③ 所谓比量,即"由既知之事实,比未知之事件,以得一种推测之知识。换言之,即由三相具足之因,以推断宗之义也"。④ 现量与比量区别为无分别与有分别、自相与共相、直觉与推断。熊绍垄讲解似现量与似比量也很简单。如前所述,熊绍垄对现量的理解显然不全。可能是就《因明入正理论》"此中,现量谓无分别,若有正智于色等义离名种等所有分别,现现别转,故名现量"一句做简单概括。

熊绍垄"因明书目提要"可以供当下因明学习者借鉴之处有三:第一,推荐古因明和新因明必读书目;第二,此书目中对部分做了著作评述;第三,文献考证。

首先,古因明书目有《尼耶也经》五卷("此书系佛教典籍里最初依着论理的原则来辩论的记载"),《那先比丘经》二卷,《善详足讲章》(为胜论派说因三相最古书),《大庄严论经》十五卷(马鸣著,鸠摩罗什译,因明内容:五分作法),《遮罗迦本集》,《方便心论》一卷(龙树著,吉迦夜与昙曜译),《智度论》一百卷(龙树著,鸠摩罗什译,因明内容是"四种答"),《回诤论》一卷(龙树著,毗目智仙共瞿昙流支译),《压服量论论》(龙树著,"西藏三藏里有此书,乃批评足目所立十六界范畴的界说"),《中论》四卷(龙树著,

---

① 熊绍垄:《因明之研究》,第252页。
② 同上书,第255页。
③ 同上书,第256页。
④ 同上书,第257页。

鸠摩罗什译),《百论》二卷(提婆著,鸠摩罗什译),《广百论》一卷(圣天著,唐玄奘译),《瑜伽师地论》百卷(弥勒尊著,玄奘译,"陈那以前,佛教的论理学,最重要的著作,首推此书"),《瑜伽师地论释》一卷(最胜子等著),《瑜伽论集》四十八卷(唐遁伦撰),《瑜伽师地论略纂》十一卷(窥基撰),《辩中边论颂》一卷(弥勒尊著,玄奘译),《现解庄严颂》(弥勒尊著,藏译本),《俱舍论》三十卷(世亲撰,玄奘译,讲"四记"等论法),《如实论》一卷(世亲撰,真谛译),《显扬圣教论》二十卷(无著撰,玄奘译),《大乘阿比达摩集论》七卷(无著撰,玄奘译),《顺中论》二卷(无著撰,般若流支译)。熊绍塈认为,"以上各种均为研究古因明所必需的书。龙树,圣天,为中观派。弥勒,无著,世亲,为瑜伽派"。①

新因明书目有《因明正理门论》一卷(陈那著,玄奘、义净各译),《因明入正理论》一卷(天主著,玄奘译),《因明入正理论疏》三卷(窥基撰),《集量论释略抄》(吕澂著),《正理门论述记》(神泰著),《入正理论疏》(文轨著),《因明入正理论续疏》(慧沼述),《因明入正理义纂要》一册(慧沼撰),《因明入正理庄严疏》一册(文轨著),《因明入正理论释》一册(清净述),《因明义断》一卷(慧沼撰),《因明正理门论十四过类疏》(文轨著,昭和十年二月东京法藏馆刊),《因明正理门论证文附因轮论图解》一册(玄奘译),《因明入正理论直疏》一卷(沙门明昱著),《因明入正理论直解》(智旭解),《因明纲要》一卷(吕澂著),《因明大纲》一卷(武昌佛学院丛书),《因明概论唯识大纲》一卷(太虚讲),《因明新例》一卷(周叔迦著),《周氏之因明新例》(东皋生著),《民国佛教学者之因明学》(东皋生著),《因明学》一卷(陈望道编),《因明讲要》一卷(吕秋逸著),《陈那以前中观派与瑜伽派之因明》(许地山著),《因明入正理论疏节录集注》一卷(梅光曦注),《因明大疏删注》(熊十力编),《因明入正理论讲义》一卷(史慧圆述),《因明论疏

---

① 　熊绍塈:《因明之研究》,第 264 页。

瑞源记》四卷（日本僧叡凤潭著），此外还有日本学者的因明著作（均见于大
正新修大藏经）以及因明与逻辑比较书目。

其次，文献述评。如他称《尼耶也经》五卷："此经，原是尼耶也哲学的
经典，尼耶也，旧云那耶，中译正理，为印度之一大派，最重认识之研究。故
经的大部分皆言决择智识内藏及方法，为古因明之导源，所以为研究古因明
最不可少的书。原书为巴利文（南印度的一种方言），相传为足目所作，其
内容组织，同于《吠世师迦经》。第五卷第二章，与《如实论》之堕负品全符
合。又与方便心论回诤论亦多关合。其书似非一手一时所成。当始于纪元
前三世，而完整于纪元后四五世。西方学者，颇推重之，欲证明论理学自此
传递。有世界论理学源泉之曰。顾此宗哲理，多仿胜论，故有取此经与胜论
揉成一家者。西文有译本。中文，有谢蒙氏编的佛学大纲下卷第一编内介
绍这经的内容大概。"①

最后，文献考证。关于《因明正理门论十四过类疏》（文轨著，1935 年 2
月东京法藏馆刊）："按此书所谓十四过者，盖指似因十四过即四不成六不定
四相违因也。原本，于民国二十二年（昭和八年），由山西赵城广胜寺金刻
《藏经》中发现之珍本，北京徐鸿宝影印刊行，寄赠日本学者，由林彦明氏慎
重检讨，与藏俊之《大疏抄》中，所援引之庄严寺文轨之《入正理论疏》精密
对照，确定此书为《文轨疏》。"②

（三）周叔迦因明研究

周叔迦，原名明夔，笔名云音、演济、水月光、沧衍等。关于周叔迦的学
术贡献，苏晋仁③、白化文④、方立天等先生都有专文总结，其中方立天对民国
时期周叔迦的佛学活动概略为：1929 年，他在青岛创办佛学研究社，在研究

---

① 熊绍堃：《因明之研究》，第 261 页。
② 同上书，第 266 页。
③ 苏晋仁：《杰出的佛教学者和教育家周叔迦先生》，《法音》1982 年第 1 期，第 22—26 页。
④ 白化文：《普及佛法的大名家周叔迦先生》，《文史知识》2007 年第 11 期，第 116—118 页。

社中还附设佛经流通处,流通佛经,以广弘传;1931年到北京,先后任教于北京、清华、中国、辅仁、中法、民国等诸大学,主讲中国佛教史、唯识学、因明学等;1933年他主管北京刻经处,1936年组织编委会出版《微妙声》月刊;1940年主持《佛学月刊》,并在北京瑞应寺开办中国佛学院,自任院长,主讲佛学课程;1941年设立佛学研究会。[1] 程恭让对周叔迦的佛学贡献总结为四个方面:第一是佛教史研究关注政治的影响,第二是其20世纪30年代所写的《释家艺文提要》补《四库全书》中释家类未备之缺,第三是在敦煌文献研究方面具有开拓之功,第四是开国际学术界房山石经系统研究之先河。[2] 周叔迦因明研究主要成果有《因明入正理论讲义》(1989年社会科学文献出版社以《因明入正理论释》为名出版),于1931年由民国大学讲义本校印刷部印,1934年由商务印书馆出版《因明新例》等,此外《因明学表解》《印度佛教史》《释家艺文提要》等著作里也有因明思想的总结,如在《印度佛教史》里"无著菩萨""世亲菩萨""陈那菩萨""法称论师"等章里都有其留下来的因明著作及注疏等的概述。

《因明学表解》《因明新例》 《因明学表解》是以表格的形式分别释"六因""因明入正理论总表""古今能立所立差别""宗依""宗依极成""因三相""因初相""因次相""因明三支""宗过"等17部分。《因明新例》是以文字阐释为主、表解为附的解读方式。《因明新例》46章里只有第一章"绪说"、第九章"三支"、第十三章"三支举例"3章实在无法使用图表外,其他均是以图表形式解读因明的。此二著相应表解虽有别,但内容相同。今以《因明新例》为例,研究周叔迦的因明思想。此著展现了周叔迦的因明观、因明研究、因明史料梳理等多方面的贡献。就因明观而言,其表现在三个方面。

第一,因明是民族性的,它归属于印度哲学。在周叔迦看来,因明是

---

① 周叔迦:《周叔迦佛学论著全集(第一册)》,"序一"(方立天)。

② 同上书,"序二"(程恭然)。

"印度哲学中很重要的一部分"，自然不同于"欧美的论理学"，更不适用于中国思想。他是从语言视角来论证的，认为由于因明论式依赖于语言形式，因明有表达因明自身的语言，因此因明不能应用于中国与欧美，中国、欧美语言各异，均不同于因明语言："讲因明必须讲训诂，就是对于某一名词的意思必须有一定界说，这是在世界语言上不可能的。因为一个字往往可以含两种或多种的意思，尤其是中国的文字，转注假借，其中有不少的纠纷。……如何能适宜于因明的运用呢？差不多每一个哲学者对于玄理上的名词，各有不同的解释。这单独的名词既然不能极成，如何辩论联合多数名词中的义理呢。就是中国普通的言谈，也都不大考虑这名词所含义意的标准，所以因明在应用上是感觉困难的。……印度的因明和欧美的论理学，都是根据语言的文法而生的。文法是语言的规则，就是人民思想的条理。由于思想的条理不同，所以文法不同，因明和论理学的旨趣当然也不同。但是中华民族的思想是最活动的，所以语言也没有一定的文法。既然文法没有定章，更无法应用因明了。"

第二，因明是历时性的，在不同时期因明有其特殊性，在研究某一因明文献思想时，必须将其置于整个因明发展史中。因明之特征是论辩，古今皆有，"大乘、小乘、性宗、相宗以至相宗又有十大论师的不同，小乘有二十部的分别"。

第三，因明是考定是非真假的规范，有别于内明。就作用而言，因明不如内明对信仰者影响大。从此方面看，因明甚至"没有多大用处"，因为"对于某一个人或某一派若是有相当的信仰，无论如何决不会觉悟其中的差错的，因为只凭他的语言以为究竟，并没有将他的语言在事实上去考量，去追讨一个更深的了解"。因明是"考定正邪、分别真假的方法"，内明是"各人所信仰的宗教"。二者不同，前者"是如何能令自己先明了这真实道理，然后如何能将自己所了解的，传授给别人，就是'自悟'和'悟他'的方法。自悟的方法有两种：一是'现量'，二是'比量'。……至于将自己所知道的，说出话来,不外乎两种目的:一种是发表自己的主张,这叫做'能立'。一种是驳难别人的主张,这叫做'能破'"。他认为现量了知自相、比量了知共相所指不同于佛教内明中的自相与共相:"内明佛教中所说的自相、共相,是以不可言说的法当作自相,一切可以言说来表示的法全是共相。……凡是共相全是假有的,因为是由假智所变的。自相可以是真的,因为是现量亲自觉触的,是圣智所亲证的。"由此,他得出因明自、共相"是那事实上的一部分相状,可以用语言文字来表明"。

周叔迦因明研究,从研究结构看(《因明新例》《因明学表解》结构一致),从自悟讲到悟他,虽以《因明入正理论》文本为基础,但不似《入论》偈颂"能立与能破及似,唯悟他;现量与比量及似,唯自悟"之顺序。其结构为:自相、共相——现量、比量(含量果、圣教量)——宗体与宗依——三支论式——因三相——三十三过——九句因——能破与似能破。这种结构直接从因明特征(不同于内明)出发,进而按照因明"自悟""悟他"功用讲述因明理论。从研究内容看,其提出诸多新见。兹举两例以说明之。例1:关于"因明"的诠释。周先生对此的理解为:就是双主体的互动方式,双主体指"立言的人"和"对答的人"。互动的主要工具是言生因与智了因,言生因"就是立言的人所说的种种言语,由这言语可以指示来问的人所不明白的道理,可以令对答的人有决定的了解"。智了因"就是对答的人所有能了解的智慧,可以了解立言人所说的话"。因明论证有目的性以及情景性,"在因明的定律,不但是一种文句,能使人仅了解字面,必须使人就文句上,能了解当时所讨论的目的和讨论的情形"。因明之作用"只是用什么方法可以三言五语将自己的理解说来,令别人可以了解,而不致于有疑问或是反问"。这些观点均有别于其他学者的理解,而且切中因明肯綮。例2:关于"宗"的理解。在此,周先生别具一格,亦技经肯綮,他把宗分为宗体、宗缘、宗意、宗例四类。"宗体"是立者主张见解,即申明自己的学派,改正他人的宗派;"宗缘"是立宗的缘故,即申明自己的学派,改正他人的宗派和"觉真实"

（"能轻蔑他或从他闻，必然是自己有一番独到的见解，而是前人所未曾说的"）；"宗意"是立宗的目的，即悲悯他人；"宗例"是立宗的方法，包括"以所应立"（"就是这个主张见解正是现在所须要所讨论的，又是别人不曾了解不曾相信的"）、"自所许义"（"就是无论是讨论自己学派中的事，或是他人学派中的事，总要于自己学派的道理相符合"）、"宣示于他"（"就是一定是用口说。有音声语言文字，对方有人闻见。若是用身手来表示，或是一个人自言自语，不能算立宗"）、"令他了解"（"假使说了而旁人不懂。那不能算立宗，不能怪听的人不懂，必定自己所说的于因明条例不合"）四种。[①]

《因明入正理论释》　此著包括"因明入正理论解题""因明入正理论""因明入正理论释"三部分。其中"因明入正理论解题"分释"明""因""正理""入""论"，还包括作者介绍、作者师从及其汉译著作介绍等，言简意赅。如"所谓明者，慧能破暗之义，五明之通称。……所谓因者，亲生之义。……所谓正理者，亦有五释：第一诸法真性，谓诸法本真，自性差别，时移解昧，旨多沈隐，余虽解释，邪而不中，今谈真法，故名正理。第二谓立正破邪之幽致，故称正理。第三所立义宗，鸿绪嘉献，称为正理。第四即陈那因明正理门论之简称。第五总通前四。所谓入者，为智解融贯，照明观察，诸法真性故……所谓论者，量也，议也。量定真似，议详立破，抉择性相，教诫学徒，名之为论"。

"因明入正理论"部分给出现代标点。

"因明入正理论释"分 19 章，是以《因明入正理论》文本分段而释，其引用材料包括"古师"、小乘、大乘不同派别文献，还有唐代因明注疏（尤其是窥基的《因明大疏》）等，"然学者必须辨别古今，考证同异，方能明解义蕴"。此著释能立与似能立部分详细、现量与比量部分简略、能破与似能破部分尤其简略，在释《因明入正理论》开篇偈颂时首先概述《瑜伽师地论》

《杂集论》因明思想,然后比较二者与其他论师因明思想的差别。如能立阙减过性,此著列举出《瑜伽师地论》《杂集论》255 句缺减过性,世亲的 7 个、陈那 6 个缺减过性;在似能立中,比较古说、陈那、商羯罗主的不同:"似能立中,天主立三十三过,古师但有二十七过,陈那说有二十九过。"此著既研究了文本翻译的差异,也引用了"真唯识量"思想和不同派别的主张及其展开的论争,用佛学概念释因明义。前者如释文本"此中宗者,谓极成有法,极成能别,差别性故"句时,认为:"然此句唐时有二本,大庄严寺文轨法师疏本作差别为性,大慈恩寺窥基法师疏本作差别性故。二家释义则同,立言有异,而窥基疏中探斥轨师违因明之轨辙,暗唐梵之方言。考之因明,为故二声,同为第四啭声,名所为声,亦名所与声,梵云 Sainpradana(Dative)则是梵本原是一般,容译场中先后斟酌,或有改易。不然,轨师本亲秉承玄奘三藏译论,不应擅易论文,若以义详,故字为顺。"后者如释"似现量"时,指出"有五种智,皆名似现。一者忆念,谓散心缘过去;二者比度,谓独头意识缘现在;三者命求,谓散意缘未来;四者疑智,谓于三世诸不决智;五者惑乱智,谓于现世诸惑乱智"。[1]

《释家艺文提要》 此著共 520 目,虽提纲挈领,但代表了周叔迦对佛学理解。关于其中因明部分,此处略举几例,以体会周叔迦的因明研究。

> 《因明正理门论述记》三卷,金陵刻经处本,唐释神泰撰。……此疏古作一卷,今佚其半,只至释喻及似喻之第二偈止,金陵刻本厘为三卷。……所存者仅此半珠,虽不若入论诸疏之激河辩而赞微言,悬镜智而照正理,要亦足以周示纲纪,备陈幽隐矣。
>
> 《因明入正理论疏》一卷,续藏经本,唐释文轨撰。……虽与窥基异趣,要亦亲承,有自成一家言,未可废也。此疏原作三卷,今所

---

[1]　周叔迦:《因明入正理论释》,《周叔迦佛学论著全集(第二册)》,第 843—844、852、867、872、875—876、929 页。

存卷上，释至所依不成而止，其下佚失。

《广百论释论疏》一卷，大正新修大藏经本，唐释文轨撰。……此疏凡十卷，见于日本安远《三论宗章疏》，藏俊汪进《法相宗章疏》及永超《东域传灯》，而久佚，今得于法国国民图书馆藏敦煌经卷，载入《大正藏经》古逸部中所存，但第一一卷耳。卷端有自序，释论卷一，即《破常品》前半。论本为圣天菩萨造，护法菩萨释。玄奘三藏于永徽元年译出论本一卷，释论十卷。圣天，梵云提婆，为龙树弟子。此疏广据因明三支，立正量以破邪宗，申明论旨，……

《因明入正理论疏》八卷，金陵刻经处本……唐释窥基撰。……若以文字论，则以《宋藏遗珍》中之赵城广胜寺金藏《因明论疏》为最正确也。

《因明入正理论义断》一卷，续藏经本，唐释慧沼撰。……昔窥基撰《因明入正理论疏》，阙"无能立不成"以下之文，沼因续法成之，世已并入《大疏》合行，间有别抄，号曰《续疏》者。又著《因明义纂要》以释基疏，撰《因明义断》以攻异说。

《因明入正理论义纂要》一卷，续藏经本，唐释慧沼撰。……其因明述作凡四种：一《因明略纂》四卷，今不传，日本藏俊《因明大疏抄》中颇引其文。二《因明续疏》，补窥基疏自能立不成以下，今并入《大疏》合行，亦兼有别抄者。三《因明义断》，乃破他家之驳基疏者。四即此卷，乃申释基疏，以基疏至四相违过而止，故此卷亦然。处处和会《理门》文，兼引《如实论》及《瑜伽》、《唯识》所立量以为证。

《因明入正理论疏前记》三卷，续藏经本，唐释智周撰。……沼师之作，虽畅宣八义要旨，然于疏文未曾分释。……智周《前记》，亦名《因明入正理论疏纪衡》，专释疏文，考决茫昧。……昔《因明》初译，文轨撰疏，传习颇广，时称旧疏。窥基疏中，破文轨说，多不举明。《前记》中一一谨述，今轨疏既残佚，藉此可以考核其遗绪。又今疏本字句多有脱简,据彼记文所牒,可以勘订。

《因明入正理论疏后记》三卷,续藏经本,唐释智周撰。……其《前记》所释,有未正者则改作之,其所未释者则补出之。所以前、后二记,应并存而不可偏废也。且《后记》下卷,但至有法差别相违因疏中叙唐兴隽法师事而止,以下阙佚约有三分之二,更不可不赖于《前记》矣。

《因明入正理论略记》一卷,续藏经本,唐释智周撰。……重在科分章段,诂训字义……习《因明疏》者得此记,与《前、后记》相参证,庶亦可启发幽玄欤。[①]

三、中国近现代大学的因明研究举例

中国近现代大学因明研究成果巨丰,本节只选取古因明、新因明研究著作各一部及因明、逻辑、名学比较研究著作一部予以概说。其中,因明、逻辑、名学比较研究选取虞愚民国时期研究成果。从笔者阅读文献看,许地山(1894—1941)的《陈那以前中观派与瑜伽派之因明》代表民国时期古因明研究最高成就;陈望道(1891—1977)的《因明学概略》是用白话文写成的第一本因明学著作,通俗易懂地概述了汉地新因明基本内容;虞愚的三大逻辑比较研究贯通了佛学院与大学的因明成果。

(一)许地山的古因明研究

许地山,1917年考入燕京大学文学院,毕业留校;自1922年之后,先后留学美国、英国;1927年回国,在燕京大学文学院和宗教学院任副教授、教授;1933年曾留学印度;1935年后任教于香港大学。《陈那以前中观派与瑜

---

① 周叔迦:《释家艺文提要》,《周叔迦佛学论著全集(第五册)》,第2043、2047—2048、2048—2049、2064—2065、2138、2139、2274—2275、2275—2276、2276页。

伽派之因明》刊于《燕京学报》1931 年第 9 期。此文是中国近现代时期为数不多而最系统地研究古因明的著作,作者依据汉文、藏文、梵文、日文和英文等文献,梳理出古因明思想发展史,并研究了中观派龙树、圣天和瑜伽派弥勒、无著、世亲的古因明思想,以逻辑知识、论辩理论和佛教知识阐释《方便心论》《瑜伽师地论》《顺中论》《显扬圣教论》《阿毗达摩集论》《如实论》等著作的思想。

　　古因明史　因为有些著作无史料考证,许地山的因明史研究本着实事求是原则,说明"以下依着相传的说法把各部归入原指的作者,不过是为权宜起见而已"。许地山认为佛教因明起源于问难,如十四难句问句和四记答答句;《那先比丘经》最早以论理学原则辩论,《论事》提出一些如前提、断案、命题等逻辑名词;后来发展起来的毗婆娑、经量、瑜伽、中观四派的因明思想逐步丰富,代表人物和代表著作如上所列。汉传因明思想融入佛学著作中:"原始佛教的典籍未尝说过何等论理学的原理。佛陀唯一的辩证法方法便是如法实相知解;知已,亦如诸法实相为众生说。……在问难的时候,也当先行辨别值得回答与不值得。……如《智度论》(二)及《俱舍论》(一九)所列外道十四难句,佛不置答,而这十四难在理论上都是值得辩论的。又如《智度论》(二六)的四种答,及《俱舍论》(一九)的四记都是初期佛教论法的模范。"他指出,"在佛教典籍里最初依着论理的原则来辩论的记载或者是《那先比丘经》。……论理家是智者,他要能够推量事理,辨别是非,才能合符辩论者的资格","后期的论藏对于辩论方法和原理渐次发达,在《论事》(Kathāvatthu)里已有邬波那耶(upanaya,小前提)、尼伽摩那(Niggamana,断案)、波梨若(Pariññā,命题)等词","诸宗派中最重要的是毗婆娑(Vaibhāṣika)、经量(Sautrāntikā)、瑜伽(Yogācāra)及中观(Mādhyamika)四派。自从这四派建立以后,僧团中的因明大家因是产出。各派对于异己的派别都存着显正破邪的心思,竞用名理为辩护自己所立的教义和破斥他人所说的理论。……龙树和圣天属于中观派,弥勒、无著与世亲属于瑜伽派。这两派的论法,在辩护和破斥的方式上都是采用古论理学家足目(Akṣapāda)所立的原则"。①

中观派因明思想 生活在公元 3 世纪至 4 世纪的龙树的著作包括《中论》《回诤论》《〈压服量论〉论》和《方便心论》等。圣天生于 4 世纪中叶,别名青目,龙树学生,其代表作"《百论》,《梵榷坏理赴因成就论》(此土无翻)等都表示作者具有精密的论理方法和知识"。②《中论》作为中观派第一部系统的著作,给出世俗谛和真谛的划分,讲真谛是以世俗谛而来。"在梵本《中论》里,龙树间用古代论理学上的名词,如第二章的Pu-naruktal(重复),第三章的Siddhasādhanal(已经成立的证明),第四章的Sādhyasama(胜所修习,Petitio, Principit)及Parihara(避)是。龙树也批评足目对于量(Pramāṇa, evidence)的理论。"他指出《回诤论》有藏译本(《压服诤论颂》)和汉译本,称"这书是为批评尼也耶派足目所立的量论而造的。所谓量,即知识的本质或证据"。关于《〈压服量论〉论》,他说:"在西藏三藏里存着一部《〈压服量论〉论》,相传也是龙树的著作。这书批评足目所立的十六个范畴的界说。"十六句义包括量、所量、疑惑、用、譬喻、宗、分、乾慧、永定、争、说、妄批、如因显、失言、断后和断处,"分即现时名学上所谓连珠或三段论法,此中三支便是宗、因、喻。三支可以用作确定(正)或否定(负)的推论。因即名学上所谓推理。因可以从作(果)、自性与不想三种关系之一显出来。譬喻就是指示因或中端与大端之关系的"。《方便心论》"这书兼有论理学与雄辩法的性质",包括明造论品、明负处品、辩正论品、相应品四部分。对此,许地山一一解说:明造论品"列出八种深妙论法",如,"譬喻即举例的一种方法",包括同类和异类两种事例;随所执"是三论支的'宗',今当译作结论(condusion)或真理(truth)";明负处品列举九种,"专述论者堕落负处的条

---

① 许地山:《陈那以前中观派与瑜伽派之因明》,释妙灵主编:《真如·因明学丛书》,北京:中华书局,2006 年,第 229、223、224、224、224—225 页。
② 同上书,第 247 页。

件"；辩正论品"为对于辩论中的意见（matānujǐñā）的辨别方法"；相应品的"相应即现代论理学的异物同名（analogue）。相应的项目极多，汉译本列举二十种，分为同异二类。一、以同显义为同，如言'烦恼尽处，是无所有；虚空之性，亦无所有'。烦恼尽处与虚空皆无所有故名同。二、以异显义为异，如说'涅槃非造作，故常；则知诸行造作，故无常'。用'诸行由于造作，故无常'来显示'涅槃非由造作，故常'的道理，涅槃与诸行的性质相异，故名为异"。许地山认为，"以上二十种相应法与《正理经》的二十四倒（jāti）难多有相同之处"。许地山对于中观派因明思想的总评价是"它们都存在着形式论理及辩证法未分化以前的诡辩风气"，"不十分注重辩论的形式"。①

瑜伽派因明思想 《瑜伽师地论》为弥勒所作，是"陈那以前佛教论理学最重要的著作"。许地山认为："《地论》的定义是对于一般所观察的事物建立一种意见，其中关于能立与能破的一切论证的历程便是因明。"《地论》的七因明包括论体性，"这是论辩的一般形式，就是论中所用语言的体性"。论处所，"辩论的处所即是证者所在之地"。论所依是因明核心，包括所成立义和能成立法。许地山对所成立义的自性与差别释为"自性所成立是宗的主辞，也可以说是主辞概念或主辞名辞。它是用来诠释事物的名称的，所以对于有就立有的名辞，对于无就立无的名辞。差别所成立是宾辞概念，是诠释事物性质的"。能成立义分为直接的和间接的，直接的指宗因喻，喻含同类与异类，间接的包括现量、比量和正教量三量。此为许地山诠释之重点，他用新因明和学界观点解释此说，如将现量分为清净现量和错乱境界现量，清净现量又分不共世间现量和共世间现量，共世间现量又分色根现量和意受现量，"从因明学的性质看来，共世间现量是最为重要的"。他引用杜者的观点释现量："相似生与超越生，于佛教的神秘主义的教理的研究上勘被注意；后两种，无障碍与非极远，在论理学上较为重要"。他认为："非错

---

① 许地山：《陈那以前中观派与瑜伽派之因明》，第 227、229、229、230—231、232、232—233、233、233、243、246、246、247 页。

乱境界现量中的心错乱与见错乱属于教理的方面比较属于论理的方面多，属于推理或比量的方面比较属于知觉或现量的方面多。……陈那在解释现量的时候，并没有加上非错乱的新见解。""比量以思择为本质，根据现量，却除去现量中已思和应思的部分。因明的全体，实在说起来，只是广义的比量，因为现在以它为对于所成立义而言的能成立法的基础的范畴，所以以它为论证的一种要素。""上述十种论所依中，所以建立二种所成立义的因缘，是要使人发生信解，不是要生成诸法的性相。这是因明的全部的主旨，因为因明的目的在开示未了义使人能得了解信服。因明所根据的论证自然以诸法的性相的正确性的归宿，而诸法性相的真与不真各自成就，各自安立，毋须论者去产生它们或成就它们。""所立的宗既是自己所爱乐，于他人的爱乐与否自不必顾到。所以立辩因的缘故，为要依据现见的事物来决定所论的道理，使人能够摄受所立的宗义。道理的依据是以虚假的事物为喻，所以引喻属于辩因之后。至于同类、异类、现量、比量、正教量，都是为开示因与喻两种相违与不相违的智识而立。相违是与诸正量反对的见解，不相违是与诸正量相符的道理。相违是因喻与宗的矛盾，不相违即宗因喻三支的一致。"另外，许地山也概述了论庄严、论堕负、论出离、论多所作法，得出"就以上七种研究起来，当以论所依为因明的中心，论体、论庄严、论堕负为直接的论理要素，至于论处所、论出离及论多所作法，不过是间接的条件而已"；"《瑜伽论》所叙述的可以当因明的初期的状态看"；无著的因明《显扬圣教论》"七种论法的名称与《瑜伽师地论》全同"；《阿毗达摩集论》中八种能成立法为"立宗、立因、立喻、合、结、现量、比量、圣教量"。

　　许地山还依据宇井伯寿的《印度哲学研究》第五卷解释《顺中论》（即公元 543 年的《顺中论义入大般若波罗密经初品法门》）关于因明应用和因三相概念。前者是从"破外道摩醯首罗、时节、微尘、胜、自性、断灭等说"。而显现的，后者专就文献而考证因三相最早出处。如许地山认为，在汉译以外的梵本说因三相的是胜论派的《善祥足讲章》，据文轨《因明入正理论疏》

所载,世亲的《如实论》里有因三相理论。而宇井伯寿认为《顺中论》有因三相说,"朋中之法"便是"遍是宗法性"早期译语,"相对朋无"中"相对朋"译为"异品",即"异品遍无性","复自朋成"译为"在同品中",即"同品定有性"。许地山对此考证后的结论是:"到无著的时候,论理学说更加进步,于是细说因三相,缘具减缺等问题,数论派与胜论派的学徒也发表他们的意见。无著是正理派成立以后的人物,他的学说几乎是承袭《瑜伽论》的因明说,采用五分作法而排斥因三相说。无著所以不取因三相说的缘故,恐怕是像《顺中论》所说的,以它为虚妄凡庸的世间说吧。在佛教里头最先采取因三相说的是无著的亲弟弟世亲。"许地山称瑜伽行派第三位代表人物世亲"关于因明的著作确知有《论轨》与《论式》两种。在神泰的《因明正理门论述记》里还说有一部《论心》(Vāda-hordaya)……《论轨》里以宗、因、喻三支的多言为能立……《论式》为《论轨》以后的著作,也以宗因喻的多言为能立。"世亲有因三相理论,许地山称"在无著的《顺中论》里,因三相说还被看为外道的学说,到了世亲才容纳这说法,于是造成《论轨》《论式》等论。所以在佛教里,最初采用因三相说,而为陈那的新因明的基础的便是世亲"。许地山认为《如实论》也为世亲所造,"文轨说《如实论》为世亲所造,梁朝真谛所译,在《高丽藏》里也明记为世亲的著作"。[①] 现汉译只剩无道理难品、道理难品和堕负处品。

许地山对三品内容给予解释。首先,他认为"无道理难品"不涉及因明规则的说法,他依据文本中"汝称""若汝说""汝说""汝言""我今共汝辩决是处"等词句,将之分为九个论点:"第一论点的前部或有些少丧失,现存九条辩难";"第二论点是对于敌者以立者的言说异不相应的三条辩论";"第三论点是对于敌者说立者所说义不成就的辩难";"第四论点是对于敌者所说若不诵立者所难,就不能得着立者的意思,因此也不能相难的论辩";

---

① 许地山:《陈那以前中观派与瑜伽派之因明》,第 248、251、251—252、253、254、263、266、270、270、278、279、279、280、290、310—311、316、312—313、317 页。

"第五论点是对于敌者难立者所说为语前破后的三条辩论";"第六论点是对于敌者说立者说别因的三条辩难";"第七论点是对于敌者说立者说别义的三条辩难";"第八论点辩敌者对于立者所说今语犹是前语,无有异语的无道理";"第九论点是辩敌者对于立者一切所说皆不许的无道理"。许地山分释了"道理难品"部分的颠倒难、不实义难和相违难,认为此与《正理经》二十四难相当,陈那十四过类也与此相当,其分类法比《正理经》进步。许地山的评价为:"以上是'道理难品'的大要,最根本的是说因三相,应用从来的五分作法,而以辩证为主。至于将诸难分为三种,是显示分类的新见解。"① 堕负处品部分,他仅列举汉文、梵文、英文的 22 种条目。

由此,许地山将陈那以前佛教因明总结为:"在原始佛教时代还未成为组织的论理学,自正理派思想一起,佛教学者不久便受它的影响而建立佛教的因明。这样,经过龙树、无著、世亲诸师的组织,到陈那便聚集他们的见解而大成为新因明。在佛教中最古的论理书当推《方便心论》,但陈那的成功大半是依弥勒容纳诸说为其发端。无著虽知因三相说却不敢采用,到世亲才公然采入佛教的论理里头,这是为陈那新因明所预备的最后材料。"②

(二)陈望道的新因明研究

陈望道 1915 年赴日本留学,1919 年回国任杭州浙江省立第一师范学校国文教员;1923 年至 1927 年在上海大学任中文系主任、教务长等职;1927 年至 1931 年任教于复旦大学,1939 年到重庆北碚的复旦大学任教;1952 年至 1977 年为复旦大学校长。《因明学概略》于 1931 年由上海世界书局出版,书名为《因明学》,其写作始于 1928 年,目的为供复旦大学学生"通晓一点此学门径"。此书还介绍了日本学者的因明研究,如大西祝的

---

① 许地山:《陈那以前中观派与瑜伽派之因明》,第 319、320、320、320、321、321、321、321、321、322、328 页。
② 同上书,第 330—331 页。

《论理学》，村上专精的《因明学全书》，村上专精、境野黄洋的《佛教论理学》和香村宜圆的《东洋论理学史》。①

《因明学概略》认为因明理论依据源于《因明入正理论》，全书分概说、真能立、似能立、余论四章。其中概说比较古新因明、因明与逻辑及新因明内容，余论则概说"五问四记答、七因明"。此著作可以说是因明入门读物，以非常通俗的话介绍了《因明入正理论》基本常识，如古因明与新因明的差异["（1）论式的不同——一为五段，一为三段；（2）三段中关于能立与所立分界的不同；（3）关于辨别第一段宗的宗体和宗依；（4）关于研究第二段因的三相的具阙；（5）关于判别第三段喻的喻依和喻体"②]，能立的三支论式宗因喻的概述及例证，三十三过介绍，等等。其中也有与亚里士多德三段论论式的比较，用演绎法、归纳法说明三支论式。但作为教科书，此书中也贯穿着写作者的因明理解，形成四个特征：第一，因明是论辩之学；第二，因明涉及到思维与语言二个方面；第三，因明有服务于佛学论证的功能；第四，因明谬误论之分类。

因明是论辩之学　此书从因明定义、目的及三支论式与三段论比较等方面予以说明，今引言为证："因明实是一种探究主客往复论辩的法则的学术"；"因明学的目的，在探究我们主张一个论旨的时候，'因'着什么而有那样的主张，以及那因是否可靠，应当具有什么条件等问题"；"三支作法，都注重在口头辩论，不像逻辑注重在心里运思，所以三支作法，实际可以说是一种辩论的法式"；"因明是辩论的法式，它的排列也就依照普通辩论的顺序，先提出争辩的题目来，然后再设法证明哪个真哪个伪"；"因明实以辩论的胜利为目的，在这时候还是要分别谁胜谁败的"。此书认为："三支作法是言语上的辩论，要使敌者信服，不但需要提出喻体，还应提出所以提出那样的喻体来的事实上的根据。所以在因明中，通例在喻体之外，还要列出喻依

① 陈望道：《因明学》，上海：世界书局，1931年，"例言"。
② 同上书，第12页。

来作为证明用的例证。喻体与逻辑的大前提相当，喻依是涉及逻辑上归纳的范围的。"[①]

因明的思与言　在传统逻辑里，思维与语言的关系表现为内容与形式的关系，语言是表达思维的形式，思维是语言的内容。此书不是讨论思维与语言关系，而是根据窥基《因明大疏》从思维、语言方面分析因明概念，陈望道称之为"论法的种类"。他将思维简称思、言语指言说，这也符合佛教对人身、口、意的关注以及因明重在辩论的内容的特点。他从论法的形势以及言语的形式、分量、意义四个方面解释自比量、他比量、共比量、表诠、遮诠、全分、一分、有体、无体等概念。其所谓形势指形态言，此是从辩论形态讲的，有自比量、他比量、共比量，他说明了三种比量的不同；言语的形式上，他从是肯定的还是否定的，区分了表诠与遮诠；从立宗的数量范围，他区分了全分和一分；从言语是否有意义上，他区分了有体与无体。陈望道提出自比量是自守的论法："这是立者以一种单为立者所许、不为敌者所许的事项，来组织论式"，"凡是自比量的论式，除了上下文有暗示的之外，必须加上这些简别语[②]。如不加这些简别语，在宗，便有所别不极成；在因，便有他随一不成；在喻，便有俱不成（无的俱不成）等过"。陈望道认为他比量是进攻的论法："这与上一种相反，是一种立者以一种与己方无关而为敌方所许的事项去攻击敌方的论法"。他比量也需要简别语，如"'你说'、'许'等字也就是以敌者所许的材料来组织论式的标识。如不加此等标识，在宗，便有所别不极成；在因，便有自随一不成；在喻，便有俱不成（无）等过"。共比量为对诤的论法，不需要加简别语："是以立敌两方共许的事项来组织论式的论法。"言语形式上的表诠和遮诠是指宗是肯定命题还是否定命题，由此而定的"因明上的说表诠和遮诠，平常都是指宗而言。凡宗为肯定命题的，都称为'表诠'的论法，如宗的形式'甲是乙'的，就是表诠。凡宗为否定命题

---

① 陈望道：《因明学》，第 88、10、26、26、28、28 页。
② "简别语"指我说"许"。——本书作者

的,即称为'遮诠'的论法,如宗的形式为'甲不是乙'的,就是遮诠"。言语分量的区分为全分、一分,也是指宗而言,全分指全称命题宗,一分指特称命题宗:"言语的分量上,有表示后端遍通于前端的全分的,也有表示后端遍通于前端的一分的。后端遍通于前端的,如说'凡甲是乙',这是宗,就称为全分的宗;后端遍通于前端一分的,如说'有甲是乙',这是宗,就称为一分的宗。"言语意义上的区分为有体与无体,这是指一个言语的内容而言的:"凡是内容上意义上为肯定的,不问形式上是肯定(表诠)是否定(遮诠),都是有体;凡是内容上意义上为否定的,不问形式上是肯定(表诠)是否定(遮诠),都是无体。"结合以上划分标准,陈望道认为因明命题共有表诠有体全分、表诠有体一分、表诠无体全分、表诠无体一分、遮诠有体全分、遮诠有体一分、遮诠无体全分、遮诠无体一分八种。①

因明是佛学论证的工具 佛学论证在于能立与能破,陈望道对因明与佛学关系的关注,表现于因明的某些规则、批评他说主张及佛对问答的要求上,所以除在解释能立与能破中关注佛学与因明关系外,此书特以余论方式概述佛教的"五问四记答"和"七因明"。如概说宗体的特性时,提出因明与逻辑不同,只有违他顺自之辩论特性,虽然因明有超越佛学的一些特征,佛教因明的根本还是成为佛学方法论。陈望道在解说"自教相违"时,强调:"无论什么学派什么宗教,既然标榜了一个学派一个宗系,则其人便当将其派其系的主义主张组织成一家之言。"在不违世间共识而如何处理自教关系时,通过简别达到论证佛教主张之目的:"世间相违既然算是论辩上的一种过错,那么我们的议论不是只能随俗了吗?因明家笑道:那也不然,不过须得预戴标识,就是所谓简别语在上头罢了。"就佛教而言,他认为,"佛书所说关于问答的方法和论争应当注意的事项也颇与因明有点关系","佛书把问分为五种,把答分为四种,即所谓五问四记答是。所谓五问,就是:(一)

---

① 陈望道:《因明学》,第 32、33、34—35、35、36、37 页。

不解故问;(二)疑惑故问;(三)试验故问;(四)轻触故问;(五)为欲利乐有情故问。从问者的目的上分。所谓四答,就是《涅槃经》所述:(一)一向记;(二)分别记;(三)反问记;(四)舍置记。从答问的方式上分"。① 即肯定的答、部分肯定的答、反诘的答和不答。

因明谬误论　陈望道把《入论》三十三过称为谬误,他将之分为阙过和支过,认为新因明"把宗因喻三支完备而内容上有过失的,称为有体阙。单把有体阙认为论式的谬误"。他解释窥基的少相阙和义少阙为:"把因三相缺一相或二相三相者,称为少相阙;把言三支中一因二喻上有阙过者,称为义少阙。"②

(三)虞愚的印度因明与西方逻辑、中国名学比较研究

虞愚(原名德元,字竹园,号北山、佛心),1924年求学于武昌佛学院,为第二届学员(在欧阳渐著的《金陵师友渊源录》[南京金陵刻经处藏]里,1922年至1940年支那内学院时期住院弟子115人中有虞佛心);1930年于上海大夏大学预科毕业;1934年于厦门大学毕业,即留厦大预科任理则学教员;翌年赴南京任监察院编审,后由厦门转渝继续在监察院工作,兼任汉藏教理院文哲课程;1941年后历任贵州大学理则学讲师、副教授;1943年后任厦门大学哲学文学专业副教授、教授。民国时期,虞愚的逻辑史著作有三部,即1936年上海中华书局出版的《因明学》(20世纪30年代中华大学教科书)、1937年中正书局出版的《中国名学》、1939年商务印书馆出版的《印度逻辑》,此外有论文《逻辑之性质与问题》(《时代精神》1942年第8卷,第2期)等发表。本目只讨论虞愚三部著作的思想。《因明学》《中国名学》写于虞愚在闽南佛学院教学之余,偏于导论性讲座,注重因明、中国名学之逻辑学科建设。虞愚的写作往往基于西方逻辑的特征审视因明、中国名学

---

① 陈望道:《因明学》,第56、58、88、88—89页。
② 同上书,第86、86页。

自身特性。《印度逻辑》则重于因明学理的思考。

《因明学》 此著分为两部分,第一部分在概述西方传统逻辑思想基础上,提炼因明论式,展开因明与演绎逻辑的比较;第二部分解读《因明入正理论》。就第一部分而言,写作顺序是论理学、直言命题与判断、推理、因明、三支论式、三支论式与三段论比较。其思想概略为:"论理学即所以研究思想活动之形式,并立其应守之方法,本之以求真理之科学也,简言之,即致真之学也。盖其所研究,不外立定规范以判别思考之真伪与指导吾人之思路,使循一定方向以获新知也。"[1] 如其在《逻辑之性质与问题》一文所言,各门具体科学研究"所思"及其"实质研究涵蕴之关系","逻辑之对象并非特定之对象而为一般命题之结构或形式上而研究其涵蕴之关系"。[2] "所思"如原料,"所以思"为模型。在《因明学》里,虞愚明确了"命题""判断""推理"的含义,他认为,命题的结构是由三个概念构成,主辞(主概念)、系辞、宾辞(宾概念);命题是用符号表示判断的,判断"即择其本质而舍其非本质的也","推理者,以既知之判断为根据,而推知新判断之谓也"。因明学"以令他了决自宗之真似而已","何谓因明?因也者,言生因谓立论者建本宗之鸿绪也。明也者,智了因谓敌证者智照义言之嘉由也。非言无以显宗,含智义而标因称。非智无以洞妙,苞言义而举明名"。因明三支论式与三段论均由三部分组成,"惟其次序略有不同……因明论式先示论旨,后示论据,可谓顺思想进行之自然程序。……因明以因支三相之具阙作邪正之准,绳实可补逻辑充足理由原则(principle of sufficient reason)之不足"。二者实质不同:"一、论理学乃研究思考形式之法则,因明学则辨别立论真似之法则也。二、形式论理学演绎断案,因明学证明断案也。三、形式论理学以思考之正当为目的,因明学以晓他立论为目的也。四、形式论理学非如因明学注意过

---

① 虞愚:《因明学》,刘培育主编:《虞愚文集(第一卷)》,兰州:甘肃人民出版社,1995年,第28页。
② 虞愚:《逻辑之性质与问题》,刘培育主编:《虞愚文集(第一卷)》,兰州:甘肃人民出版社,1995年,第554页。

失论……亦注意过失论所产生,为论理学所无有也。五、形式论理学非如因明学含有归纳之意味,喻体类似形式论理学之大前提,喻依则具有归纳中个个事物的一个之意味"。第二部分《因明入正理论》释参考众说,其释义是分句段进行的,对于每一段的释义体现了著者的理解,无西方逻辑、中国名学之比较。其引文也穿插了对《因明入正理论》的英文表述,如,"论:俱不成 an example homogeneous with neither the middle term nor the major term 者,复有二种,有以非有,若言如瓶,有俱不成。若说如空,对无句论,无俱不成"[1] 等。著末附有主要参考材料。

《印度逻辑》《印度逻辑》与《因明学》写作风格不同,此著仅仅从印度宗教、因明本身出发,参考诸多学者研究成果,以新因明理论为基础,在概述印度逻辑发展史后,提出印度逻辑研究的一般方法和特殊方法,集中讨论三支比量、能立与能破、现量与比量。著作最后一章特别强调印度逻辑的应用。此著印度逻辑发展史的写作,依据窥基《因明大疏》所载顺序进行,重点讲了《正理经》十六谛,《方便心论》,《瑜伽师地论》,《阿比达摩集论》,《显扬圣教论》,陈那、法称等因明思想。他将印度逻辑研究的普通方法分为认定门类、收集资料、简别资料、阅读方法、辨别古今、发展新资六个步骤,特殊方法分为选择适当之问题、采取适当之方法、寻求充分之证据、构成精确之报告等四个方面。其三支比量研究分为三章,包括宗与似宗、因与似因、喻与似喻,总结正宗、正因、正喻条件。正宗条件为:"(一)不悖世智(但可用'胜义'以寄简);(二)不悖立宗所依教义(似破他量可用'汝执'等简);(三)宗中之主辞及宾辞为言相顺;(四)主辞及宾辞皆属极成(但可用胜义、极成、自许等简之);(五)不顾遍许等宗。"正因条件为:"(一)立敌俱许,遍是宗法。(二)因法自体,俱许成就。(但可用'自许'、'极成'、'汝执'等简之。)(三)因体有无,与宗相顺。(于破他量或不相顺。)(四)立敌俱许同品定有,异品遍无。"正喻条件为:"(一)同喻法宜有能立因所立义,

_____

[1] 虞愚:《因明学》,第 26、27、9、9、32、34、95 页。

异喻法宜离能立因所立义。（二）同喻法体有无，宜顺宗体。异喻法体有无则不拘。（三）同法喻显因义言，必先合能立而后合所立，以见因之所在，宗必随逐。异法喻显因义言，必先离所立而后离能立，以见宗无之处，因定非有。"此著关于"能立与能破"研究分为"似能立与似能破"、"真能立与真能破"两章，其中"似能立与似能破"章重点研究十四过类。与吕澂研究相似，虞愚将十四过类归为似缺因过破三种（至不至相似、无因相似、第一无生相似）、似宗过破一种（常住相似）、似不成破四种（第二无异相似、第二可得相似、无说相似、第二所作相似）、似不定破八种（同法相似、异法相似、分别相似、第一第三无异相似、第一可得相似、犹豫相似、义准相似、无生相似）似相违破一种（第二所作相似）、似喻过破两种（第三所作相似、生过相似）。"真能立与真能破"中，"真能立"部分以唐疏释《显扬圣教论》因明论，自释"真唯识量"；"真能破"部分释窥基《因明大疏》真能破部分内容，总结为出量破、出过破、袭击破、关并破四类。"现比量真似"章以《因明入正理论》文本为线索，以佛教理论和唐疏为依据，阐释"真现量""真比量""似现量""似比量"。此著最后一章"印度逻辑之实用"突出因明在佛教中的作用，以古因明著作强调因明性质为例予以说明："印度逻辑为察事、辩理之学，其实用专在建设言论立真破似而晓悟他人也。故陈那以前之古因明，若瑜伽、显扬、集论等，就立论之实际立场先加注意。"[①]

《中国名学》 在《逻辑之性质与问题》一文里，虞愚将逻辑的功用定位为"一在于立定规范以判别命题之真伪也。一在于指导吾人之思路使循一定方向以获新知也"。他将中国逻辑称为中国名学，他研究中国名学的方法是"借论理学之德用，以明体构之价值"写成《中国名学》。

依他看来，中国逻辑史分为三个方面，其中只有秦汉以前是中国固有的："中国名学之沿革，除秦汉以前为中国名学固有之时外，其余非印度因明

① 虞愚：《印度逻辑》，刘培育主编：《虞愚文集（第一卷）》，第 148、161、169—170、171—181、182—186、189—191、191—201、201 页。

输入之时期,即为西洋逻辑输入之时期。"所以,《中国名学》研究的重点是中国名学的派别、特征,以及作者自己的评述。他将先秦名学分为无名、正名、立名和形名四学派:"老庄则以道家谈名,孔子、荀子则以儒家谈名,墨子则以墨家谈名,在其学说全部只占一域,或为其治学之方法,未尝以名学自期也。"他认为道家是无名学派:"老子乃打破名相探讨本体(ontology)之人,以名为贩卖知识之工具,亦乱之所由起,亟宜废除,故主张无名。"杨朱废名则"与西洋唯名主义(Nominalism)及《瑜伽师地论》所谓'四寻思'之理颇相近……较深刻耳"。关于庄子齐物,虞愚说:"庄周以物论之不齐,多缘于心理上存自我之观念。"所以他认为要止辩,止辩方法有"任机所发"、"易地而观"、"相忘于道"。

正名学派为儒家孔子、荀子,其学说包括制名、格致、求诚三方面内容。就制名言,"孔子'正名',原为'正名字'、'定名分'、'寓褒贬'(见《春秋》)而设"。荀子名学包括"三标"(所为有名、所缘以同异、制名之枢要),"三惑"(用名以乱名、用实以乱名、用名以乱实):"三标已立,三惑亦揭,订名之主期然而生。"荀子由此讨论了刑名、爵名、文名、散名。虞愚认为荀子制名理论除包含以上内容外,还研究了概念、演绎、归纳等内容。就格致言,是《大学》所研究内容:"惟致知格物既系基本工作,又属于名学关键之处,则其问题可得而论矣。关于《致知》、《格物》解释,自宋朝程朱乃至近代,不下数十种。"就求诚言,"子思发明求诚之方法","至求诚之方法,其步骤应始于'博学',终于'笃行'"。

立名学派为墨子与《墨经》。《墨经》探讨"知道之本质及其来源""辩之界说""辩之功用及其根本法则""归纳法之讨论""方法论"和"推论谬误之防御"。在这里,虞愚比较了墨子的辩律与三段论、之支论式优劣。"墨子之辩律,初因,次喻体,虽但有小前提大前提而无断案,然彼先小前提后大前提,则小前提之断案于大前提者,固无待言矣,三式所用三名物同,而西洋逻辑三名皆两见(指所作性,无常及声各二,)印度因明之宗依声但一见,故此三种演绎推理辩式墨子最为简便,然反证以异喻之遍无性,使所成之宗颠扑不破,则'因明'量为最谨严矣。逻辑演绎推理与《墨》经辩式,斯其短于因明也。"①

形名学派包括惠施的"历物"之说、公孙龙"指物"之说。如虞愚对白马论的分析,用三支论式和三段论来说明,认为白马论证有合乎和不合乎逻辑论式的。

虞愚还探讨了中国名学的特点("注重人事问题""家数之繁多")及形成此特点的缘由("传统势力之发达""无抗辩之风尚"),《小取》的"假"视为假言判断,"辟"视为因明三支论式中的"喻"。他认为中国名学"除讨论推论是非外,又注重实际人事。……然其侧重伦常之道,谋人类切身之幸福,固为希印二土所不及"。②

---

① 虞愚:《中国名学》,刘培育主编:《虞愚文集(第一卷)》,第509页。
② 同上书,第435、446、447、448、458、462、462—463、465、467—475、476—477、479、480、489—517、518—539、541—542、542—543、514、515、541页。

第三章　民国佛教期刊文献中的因明研究

民国时期报刊甚多,仅佛教报刊,蔡迎春在《民国时期佛教报刊出版特征与分期》一文里就统计出 220 种①,黄夏年主编的《民国佛教期刊文献集成》收集了佛教期刊 148 种,编为 209 卷(含目录索引 5 卷)。本章资料以《民国佛教期刊文献集成》中"因明"开头的文章为主,旁及少量其他民国杂志中的因明论文(如《民国因明文献研究丛刊》中的非佛教期刊发表的论文),总结中国近现代学术界、佛学界的因明研究。《民国佛教期刊文献集成》中,《大雄》《东方文化》《海潮音》《内学》《佛化策进会会刊》《佛化随刊》《佛教人间》《佛教文摘》《佛教月报》《佛教月刊》《佛教杂志》《佛教与教学》《佛学出版界》《觉音》《南询集》《人海灯》《三觉丛刊》《山西佛教杂志》《文教丛刊》《现代僧伽》《现代佛教》《新佛教》等 22 个期刊都有以"因明"开头为题的文章,其中《海潮音》和《内学》刊登因明文章为多。

本章分为因明经典注释、因明义理分析和《大乘掌珍论》二量之论争三节,其中"注释"与"义理分析"的差异仅是简单的分类不同。前者侧重研究著者引经据典式的因明文本解释,当然不乏引用著者的观点;后者偏重因

---

① 蔡迎春:《民国时期佛教报刊出版特征与分期》,《出版发行研究》2016 年第 8 期,第 107—109 页。

明理论研究和因明与逻辑比较研究。"《大乘掌珍论》二量之论争"一节以南京支那内学院和武昌佛学院的讨论为素材,研究豫庐、聂耦庚、吕澂、王思群、太虚等人的因明观。

一、因明经典注释

本节论及的因明经典文本只选取《因明正理门论》《因明入正理论》和《因明入正理论疏》三部。《因明入正理论》为《因明正理门论》注释著作,《因明入正理论疏》是释《因明入正理论》著作之一,其中也释《因明正理门论》,所以三部经典本身就有注释与被注释关系。本节所论《因明正理门论》释选取丘壁的《因明正理门论斠疏》和惟贤的《因明十四相似过类略释》作品,《因明入正理论》释选取仁性、张元钰、悦西、寂祥的作品,《因明入正理论疏》释选取释妙阔的作品。

(一)《因明正理门论》释

1. 丘壁《因明正理门论斠疏》

丘壁的因明注释著作有《集量论释略抄注》和《因明正理门论斠疏》两部,均由成都佛学社于 1934 年出版。前部是对吕澂《集量论释略抄》的注释,后部是对《因明正理门论》的注释。

《因明正理门论斠疏》除"例言"外,共六卷,《佛化随刊》只发表了以《因明正理门论斠疏例言》和《因明正理门论斠疏卷第一》为题的两篇论文(《佛化随刊》编辑者为康寄遥,陕西佛化社出版)。"例言"讲《因明正理门论斠疏》之依据,包括集量论释、大论唐疏七家(神泰、普光、圆测、玄应、定宾、庄严、文备)、"基疏"、"竺土因明"、"量论直译"、"因明纲要"、"本论正文"、"基疏删注",唯识思想、世亲之学、耆那等外教思想对因明的影响以及斠疏之态度。"卷第一"一文释书名、作者、翻译者和疏者以及《正理门论》

开头至"似因似喻应亦名宗"句。其释的方式是字义解释、引用他释和自释三者结合。

字义解释如，释简：别；持：取；释能立能破：似破对能立，似立对能破，能所相待，立破方成；释显：示所立宗法；释不顾论宗：不必，顾及，论所立，宗之有法，以有法须共许，宗法唯；释随自意立：不须共许，盖有法亦可名宗故；释简别：简谓择取，别即取义。

引用他释如，"为欲简持能立能破义中真实，故造斯论"句依泰疏释而释；"宗等多言说能立者，由宗因喻多言，辩说他未了义故"句依基疏释而释；"故此多言论式等说名能立"句依泰疏、基疏释而释；"又以一言说能立者，为显总成一能立性。由此应知随有所阙，名能立过"句依量释；"言是中者，起论端义，或简持义。是宗等中，故名是中"句依泰疏释；"乐为所立，谓不乐为能成立性。若异此者说所成立，似因似喻应亦名宗"句依泰疏释。丘壁依前人释并非全引，多为编辑而成，且中间穿插自己解释。如释"因明者，本佛经之名"加"道邕云，如涅槃经破十外道具宗因喻，正明立破，诸经自相共相，即明现比"句；释"净成宗果"加"智周云，净谓明净，以立论者言能明净，立所立宗，无诸过失"句；"故说多言"加"按宗等能立，宗之一言，指宗有法。有法因喻，敌须共许，宗中之法，非敌共许。以共许多言，合显不共许法，故宗同能立，理亦无违。然本论言有法不成于法者，是以宗之一分为因，非合以喻为能成立。又泰疏云，世亲造所诸论亦立一因二喻名能立。此言谅秉承三藏，必非臆造。是因喻能立，亦非陈那创说，今古纠纷，可不烦词解矣"句。

文中释"所言唯者，是简别义。随自意显不顾论宗，随自意立"句，为丘壁自释："简别，谓简取宗中之法，别去其有法。或可简去宗中有法，别取其法。"此文将基论、基疏、泰疏三者贯通释义。今仅举一例，如对于题目的解说："因明者，本佛经之名。道邕云，如涅槃经破十外道具宗因喻，正明立破，诸经自相共相，即明现比。正理者，陈那论之称。陈那所造，四十余部。

现存七论,一观三世论,二观总相论,三观所缘缘论,四因明论,五取事施设论,六集量论,七本论,其中最要,正理为先。因谓智了,照解所宗。或即言生,净成宗果。智周云,净谓明净,以立论者言能明净,立所立宗,无诸过失。明谓明显,因即是明,持业释也。故瑜伽论第十五言,云何因明处。谓于观察义中诸所有事。所建立法,自性差别。名观察义。能随顺法,宗等八名支,名诸所有事。诸所有事,即是因明,为因照明观察义故。正理简邪,即诸法本真自性差别。陈那以外道余乘等妄说浮翳,遂申趣解之由,名为门论。基疏。斠者,量也。疏者,决也。集陈那量论文及基泰等疏,度量疏决,其义方晓。"[1]

2. 惟贤《因明十四相似过类略释》

惟贤(1920—2013),俗名邱兆红,又称惟贤法师,1936 年考入世界佛学苑汉藏教理院,创办并曾主编《大雄》月刊,著《因明纲要》等因明著作。《因明十四相似过类略释》是民国时期为数不多的研究《因明正理门论》的文章,此文发表于《海潮音》第 19 卷第 10 期(1938 年。《海潮音》为月刊,其前身是《觉社丛书》。1918 年 10 月在上海创刊,为觉社社刊,季刊,太虚任主编。1919 年 10 月《觉社丛书》出至第 5 期停刊,1920 年 1 月改名"海潮音",为月刊,延续至今)。"十四相似过类"为《正理门论》讲"似能破"的核心内容,中国近现代学者就此释义的成果不多,惟贤的《因明十四相似过类略释》为解释这一经典的优秀成果之一。惟贤此文以敌者与立者难、破方式予以阐释,其释既符合文本内容,又清楚明白,今附原文如下。[2]

---

① 丘壁:《因明正理门论斠疏例言》,《佛化随刊》第 18 期(1931 年 12 月),载黄夏年主编:《民国佛教期刊文献集成》(28),第 269—270 页;《因明正理门论斠疏卷第一》,《佛化随刊》第 18 期(1931 年 12 月),载黄夏年主编:《民国佛教期刊文献集成》(28),第 270—273 页。
② 惟贤:《因明十四相似过类略释》,《海潮音》第 19 卷第 10 号(1938 年 10 月),载黄夏年主编:《民国佛教期刊文献集成》(199),第 93—98 页。

第一　同法相似

由敌者以无质碍之因出立者共不定过；以异法虚空作同品，能成立自己常住之宗。如立者以所作性因成无常，敌者以无质碍因成常住，如斯二因声皆具有，谓汝立者究竟以所作性因成立声是无常耶？亦以无质碍因成立声是常住耶？如此则犯共不定过。

立者破：此因非是，何耶？以无质碍之因是疑因，所作性之因是定因，立者之定因使敌者相违，而遭失败；盖无质碍因为异品中一分转故：如异品之瓶乐，瓶是无此无质碍因性，乐是有此无质碍因性，遂成不定。

且共不定就一因上显，若同品异品皆有此因，方成不定。如人必有死，存在物故，同犬异石。此存在物性，犬石皆有，人不能决定如犬之存在物可死，如石之存在物不可死，遂有过失。而汝敌以双因显共不定，故与因明之定义实不相干也。

敌者又难：谓声中有两因，依汝所作性成立无常，依我无质碍成立常住，则汝之量犯有决定相违过。

立者又破：谓成相违决定过，要两者因性各有三相具足，如声中有所闻性及所作性，胜论师对数论师成立声是无常，举所作性因，同瓶，异空。数论师对胜论师成立声是常住，举所闻性因，同声性，异瓶。此所闻所作各皆三相具足，方成决定相违。而汝无质碍之因只具二相，缺第三相，于异品苦乐等一分转故，苦乐等无质碍故是无常，声无质碍故声亦无常耶？故汝敌者成为不定因，何能云我宗为决定相违。

闻真能破：要立者建立之三支比量，真实具有共不定过；及敌者自己之因不犯不定过，方可破立者，成真能破。

第二　异法相似

敌者以立者同喻作自己之异喻，难立者因犯不定。谓汝立者所立之量,同喻瓶中一分是同,一分是异,则有怀疑。以声与瓶同有所作性,固可同证无常义,然声不同于瓶之有质碍,瓶有质碍故是无常,声无质碍故应成常住。正举量云:"声是常,无质碍故,同空,异瓶。"瓶是无常,无常之法决有质碍,则可反显声无质碍,声应是常。由是汝立者,因犯不定过:究竟以所作性因据瓶为同喻成立声是无常耶?亦如我之以无质碍因据瓶为异喻成立声是常住耶?

立者破:按异品须要异品遍无性方能反显,如汝异品之瓶一分有质碍故,从许反显声是常,而异品复有一分心心所有质碍是无常,转证声无质碍声应是无常,何得独证其常耶?汝之因缺第三相,自既不定,焉能破他!

第三 分别相似

上两难第一以异作同,第二以同作异,不过加以颠倒。此处则于同异二品之差别义加以分析,显前因犯共不定,而难立者。

敌者谓:汝之量举瓶之同一因性成立无常,不有异性则可耳;然今细加分析,声应不同于瓶,如声不可见不可烧,而瓶可见可烧;可见可烧之法是无常,声既不同于瓶之可见可烧应是常住。举量一:"声是常住,不可见故,同空,异瓶。"举量:"声是常住,不可烧故,同空,异瓶。"凡无常者皆是可见可烧,瓶可见可烧是无常;反显不可见不可烧之法皆是常住;声不可见不可烧应是常住。

由是汝因犯不定:为如所作性故,同喻如瓶,成立声是无常耶?亦如我之不可见或不可烧故,异喻如瓶,成立声是常住耶?

立者破:谓汝敌者第一与现见相违,盖声无常者:以彼由现见明知是因缘所作性,有生灭变化,决定应成无常,故汝以不可见不可烧之似比量来难,实不能遮遣无常性,而成非难。如有成立声非所闻,如瓶;然依现量明显声是所闻,何非所闻耶?

且汝敌者因犯不定过:如声是常住,不可见故,同空,异瓶。以异品心心所有不可见性故，心心所不可见故是无常，而反显汝声不可见亦无常耶？——不可见如是，不可烧性亦惟能异品中一分，犯不定过。

敌者又另举因难：以瓶之非所闻性是无常，反显立者之声是所闻性应成常住。如云："声是常住，所闻性故，同空，异瓶。"如此则汝立者之因不定，以声之所作性异空成立无常耶？亦以声之所闻性异瓶成立常住耶？

立者又破：汝敌者所闻性之举出，不能遮遣我之声无常；异品之瓶虽是无常，然无常之法不一定显示遮遣所闻性，反显常住；盖常住之法不一定有所闻性故。如汝所立之量中，同品虚空是常住法，应有所闻性，而彼无所闻性。故瓶无常何能说遮所闻性？以不遮故，则不能反显声是常住。

即进一步纵许汝可以异瓶无常遮遣所闻性，然虚空非所闻性是常，亦可反显声所闻性应是无常。如正理门论云："不应以其是所闻性，遮遣无常，非唯不见能遮遣故。若不两者，只应遣常。"

第四　无异相似

一：宗喻无异——此难古师，古师有一派曰，同类义称为同品。谓汝举同瓶无常，引为声是无常同品，以同类故，应无区别：如声中不可烧不可见瓶应有，瓶可烧可见声亦应有，遂成无异。量云："声应可烧可见，所作性故，如瓶。"如是汝所作性之因则犯不定。如同喻之瓶成立声可烧可见耶？亦如异品之心心所成立声不可烧不可见耶？按此虽无异，实反闻有异，以声不同于瓶之可烧可见，应成立常住。

立者破：声瓶就无常同一之所作因性上说，不说其差别义，若差别瓶可烧可见是无常，声不可烧不可见应成常，则与世间现见相违，又照汝妄自分别，在宗上根本不能成立敌争论之点。

复于因上犯不定过：以汝所作性中同喻之瓶可反显声是可烧可

见,然异品之意味等是不可烧不可见,此声亦应成为不可烧不可见,何能成立可烧可见耶!

复次,就汝反显有异之量说,亦犯不定。如声是常住,不可烧故,同空,异瓶。此同空不可烧性可证明声是常;然异瓶一分心心所不可烧是无常,亦反显声不可烧应成常耶?故汝之量犯不定过。

二:宗因无异——敌难立,谓汝之勤勇性因据现在一刹那成无常可尔。若据过去一刹那,则因未说,因既无故,宗何能成?两者无体,犯所依不成。又据现在一刹那,勤勇性之因成宗,俱显非究竟常住之无常义,则宗因相同,两者无异,以皆显无常,无区别故。此如声是无常,以无常故,而汝以一无常成宗,一无常成因,便犯他随一不成过。

立者破:谓据前难,我宗言三支就现在说,过去之宗因量根本无有,不过由汝妄自增加,何能据之以破。复据后难:无常之宗是表灭义,勤勇之因是表生义,虽总显无常同而义实有别也。如基师云:"勤发兴无常,总虽非毕竟,别据生灭义,宗因义自分",是也。

显真能破:若于现在一刹那立量上,就因生宗灭之差别义兴难,可成能破。如正理门论云:"此以本无而生极成因法,证灭后无,若即立彼,可成能破。"

三:二宗无异——立者之声是无常,所作性故,同瓶,异空。敌者谓此所作性为相违因,应成常住。因以瓶推之,瓶是所作性瓶可烧可成无常,声虽所作,然不同于瓶之可烧,以瓶作异,应成常住,如是则犯法自相相违因。

立者破:汝难成非,盖因明定义,就无常共同之总相说,而汝以瓶与声可烧不可烧之别义来显,实与因明定义不合。如正理门论云:"唯取总法建立比量,不取别义,若取别义,决定异故,比量应无。"

显真能破:若就总义之共相无常,难因犯相违可成常住,方是能破。又所作因,非是决定,苦乐等一分转故。若因决定可称相违,然此不尔。

第五 可得相似

敌者谓立者勤勇因仅无常宗之一分,犹有余因可得,如电光等,由现见因,可成立电光等无常,如是汝之因非无常唯一之正确因,不能决定成立无常;以"唯"勤勇是无常,方为定因故。举量:"无常法见非勤勇无间所发,现见知故,如电光等。"

立者破:我之勤勇因为九句因中之第八正因,于异品不转故,不犯有不定过;盖勤勇因成立无常,若异品常住法之虚空有勤勇因,方犯不定也。

敌者复难:谓汝以勤勇因成立声是无常,声非全由勤勇因所发,故汝不遍于外执受大种因声,犯一分两俱不成过。如尼干子所立之"一切草木悉有神识,以有眠故,如人"。此有眠故不能遍是宗法性,以一切草木之范围甚广,草木中一部分方有眠,如含羞草。故此有过失,以不具因之初相故。

立者再破:我之勤勇因单成立内声无常,非就一切声成立,此例不成故我无失。且吾今反难汝,汝之因非遍是宗法性,由现见知不遍故;如过未法不能现见,亦可成立无常,故汝因不遍,何能难我。

前之真能破:若立者所立之无常,于异品有此因性,可成能破。

后之真能破:若立者所立内声之无常中,有一分无勤勇性,可成能破。

第六 犹豫相似

敌难立者:谓汝之声是无常,勤勇无间所发性故,然此无常有二:一生起无常,二坏灭无常,今汝之无常指生起无常耶?亦指坏灭无常耶?复次,勤勇因有二种:一生二显。生者,此法本来无而今有,可成立无常,如瓶为人工所造,是生起之因,终必归于坏灭。显者:本来即有,由今显此,可成立常住,如掘树根及开井水,此树根井水本来即有,不过加人工之显出,故是常有。今汝之勤勇因指生耶? 亦指显耶? 如是宗因遂成犹豫不定。此虽双标二义,重在因上出过,谓何能以此因证明声是无常耶?

立者破:谓吾之声宗专指坏灭无常义说,非有生起之增益,若照汝妄加生起,则成画蛇添脚。又因亦就生起之义立无常,不容许妄情增益杂因。且汝所说显因为常住,此说非是,盖树根井水,将来终归于坏灭,亦是无常,何能依汝之妄计立为常住耶? 故知勤勇生显皆是无常,非犯不定。

第七　义准相似

义准者:即以义类推也。立者以勤勇因成立声是无常,敌者生难:谓由此类推亦可以非勤勇因如电等成立常住;然实际电等是无常。若许非勤勇不是常住,则汝说之勤勇应是常住,而成非决定因。

立者破:按此成似不定,盖我之勤勇因于异品不转,是决定因。——若虚空常住有此勤勇因性,则此因性成犯常与无常不定,今既不然不受汝破也。

复次,我之勤勇因性本来唯是无常,非唯是勤勇因成无常,别无他因,以电等一分无常非勤勇故。今汝增益唯是勤勇可成无常,遂以电等无彼勤勇,亦无常为难,然实际我之勤勇性因专指常品非有,即是三相具足之正因,此难不成。

显真能破:若立者之勤勇因于异品有,可成无常亦可成常;或唯以勤勇因成立一切无常,敌者据此可破。

第八　至不至相似

敌难立者:谓汝之声是无常,勤勇无间所发性故,此勤勇因至宗上成耶? 亦不至宗上成耶? 至不至均有过失:若因至宗上,则宗因无因果之区别，无区别则不成能立所立；如池水流入大海，二水无异。举量云："宗之与因应无因果，以相至故，如池海水。"

又难：若因至宗无能成所成之区别，则所立宗不能成立，由是因应不至宗上，以至宗上亦不成立故。即退一步说：纵许无常宗可以成立，既本身能成立，何必随因成立耶？如窥基大师云："所立若不成，此因何所至？所立若成就，何烦此因至？"

复次，若因不至宗成，则与不正之似因无差别故，如立声常，限所见故，此眼所见故与声宗不合，不能至宗，而为似因所摄。举量云："勤勇所发应不成因，不至宗故，犹如非因。"

立者破：因至宗无区别，此难非理。今姑以世俗作喻，如宾至主家，亦有宾主之分；海与池水不过为同品中之一分，其实不能全说同也。

且我之因非是生因，而是了因，了因无前后，无至不至；以声原具无常义，不过以因照了之，如灯光破暗，不一定至暗中去破，亦有破暗之用；此了因无须至宗，亦可明声为无常宗。

又非因不由至不至分，而是由缺因三相分；我为三相具足之正因，依汝说因不至宗通于非因，究根据何种而说？又汝所难且成自害：试问汝所立之量破亦至耶？亦不至耶？难我还自害，岂不与自语相违？

第九　无因相似

敌难立者：谓三世因俱不能立宗：若就过去，因在宗前，则此因为谁之因？而此因无从建立。若就未来，因在宗后，所立宗已成，复何须因？若就现在，宗因同时，两者皆不成，何以故？如牛二角，不能辨其因果故。

立者破：此难不然，盖我以言生因智生因义生因，成所立宗；智生义生属于自悟，间接发言；言属于悟他。此言望于他，（敌者）他能了我之宗,即承此言直接生,而承智义间接生也。故我悟他为正式具足三相之言生因,真现比量为根据,非以似现比量为根据也。汝敌者谓我犯无因过,以非理破具三相之真因,是为似破。又汝所言与世俗相违,以世俗归:因体即在果前,因名即在果后故。且汝所难有自害过,遮遣同故;汝以三世遮遣我之因不能成立汝自之因,遮遣亦同。定能成立耶?

显真能破:若以如理如量之正理来说,及与世间相合不违,可成能破。

十　无说相似

敌难立:汝之声是无常,勤勇无间所发性故,然因未说之前不能成宗,以无因故,犯不成过;且宗成相违;未说勤发,声应是常,而不是无常故。举量云:"未说勤发因前声是常,无勤发因故,如空。"

立者破:谓我用言三支立量,非未说之前立量,汝说不成,应于言三支出过;然未说量前汝不应出过。且我因无故,汝于无因中妄加非勤勇因,成立声常,而犯无因增益过。

显真能破理:敌于立者之三支比量中,发现无能成立因,而加以指摘,或立者立量时无有因支,遂出过破,名真能破。

十一　无生相似

立者以勤勇因成立声是无常,敌发难谓:声是所依,因是能依,未说所依声即谈不到能依因,如是则犯无因过失;无勤勇因则与所立之无常宗相违反应成常。举量云:"声未生前无如是因应非无常,无勤发因故,如空。"此与前第十过之区别,前谓能依不成,显因过失;此谓所依不成,显因过失。

立者破:我之声宗未说之前,汝不能如空中楼阁,妄自增益非勤勇因,成立常住来破。

显真能破:立者声宗已成立,若勤勇因无,可成能破。

十二　所作相似

敌难立者：谓瓶为人工所作，声为咽喉所作，若举瓶为同法喻，推证声是无常，因瓶所作声上无故，则汝立者之因不遍于宗，于宗仅成一分，为他随一不成。

又汝因犯法自相相违，以声音是咽喉所作，同瓶则无，无则瓶应转成异品：如瓶是人工所作是无常，声音非人工所作应成常住，由是犯相违过。

复次，此同喻瓶以同法故，应有能立所立，今无有声之咽喉所作性，则犯能立不成之喻过。

再者：声之咽喉所作性，于异品虚空非有；如是同异瓶空皆无此因，则犯不共不定过。

立者总破：汝所难全非，盖我以共相建立三支比量，共相者：但取因缘所作性成立声是无常宗也。而不取差别义；今汝分别声为咽喉造，瓶为人工造，举此破我，实则成为似破也。

十三　生过相似

敌者就喻上难：谓汝立者之所作性，仅能代表宗法因性，而同喻瓶无此因性；所作性可成立声是无常，瓶以何因成立为无常耶？既无能成所成，应知如是喻上则犯所立不成。

立者破：有举必须因证，以声无常非是共许，故有举因之必要。若瓶无常为共同许，何必以因来证？

十四　常住相似

敌者谓声应是常住，非是无常，以彼有恒常之无常性相随逐故。若照汝立者所说，则有宗违比量之过。

立者破：汝之量义为似比量，无常性非常住故，今声之自性由因缘和合生，本无今有，暂有还无，说彼为无常性，如业感缘起之异熟果，是由种善恶因缘感得，离去善恶因缘外无从他处寻异熟果；此声亦然，除因缘假合外无处寻常住性。说常住者：不过由汝妄自增益而已！

……

（二）《因明入正理论》释

仁性在佛学期刊《佛教月报》上发表以"因明入正理论讲要"为主题的多篇文章（《佛教月报》为中华佛教总会会刊，1913年4月创刊于上海清凉寺，太虚任总编，出至第4卷停刊）。现在能够查阅到仁性的因明文章有：第2卷第4期释"比量相违、自教相违、世间相违、自语相违、能别不极成、所别不成、俱不极成"，第2卷第5期释"相符极成"、"似因"到"犹豫不成"，第2卷第6期释"所依不成"到"相违决定"。这些文章均以"因明入正理论讲要（续）"为题，其注释特点为以因明释因明，今举其中两例注释。[①]

原文：如是多言，是遣诸法自相门故，不容成故，立无果故，名似立宗过。

释为："如是多言"者，牒前九过，"是遣诸法自相门故"者，释立初五相违所由，此中意说，宗之有法名为自相（如声），局附自体不共他故，立敌证智名之为"门"，由能照显法自相故，立"法""有法"（前后陈），本拟生敌者之顺智，但以今标宗义，犯五相违，敌智返生，正解不起，无由照解所立宗义，故名遣门，凡立宗义，能生他智，可名为门，前五立宗不令自相，正生敌证真智解故，名遣诸法自相之门，不容成故者，容谓客许，宗依无过，宗体可成，依既不成，更须成立，故所立宗不容容成立。似宗九过，次三过是，"立无果故"者，果谓果利，对敌申宗，本争宗义，令敌证者了宗智起，若返顺他义，成立无果，由此相符亦为过失，结此九过名似立宗。

---

① 仁性：《〈因明入正理论讲要〉续》，《佛教月报》第2卷第5期（出版时间不详），载黄夏年主编：《民国佛教期刊文献集成》（139），第299页。

　　原文: 已说似宗,当说似因,不成、不定及与相违,是名似因。

　　释为: 不成有二,一能立之因不能成宗,名因不成,二年本非因不成因义,名为不成。不定者,或成所立,或同异宗,无所楷准,故名不定,相违者,能立之因违害宗义,返成异品,故名相违,因三相中,若缺初相,于宗有失,不能成宗,名不成过。若后二相,俱有俱无,异全同分,同全异分,无所楷准,不能定成一宗,令义无所决断,名不定过,若后二相,同无异徧,异分同无,不成所立,返成异品,名相违过,此上三种皆名似因。

　　这一时期以因明释因明的讲义性论文很多,如《海潮音》第 5 期发表的张元钰《因明入正理论讲义》包括“序意”、提纲、“释法”和“释性”四部分内容。其中,“序意”讲讲义的缘由和讲义所依文献(窥基、藕益、明昱的著作)。提纲包括二十四部分(法、性、体、名、义、正理、宗、差别、能所、成立、因、生了、同品、异品、喻、同法异法、能立、总分自他、真似、相违不成不定、能破、现量、比量、论)。如,“释法”讲佛教里的法非制度,指“轨持,持者能持自体,轨者轨生他解”。“释性”说:“今此论中言性,大都即事物名义所固有特具不可易者为言,惟性各定。故可审查众物之同异,而为定论。不审物性,任己之情以持论,可谓妄言也已。”①

　　悦西法师遗著《因明入正理论略释》发表于《海潮音》第 28 卷第 10 期、第 11 期,内容包括论题、论史、论文三部分。其释题目含义为:“因为一明之别目,明为五明之通称;又因明为一明之通称,入正理为本论之别目。因谓因由,为三支之一;明谓解了,因之明故,依主释也。入谓契入,正理谓诸法本真,诸法原来如何即说其为如何,令不解者明白解了,名为入正理。然入正理非理由充足不可,充足理由即明,则正理可入,故曰因明入正理。又因

------

① 张元钰:《因明入正理论讲义》,《海潮音》第 5 期(1920 年 7 月),载黄夏年主编:《民国佛教期刊文献集成》(148),第 102—106 页。

谓生因，属于立者；明谓了因，属于敌者。……论谓辩论，论量道理之教诫学徒，别彼经律，故名为论。"①

与以上讲义略有不同的是，寂祥讲义多了外延、三段论等西方逻辑概念。寂祥以《因明入正理论要解（闽南佛学院讲义）》为题发表于《海潮音》第 7 年第 11 期的论文，内容包括"因明之本质及来源""因明之传承及兴替""因明入正理论释""古今因明之比较"四部分。"因明之本质及来源"称："因明者运用思想言论之法则也"，"因明之传承及兴替"讲因明及汉传因明的发展简史。"因明入正理论释"依《因明大疏》释。

如释偈颂为："此颂八义，分自他二悟，兹约真似四双解之。一能立真似，三支圆具，义无违逆，能发敌证了宗之智，名真能立。若三支互缺，诸过随生，名似能立。二能破真似，敌量带过，善斥其非，或自立宗，以彰他过，名真能破。若敌量无过，妄生弹诘，或自量带过，谬言破他，名似能破。凡真能立者，敌必为似能立，真立真破，有悟敌证之功。似立似破，亦有自悟之益。颂言真似俱悟他者，或从敌证多分说，或约真立真破，名唯悟他也。三现量真似，以心量境，若定若散，不假筹度，亲得自体，名真现量。若散心分别，妄谓得体，或暗昧无记，不亲证境，名似现量。四比量真似，用已许因喻，成未许宗，使敌证智起，名真比量。若妄兴由况，谬成邪宗，顺解不生，相违智起，名似比量。现比二智，鉴达事理，疏有悟他之能，兹从亲缘，故唯自悟，虽自不悟，无以悟他，但因明作法，原为悟他而设，现比二智但为立具，非正能立。故颂中先他后自也。"

释因三相为："以因成宗，宗义能否极成，全关因相之邪正也，故三支中因相最关重要。古师但有九句因，无正确之标准，新学以三相之具缺，作邪正之准绳，此实因明学上之一大特采也。因相贯通宗喻，以已极成之喻，成未共许之宗，故于有法之宗，及同异二喻，皆有密切之关系。相者，向也，面

① 悦西法师：《因明入正理论略释》，《海潮音》第 28 卷第 10 期（1947 年 10 月），载黄夏年主编：《民国佛教期刊文献集成》（204），第 20 页。

也,谓向三面皆有连带之关系也。……缺第一相,不成过起。缺第二第三相,相违过生。缺第三相,不定过成。故因之是否纯正,可以三相而厘订之也。"

释有法、因法、宗法关系:"三者之外延,有法最狭,因法次之,宗法最宽,此为通途之定式。但因有宽狭二种,最要者狭因不得小于有法,宽因不得溢出宗法,以防不成不定过生也。"

"古今因明之比较"从五个方面比较二者差异:其一,改五分论为三段式;其二,为宗体宗依之区别,并以宗为所立;其三,改九句因为三相,并厘定其正否;其四,加相违决定以生正智;其五,同异喻前加离合作法,为喻体喻依之区别。[①]

(三)《因明入正理论疏》释

民国时期的因明研究、诠释著作依赖的重要文献为窥基的《因明入正理论疏》,因此对《因明入正理论疏》的研究成果占据多数,其中熊十力、陈大齐、释妙阔为三种代表性的研究路向:熊十力以现代学术写作方式删注《因明大疏》,陈大齐以问题意识切入《因明大疏》核心,释妙阔则重在解读《因明大疏》。本目以释妙阔《因明入正理论疏》释为例介绍,以窥其研究特色。

释妙阔(1878—1960),俗名魏玉堂,法名慧福,号妙阔;1913年考入上海华严大学,1922年任西安大兴善寺住持,曾为武昌佛学院教员;1931后在陕西佛化社弘法,1941年任世界佛学苑巴利三藏院副院长兼陕西省佛教会理事长。其因明研究以《因明入正理论疏》注释为主,作品以《因明入正理论疏钞》《因明撮要》为题,分期发表于《山西佛教杂志》、《佛化随刊》和《佛教杂志》(《山西佛教杂志》1934年创刊,社长赵次陇,总编力空,由山西日报馆代印;《佛教杂志》1934年由山西省佛教会会长赵戴文创刊,为山西省佛教会会刊)。其《因明大疏》解读包括摘录、集释和阐发三方面。

---

① 雉水沙门寂祥:《因明入正理论要解(闽南佛学院讲义)》,《海潮音》第7年第11期(1926年11月),载黄夏年主编:《民国佛教期刊文献集成》(166),第361—399页。

摘录　释妙阔没有完成对《因明入正理论疏》整部经典的注释,其注释内容、杂志名称、刊发期及页码为:卷[①]七五,《山西佛教杂志》第 6 期,有标题而缺内容,第 7 期(1934 年 7 月)第 389—392 页,释自"偈颂"至"及因等言义";卷一四〇,《山西佛教杂志》第 8 期(1934 年 8 月)第 89—92 页和第 9 期(1934 年 9 月)第 169—172 页,接着第 7 期,释至"或立四量,加譬喻量",第 10 期,缺标题与内容;卷一二九,《佛化随刊》杂志以《因明撮要增注》为题(第 14 号,1929 年 7 月),在第 225 页释"此中宗等"句(自"理门二解,一起论端义")、"未了义"句;卷一四〇,《山西佛教杂志》第 11 期(1934 年 11 月)第 251—262 页,释"谓极成有法极成能别"句、"差别性故"句、"随自乐为所成立性"句(至"共禀僧佉"),第 12 期(1934 年 12 月)第 335—338 页,接着前期,释至"如有成立,声是无常"句;卷二八,《佛化随刊》,第 16 号(1930 年 4 月)第 23—26 页,以《因明撮要》为名释"如有成立,声是无常"句和"因有三相"句,其中"如有成立,声是无常"句与卷一四〇第 12 期因明内容重复;卷二八,《佛化随刊》第 17 期(1931 年 8 月)第 125—128 页,释"何等为三"句至"因但是宗有法之法。非法法也";卷二八,《佛化随刊》第 18 期(1931 年 12 月)第 274—280 页,释"何等为三"自"同品定有性者"到"异品遍无性也";卷一三七,《佛教杂志》第 85—96 页,释"谓若所见见彼无常譬如瓶"(从"不举诸所作者皆无常等贯于二处"始)到"如有非有说名非有";同卷《佛教杂志》第 169—176 页接着《佛化随刊》第 18 期释至"虽乐成立又与现量等相违故名似立宗";同卷《佛教杂志》第 255—262 页,释"能别不极成者如佛弟子对数论师立声灭坏"句、"所别不极成者"句、"俱不极成者"句(至"必为他用");卷六四,《佛教杂志》第 497—504 页,接上释至"如是多言是遣诸法"(至"拟生他顺智");卷一三七中的《佛教杂志》第 334—345 页释自"性火""事火"的讲解,至释"一切品类所有言词皆非能立"义。

---

① "卷"为《民国佛教期刊文献集成》编号。——本书作者

释妙阔对以上《因明大疏》内容并不是全文引用，而是采取摘录方式。如卷一二九第 225 页释"此中宗等多言，名为能立"只选取了《大疏》开头所释六义，然后摘录窥基关于"此中""宗是何义""等""问何故能立"的简单定义，没有引用其论述。此页释"由宗因喻多言"句也是如此。释"如有成立，声是无常"句，只保留了窥基疏的第一自然段，到"正与此同"为止，并称"下有十句"，删去后文。释"同品定有性……异品遍无性也"删后面问答。释"何等为三"句至"因但是宗有法之法。非法法也"，中间有删。等等，不一一说明。

集释　对于窥基的某一解释，释妙阔文中引用唐代因明注释文献、日本因明注释文献等进行比较解释。如卷七五第 389 页释"能破"，引窥基语，又引他者之释："钞后记云，善斥其非者，出过破也，或妙证宗者，立量破也。互皆得随举配一也。略纂曰，妙斥宗非，或弹因喻，或同逐北，故名能破。有云此未全释，逐北之喻，稍似不亲也。"卷七五第 390 页释"现量"引略纂："钞略纂曰诸法自相不带名言，如镜鉴形，故名现量。"[1] 卷六四第 500 页释窥基"如唯违自现及他能别不成，若违共现能别必成故"句，引"筱山珠云，如胜论师对萨婆多立瓶衣等，是赖耶境，谓胜论违自现得，以彼即计瓶等实句地摄，为眼所见，及身所触，是现量得，故违自现。外小两俱不立赖耶故俱能别不成。此依俱解也。若违共现能别定成者，如声非所闻，彼此俱违声现量得名违共现，能别定成者。非所闻言两宗共有，所以言能别定成也"[2]。卷一三七第 93 页，释窥基释入论"常非无常非所作言表非所作"句时："钞筱山意云，若无为宗者，谓无义法，如立我无立但遮于有，非诠于无，是无体故，有非能成者，无体宗法应以无体有法为依，然有体为依则因无所依，喻无所立。是故可以有体法为其异法，异于无故，以有为宗者，谓有义法，如立声

---

①　释妙阔：《因明入正理论疏钞》，《山西佛教杂志》第 1 年第 7 期（1934 年 7 月），载黄夏年主编：《民国佛教期刊文献集成》（75），第 389—390 页。

②　释妙阔：《因明入正理论疏钞》，《佛教杂志》第 2 年第 12 期（1935 年 12 月），载黄夏年主编：《民国佛教期刊文献集成》（64），第 500 页。

是无常,非但遮常,亦即诠表于声体是生灭故,有为能成者以有体法,有体有法为依,故有义因为能成,顺成有故,故无无义因非能立也。若无体为依,则因无所依,是非能成喻无所立。是故可无体法而为异法,有体无体互为异品皆止滥故。"卷一三七第 340 页释"宗因过时",引义纂:"钞义纂问曰,宗中既有九过,因皆有立不? 答初之五违,及能别不成,即两俱随一二不成收。如言气常,眼所见故,即违现量自教及世间等,有云虽违于此,而非因过。此亦不尔,若非因过何故不成所别不成,即第四不成。相符极成因中不立,宗须互返立拟果生,若两共成虚功为失,所以宗中违过。因必共许,证不极成,许即能成,不许为失,故无相符。"①

阐发 释妙阔对于《因明大疏》最有创新的研究表现于其理解。他对因明核心概念和句子做出自己的解释。

如在钞窥基语时,他表达自己观点,"此论下文能立能破皆能悟他,似立似破不能悟他,正与彼同",同时给出自己理解,"引理门中既言似立,亦悟他等,此论下文云似立破不能悟他,两论各别,何云彼同。答彼约证者,此论约敌,故不违也"②。

释"能立为八而去"时,他将之理解为:"钞此师意云,现量等三量非亲能立,合结二支因喻外无,故并除之。"③

他释窥基的"能立"与"所立"时说:"钞问此中所说能立,或说所立,以何为正? 答约能成立义说为能立,诠宗之言得名所立。陈那意在诠言,故定判所立矣。"④

① 释妙阔:《因明入正理论疏钞卷二(续)》,《佛教杂志》第 2 年第 7 期(1935 年 7 月),载黄夏年主编:《民国佛教期刊文献集成》(137),第 93 页;《因明入正理论疏钞卷二(续)》,《佛教杂志》第 3 年第 2 期(出版时间不详),载黄夏年主编:《民国佛教期刊文献集成》(137),第 340 页。
② 释妙阔:《因明入正理论疏钞》,《山西佛教杂志》第 1 年第 7 期(1934 年 7 月),载黄夏年主编:《民国佛教期刊文献集成》(75),第 390 页。
③ 同上书,第 391 页。
④ 释妙阔:《因明入正理论疏钞》,《山西佛教杂志》第 1 年第 8 期(1934 年 8 月),载黄夏年主编:《民国佛教期刊文献集成》(140),第 89 页。

他释窥基的"立量即显彼之过故"为"钞云立量与显过有何别耶。答立量破,定显过破,其显过破,非必立量,实举敌过,却不被破,由是理知,显过破,与立量破,而通局殊,故别为二"①。

他释窥基的"缺八有一"为"钞问阙八有一,如何者是也。答如伤中风手足半身,或遍体者,思之可也"②。

释窥基解释为什么天主似宗加四为"钞问天主加后四过有违教失,故理门云,宗等多言说能立,……非彼相违义能遣。解云,相违遣,定是似宗自为,似宗无前五过,故加后四,无违教失。此盖天主以理俱申,陈那简略也"③。

释"一分"为:"钞言一分著,立敌两家,一许一不许故言一分也。"④

释"现量"时,他列举十一种说法,"言现量者,总有十一,外道二说,一数论说十一根中,五知根,为现量体。若归于本,自性为现量。二吠世史迦说德句义中,为现量。小乘五说,萨婆多中,一世友说五根为现量,二法救说识为现量,三妙音说慧为现量,四正量部说心心所合名为现量,五经部说根识和合。假名见假,能量境故,假名现量。大乘四说,一无着以前,但说二分,唯一见分为现量体。二陈那以后立三分者,见自证为现量体。三护法以后立四分者,更加证自证为现量体。四安慧说诸识虽有执,然随念计度分别分明现取境亦名现量。故此量体,总成十一种也"⑤。

释因明自共相与佛经差异为:"钞问,因明所陈,不过经中自共二相,如何说与经中有别? 答有三义别。一因明二相,据前后说分自共。二以后别前,非如经说,纵难前后,二相恒定,谈法性故。二言陈意许,设经自性对争

---

① 释妙阔:《因明入正理论疏钞》,《山西佛教杂志》第 1 年第 8 期(1934 年 8 月),载黄夏年主编:《民国佛教期刊文献集成》(140),第 90 页。
② 同上书,第 92 页。
③ 释妙阔:《因明入正理论疏钞》,《山西佛教杂志》第 1 年第 9 期(1934 年 9 月),载黄夏年主编:《民国佛教期刊文献集成》(140),第 169 页。
④ 同上书,第 171 页。
⑤ 同上书,第 172 页。

意许,亦名差别。三因明二相,据通局分,以后所说必贯于余。不尔,喻无,非成比量,即名为似。前所说者,不必须通,因明论意,举喻证宗,故须通喻,虽不通喻,亦名差别,即定是通,然体不定,经汛通辨,虽遍不遍,二相即定,故有差别。由此故知,因明与经,自共二相,有异,思之。"①

二、因明义理分析

中国近现代时期佛学期刊中的因明义理分析不同于经典注释,主要表现在三个方面:第一,因明史与因明特征研究的特点是在简述因明简史基础上,重点研究新因明三支论式、九句因和因三相等内容;第二,将因明与西方、中国逻辑比较研究,突出三段论与因三相比较;第三,杂志中刊登部分学生因明论文和考试题,以及部分学生的答卷,从中可以窥视因明普及情况。

(一)因明史、因明特征研究

中国近现代时期学者的因明论文写作一般包括因明简史、新因明特征、参考窥基《因明大疏》解释《入论》、比较西方传统逻辑特征四部分内容。

1.因明简史研究

此类研究带有简单梳理的特点,如芝峰(1901—1971)、惟贤的因明发展史概述。

芝峰的《因明入正理论讲座》《民国佛教期刊文献集成》卷九二为期刊《觉音》(原名《华南觉音》,1938 年 9 月创刊,月刊,香港华南觉音社主办,香港威信印务局印刷;出版 10 期后,1939 年改为《觉音》;前 12 期由香港青山觉音社编辑发行,从 13 期起由竺摩主编,迁至澳门),其中发表有芝峰的因明讲义《因明入正理论讲座绪论》(第 24 期、25 期合刊,1941 年 5 月),《因

---

① 释妙阔:《因明入正理论疏钞》,《山西佛教杂志》第 1 年第 1 期(1934 年 11 月),载黄夏年主编:《民国佛教期刊文献集成》(140),第 253 页。

明入正理论讲座》(第26期,1941年6月),《因明入正理论讲座》(第27期、28期合刊,1941年7月),《因明入正理论讲座》(第30期至32期合刊,1941年10月)。

《因明入正理论讲座绪论》为芝峰在上海一家电台讲授的内容,其用武昌佛学院因明讲义作课本,并有自己的理解,内容包括引言、因明与正理派、因明的创始者及与佛教的关系、佛教因明学的沿革、新因明与古因明不同点、新因明所根据的九句因、中国因明的译传。

绪论部分讲五明即三支论式,然后由六派哲学讲《正理经》十六谛到因明,据正理经讲因明的工具性特征,"作为破邪立正的自悟悟他的工具"。认为足目,不一定有其人,说"五支作法,在印度思想界是一种共有的产物,而且是很古的东西。据近人研究,至少已有五千年的历史了","在佛教运用五支作法,除马鸣大庄严论经例举数论五支作法外,当以方便心论为最早也最为完备","这部论的论理学,在后来发展成两系:一方就是被正理派所采取为论理学的学说的材料;在他方面被采用为弥勒瑜伽师地论(佛灭七〇〇—八〇〇年)法相系,与龙树中观论法性系,而成为佛教的古因明。……在中论派的祖师龙树,除回诤论,方便心论全书都是论理学的研究制作外,在其他的论文中,也有类似因明的论式,如中论开首的八不偈,即富有古代论理学的意味"。

芝峰区分古、新因明为二,以陈那为界,分别为三支论式与五支作法。他说古、新因明不同有:"五支改为三支""能立所立的确定""因三相的奠定""喻体喻依的辨正"等。他依村上专精研究分析九句因因明图式:"陈那依九句因,指定因三相,为因明三支的钢骨,真能立,真能破,似能立,似能破,都抉择于因三相,不离于九句因。"

中国因明的译传部分从鸠摩罗什讲起,宋以后提到明昱、藕益,一直介绍到作者那个时代:"印度因明论理学,初原不甚为佛教学者所重视,自正理派兴,佛教学者深受他的影响,而建立佛教的因明。且不用正理派的名称,用因明来做佛教论理学的名称。这是经过龙树、弥勒、无著、世亲诸大师的逐步革新的组织,到陈那时代,积累先辈的见解而集大成,为佛教新的因明论理学。"关于同时代的研究,他这样说:"近论交通发达,唐疏自日本取回,吕澂自藏文中译出陈那的集量论,加以西洋的逻辑论理学为中国学者所接受,而原有东方因明论理学,大可与之较一日短长,互为研摩,相得益彰。益以唯识法相学,研究的风气,已渐遍于佛教学者间,因明的著述,常有刊行。"

芝峰对正文的解释以《因明大疏》为主要参考,其体例也以《因明大疏》为据,旁及其他文献。

他先对偈颂做一般概括,指出悟他通过语言给出真、似、能立、能破,重言生因;自悟通过思想探求真、似、比量、现量,重智了因;然后说明其论文内容为"一八义名相,二明古今异同,三显过破中的缺减过,四辨八义同异"。"八义名相"包括真能立、两种必要条件、立量破与显过破(真能破、似能立、似能破)、似立似破亦名悟他、法有幽显行行明昧五部分。"明古今异同"从六个方面进行了比较。"显过破中的缺减过"中第四个方面"少相缺与义少缺"说:"三相有缺,为少相缺;相义未圆,是义少缺。""料简八义同异"认为"其能立能破对敌者方面说,真能立体,即真能破;但在立者,也有唯出显过破,而不立自宗的。似立似破,虽皆不是真能立,但似破有妄出显过破,亦和似立稍异;所以颂文在真能立外,别显真能破,似能立外,别显似能破;也就根据这一点差异,说悟他四义。真现量,是智了因摄,真比量,也是智了因摄,大疏说'二智了故',正指真现真比二量,是智了因。以似现似比,皆虽非量,但也各有似智了因。所以在智了因中,通含真似四量。"最后,他概括为八义体唯有七,认为似现似比为非量。

芝峰讲义对正文的讲解只有三句。第一句"如是总摄论要义",其释法为,先讲字面意思,然后引用诸说,包括古因明如显扬圣教论七因明、七因明概略、瑜伽师地论、世亲等古因明,最后释义。他以问答方式解读。第一问:为什么本论长行文同颂文的组织不同? 对此,其共有三释,一释"颂文意在标宗,以悟他自悟二门分八义";二释"颂文意在立正破邪";三释"长行文,意在能立,故二立在先"。第二句"此中宗等多言,名为能立",其首先从语言学方面解释"一言"与"多言",然后释"此中""宗等",接着设问"为什么说宗等能立?"回答能立与所立包含与古因明的比较,并得出能立是一因二喻,所立是宗。"正为能立是言生因"一段是回答为什么不说多智多义名为能立的,并解释"智了因与言生因",得出此句意义为"由上种种研详的结果……要得到使敌者了解所立宗义,非藉因三相和一因二喻的多立能立,必不可得,于中缺一,则宗果不立"。第三句释"由宗因喻多言,开示诸有问者,未了义故",他先总说此句含义:"因为敌证未知言论者所立的什么宗义,所以立者示宗,以因喻成之,使他们了解立者宗义。"接着是"未了义故"三释、"诸有问者未了义故"二释,然后讲"论议法规",包括依《瑜伽师地论》讲解"辩论的处所、证义人的资格、立论的方式",最后讲"三支次第生起相",其依大疏,并引《瑜伽师地论》十支次第生起相的前五种问答,讲解为什么建立两种所成立义,包括立宗,辩因,引喻,同类、异类、现量、比量、圣教量各项。①

此外,宝忍以《佛教因明之历史及佛徒习因明所应持之态度》为题在《现代僧伽》1931 年第 4 卷第 4 期发表论文,内容与此讲义相文。②(关于《现代僧伽》杂志:1928 年 3 月,闽院创办《现代僧伽》月刊,1932 年更名《现代佛教》月刊。原计划全年出版 10 期[6、7 月休刊],实际出版 8 期,

---

① 芝峰:《因明入正理论讲座绪论》,《觉音》第 24、25 期合刊(1941 年 5 月),载黄夏年主编:《民国佛教期刊文献集成》(92),第 321、322、323、323、323、324—325 页;芝峰:《因明入正理论讲座绪论》,《觉音》第 26 期(1941 年 6 月),载黄夏年主编:《民国佛教期刊文献集成》(92),第 360、360、362 页;芝峰:《因明入正理论讲座》,《觉音》第 27、28 期合刊(1941年 7 月),载黄夏年主编:《民国佛教期刊文献集成》(92),第 395、401、402 页;芝峰:《因明入正理论讲座》,《觉音》第 30 至 32 期合刊(1941 年 10 月),载黄夏年主编:《民国佛教期刊文献集成》(92),第 501、502—503、503、504、504—505 页。

② 宝忍:《佛教因明之历史及佛徒习因明所应持之态度》,《现代僧伽》第 4 卷第 4 期(1931 年 12 月),载黄夏年主编:《民国佛教期刊文献集成》(67),第 251 页。

即宣告暂时停刊。其中第 6、7 期为闽院第三届毕业生论文专辑。此后，大醒法师将《现代佛教》迁至汕头，以周刊形式继续出版。1935 年 8 月，厦门市佛教会创办的《佛教公论》月刊创刊号出版发行，并设董事会组织"佛教公论社"负责办刊具体事务，社址设在厦门南普陀寺。1940 年《现代佛教》与《佛教公论》合并，定名《佛教公论》)。

惟贤的《因明学概论》《因明学概论》发表于《大雄》第 3 期，内容包括三部分：第一，因明学之传承，其观点同大疏，并增窥基、慧沼，指出民初有显正破邪之工具之说；第二，因明学之内容，讲言生因、智了因，并讲先自悟再悟他及因明八法（真现量、真比量、似现量、似比量，真能立、真能破、似能立、似能破），以《入论》为据；第三，古今因明之差别——结论，以吕澂这结来分因明传承为 5 个时期，认为古今因明有 5 个不同：（1）古因明五段式，新因明三段式；（2）古因明立宗为能立，自性差别为所立，新因明有宗体宗依之分"而以因喻为能立"；（3）古因明师对第二段之因以九句因，新因明师究明因三相；（4）古因明师无相违决定；（5）古因明第三段中无离合法。[①]

2. 因明特征研究

此类研究论文很多，通常依据唯识、五明、因明、《入论》提纲顺序略举几例，以说明新因明是唯识论证的产物，但有与唯识不同的特殊性——是关于论证理论的学问。其内容主要包括因明与五明、唯识与因明、古因明与新因明、新因明各部分关系之比较等。

关于五明与因明的关系　摩诃衍山在《佛教人间》第 2 卷第 7 期（1949年）发表的《五明学概说》（《佛教人间》编辑翁立夫，星洲［新加坡］佛教人间社出版，南洋印刷社印刷）认为，因明即今日的逻辑，但与逻辑有不同，表现于因明是"佛教徒弘法之用"，因明是"辩理之学"，由宗因喻构成，"宗是

---

① 惟贤：《因明学概论》，《大雄》第 3 期（1942 年 8 月），载黄夏年主编：《民国佛教期刊文献集成》（97），第 321—322 页。

宗旨，因是因由，喻是证据。有宗旨就有把握，避免瞎说，由因由则辩论有方，可使敌对者折服，有证据则令人起信，不至有臆说之哨”①。

关于唯识与因明的关系　印顺与太虚关于“共与不共”四句研究的论文虽为唯识思想研究，但这是区分现量、比量来源的基础，对于理解因明的意义在于认识因明怎样从唯识到现量、比量，故在此介绍。

印顺论文《共与不共四句的研究》在明确共与不共四句后，表达了自己理解，并以此评述唐贤及同时代的梅光曦的观点。

“共中共，共中不共”所指：

> 由共相种成熟力故，变似色等器世间相……此说一切共受用；若别受用……鬼、人、天等，所见异故。

“不共中不共，不共中共”所指：

> 不共相种成熟力故，变似身根，及根依处；……有共相种成熟力故，于他身处……变似依处。

印顺理解：

> 器世间既然属于宇宙的，既是十方三千世间中的自地有情，业增上力所共同现起，唯识论说：“由‘共’相种成熟力故，……有情业增上力‘共’所起故。”这“共”字就是共“中”二句的“共”。反之，凡色法是赖耶所“持令不坏”，也就是赖耶所摄为自体的，一切

---

①　摩诃衍山：《五明学概说》，《佛教人间》第 2 卷第 7 期（1949 年 12 月），载黄夏年主编：《民国佛教期刊文献集成》（106），第 344 页。

有起于了境时，就生起是我非他，是他非我，属于个人所行解，这彼此不同，是个人非宇宙的色法，就是有情身中的色法，也就是唯识说的"变似色根及根依处，即内大种及所造色。"唯识论中"'不共'相赖成熟力故"的"不共"便是这"不共"中的二句的"不共"。这"共"、"不共"，是共受用和不共受用。……"受用"就是"缘"，《唯识论》说"若别受用，……鬼、人、天等所见异故"，"彼余尸骸犹'见'相续"。"见"是眼俱意识的能缘作用，所以"受用"就是"缘"。

色法宇宙的共受用——共中共……如自地同类同见的器世

不共受用——共中不共……如自地异类异见的器世

个人的不共受用——不共中不共……如胜义根

共受用——不共中共……如扶根尘

欲界有情望色界器世间四句均无。上界有情与欲界有情所缘的共同色法是共中共。同是五趣杂居地，所以名"共"；所见不同，所以又说"不共"。此中种色法都是宇宙的，所以同名为共；其中同类或异类共缘而有相似相得是共中共；异类别缘，没有相似相得就是共中不共。像欲界有情，人望人是第一句，望余趣是第二句。他方自地地器世间是共中不共。

同趣所见望共中共

一、同趣所见非共中共——如欲天和色天所见等。二、共中共非同趣所见——如色天有情见下界色。三、俱是——如欲界人趣，共见山河。四、俱非——非三句所摄的加行得等所见。

异趣所见，望共中不共

一、异趣所见非共中不共——如色天有情，见下界色。二、共中不共非异趣所见——如欲天和色天所见。三、俱是——如鬼、人、天等所见不同。四、俱非——其他。

他并批评窥基：

基师指法的错误，就是以田、宅、衣、舍摄属自己的，判为共中不共，……这样共中共和共中不共就可以转换"基师因为认用为使用，不是缘用，所以田、宅不通共中共……游移不定"基师这里以全体同才名共中共，多少有情同变，名共中不共，与护法的自地有情之所共变，未免有些乖违。

太虚对此的批评（只是针对印顺批评窥基而言的）：

解释"用"义"变"义与对于基师或破或救诸义，则犹多缺误之处……寻绎识论与述记等……依持用……可但共变，缘虑用校狭。……通共不共。至摄属用则诸趣约义类而不共。……上共指非情器物外色言，上不共指有情根身内色言，下共指共变共用言，下不共指共变不共用言……下共包括自地、异地，自地全分、少分，全分包括自方器世间、异方器世间，少分包括自类扶根尘、异类扶根尘；异地包括报得、修得，报得分上地用下，下地用上，修得上地用下，下地用上。下不共分多有情、各有情，多有情分多分（天人鬼鱼异感）、少分（阶职家国异属）；各有情分全分（自圣义根）、少分（独属己物）……基师所说属己田宅系多有情或各有情中少分之不共，复是非情器物。故为共中不共……一、欲界有情望色界器世间非四句摄，但上一共字摄是非情之色故。二、身在下界见上界色通报修得。地上菩萨寄报欲界能见上故共中共摄……三、上界天等见下地色，答如原文。四、他方自地器世间亦共中共摄……依上假施设义，观原文所引诸古说，亦可抉择。①

----

① 太虚：《评印顺共与不共研究》，《海潮音》第13卷第6号（1932年6月），载黄夏年主编：《民国佛教期刊文献集成》（181），第7—9页。

关于古因明与新因明关系　霜交发表在《新佛教》上的论文《释迦牟尼之因明学》包括三部分内容："足目与因明学""释迦牟尼之因明学""释迦牟尼以后之因明学"。首先他借用陈嘉蔼的因明学定义"因明者,使自己与他人明白事物原因正确与否之学也",但将其改为"因明者,使自己与他人明白事物原因正确与否之科学也"。此文研究了足目的十六谛、五分论式,认为十四过、九句因是足目的思想:"他从十四过、九句因,进而至于五分论式,实开三支的先路。"霜交认为,释迦牟尼的因明学思想表现在《解深密经》的《如来成所做事品》和《地持经》上面,释迦牟尼以后之因明学有龙树之《方便心论》,无著之《瑜伽师地论》《显扬圣教论》,世亲之《如实论》,陈那之《因明正理门论》,商羯罗主之《因明入正理论》等。此文还介绍了陈那三支因明法。[①]

脱尘在《南询集》上发表的《论因三相》一文包括四部分内容。第一,因明之来源及古、新因明之差别。此部分简述因明创始的两种传说(尼夜耶足目创自和佛说法而创自),讲龙树、无著、世亲、陈那、天主之因明。他认为古、新因明不同有五:论式不同,五支与三支;能立所立不同,古因明因为能立,自性差别为所立,新因明宗为所立,因喻为能立;宗体宗依之差别,古因明争论前陈、后陈,前后陈,新因明争宗体;因三相比九句因合理,而古因明缺九句因中的非正因;喻体与喻依差别,古因明没有离合作法。第二,因三相涵义。第三,因三相与宗喻关系。第四,因三相与九句因关系。[②]

关于新因明各组成部分特征之研究　能守在《海潮音》第3年第10期(1922年12月18日)上发表的论文《报告听讲因明论之心得》内容有三:第一,用九句因说因三相后二项,佛教因明九句因"不出乎陈那之同品定有性,异品遍无性之二句";第二,解释宗体与宗依,说明宗体不极成、宗依极成的

---

① 霜交:《释迦牟尼之因明学》,《新佛教》第1卷第5号(1920年5月),载黄夏年主编:《民国佛教期刊文献集成》(7),第384—387页。
② 脱尘:《论因三相》,《南询集》,载黄夏年主编:《民国佛教期刊文献集成》(134),第217—226页。

道理，认为宗依"皆为立敌者所共许，无可诤论处，但得为结构宗体之材料耳。必联合前后二名词，方得称为宗体"；第三，明昱、藕益解释宗体宗依的依据是"以前陈为宗依，后陈为宗体，盖宗古因明而解此论也"。[①]

　　笠居众生在《三觉丛刊》第3卷(《三觉丛刊》1926年3月创刊，编辑笠居众生，武昌正信印务馆印刷，武昌佛学院讲义发行部发行)上发表的《因明述义》(不完整)一文，包括因明缘起、名义、作用和解析四部分内容。第一缘起，介绍从足目到佛祖、到陈那、到玄奘、到杨文会、到武昌佛学院的因明研究情况，并说明此文是为讲唯识才先讲因明。第二名义，提出"因明即以我所立之言，能令他人顿生觉悟之轨则也。因者，由立论者之言，而生敌家之正智了解"。第三作用，因明之作用，"在攻破他人之过，而令他人顿生正智，达入正理为目的，盖即以已知之事证明未知之事也。故其所命之题，名曰立量，又名三支比量。量者定也格也"。他认为因明一方面可以觉他，另一方面可以厘正自己的错误。第四解析，此部分只讲到真能立的"立宗"内容(以例说组成、立宗条件)为止。[②]

　　虞愚在《海潮音》第19卷第4号上发表的《因支之构成》先讲因在因明中的重要性，提出因是"所据以主张一论旨者"，为此得出："故宗因喻三支中，因为立量总枢，建宗鸿绪。非因前之宗 Zhesis (sidd-hanta) 此处缺原文无从而立，非因后之喻 Example (udabarana) 之亦无从而成。"区分生因与了因："如种生芽，能别起用，名为生因，本无今有，方名为生。理门论云：'非如生因，由能起用，如灯照物，能显果故，名为了因，本有今显，故名为了。'"然后讲因三相。最后总结说："所举因支必须具备此三种表征。缺偏是宗法性，则此因非有法上决定有之法，不成与宗有关之因，则敌者可以利用此点推翻全案，缺同品定有性，不能决定宗中所立法是，缺异品偏无性，不能简尽与总宗

---

① 能守：《报告听讲因明论之心得》，《海潮音》第3年第10期(1922年12月)，载黄夏年主编：《民国佛教期刊文献集成》(154)，第460页。

② 笠居众生：《因明述义》，《三觉丛刊》第3卷(1926年3月)，载黄夏年主编：《民国佛教期刊文献集成》(27)，第82—86页。

相违义之非；成是简非，具在三相。因明之义，因三相尽之矣。所不同者，前一相考定总宗'有法'属性关系，后二相研究总宗'能别'正反关系耳"。①

陈寅发表在《海潮音》第 6 年第 6 期（1925 年 5 月）上的论文《因明论疏阙减过性算法》用"数学组合法"算出窥基大疏"阙二有二十八乃至阙七有八"，"故阙二有二十八，阙三有五十六，阙四有七十，阙五有五十六，阙六有二十八，阙七有八也。至于此项公式如何成立，非片言所能说明"。②

戒德发表在《现代佛教》第 5 卷第 8 期（1933 年 4 月 10 日）上的论文《似因中四不成过之述义》，包括发端、得名、来源、正述、料简、结束六部分，脱稿于民国二十一年（1932）八月二十二日闽南佛学院。此文认为，"不成诸过，殆不外由于因与初相不相符合，而于有法上有二种缺点而生者。第一不正因：因狭于有法……第二不正因……因于有法上无"，因为"凡立一量：须先出宗；次举因；后申喻。此为因明成立比量之定式。而其必要条件，即极成有法中所具之'后陈法'及'因'之义。敌者望立者之宗，不许于后陈法在前陈有法中有；而立者则反是，于是成立许敌不许，诤论之焦点，因明之效用，亦在此中而显其锋芒焉。盖因之一义，在宗之前陈有法上有，则应为立敌二者所共许，此亦为重要之条件。倘因在有法中，立敌二者皆不许有其义，即为两俱不成；一许一不许，即为一随一不成；有法中是否有此因义，立敌二者对之俱有怀疑，或闻一怀疑即为'犹豫不成'。因之所依，即是有法，有法若无，即为'所依不成'"。两俱不成包括有体全分、无体全分、有体一分、无体一分随一不成，有体他全分、有体自全分、无体他全分、无体自全分、有体他一分、有体自一分、无体他一分、无体自一分。犹豫不成包括两俱全分、两俱一分、随他一全分、随自一全分、随他一一分、随自一一分。此还有所依不成。最后，此文总结说："此四不成，皆依二种不正

① 虞愚：《因支之构成》，《海潮音》第 19 卷第 4 号（1938 年 4 月），载黄夏年主编：《民国佛教期刊文献集成》（198），第 246—249 页。
② 陈寅：《因明论疏缺减过性算法》，《海潮音》第 6 年第 6 期（1925 年 5 月），载黄夏年主编：《民国佛教期刊文献集成》（162），第 342—343 页。

因而有；而二种不正因，乃由缺初相而产生。反之，若初相无缺，则四不成诸过，即无从而生矣。"①

关于相违因的研究　慧圆翻译了日本因明学家云英晃耀的《论有法差别相违因之分本作别作二法》②(《海潮音》第4年第7期，1923年8月31日)；会觉有论文《论因明相违因及本别作法——答灵涛法师》③(《海潮音》第4年第4期，1926年5月31日)。另梵登以《述因明学中之法自相相违因》④为题发表论文，妙空以《有法自相相违因之研究》⑤为题的论文发表于《三觉丛刊》第3卷，两文内容分别是举例说明法自相相违因和有法自相相违因。

关于现量比量的研究　寄尘的《现量比量之定义及其应用之点》说："现量者乃以物之现状，直接显现于吾人之感官。穷宇宙人生之所有，大都与感官者相接者为现量；比量是以间接法判是非得失，能以此知彼。"现量的应用于感官直入信仰，如"使阅者母舞神怡，听者心安念专"；比量的应用，以喻而释佛理，令人人信服，"听者受者口应心达"。⑥

(二)因明与西方、中国逻辑比较研究

这一时期，诸多因明论文往往注重将因明与西方逻辑和中国名学比较，主要拿三支论式与三段论比较，构成三支论式的宗因喻自然对应直言命题。如游隆净的《因明浅释》(《佛教月刊》第8年第3期、4期)一文认为，因明

---

① 戒德：《似因中四不成过之述义》，《现代佛教》第5卷第8期(1933年4月)，载黄夏年主编：《民国佛教期刊文献集成》(68)，第542—552页。
② 慧圆：《论有法差别相违因之分本作别作二法》，《海潮音》第4年第7期(1923年8月)，载黄夏年主编：《民国佛教期刊文献集成》(156)，第401—405页。
③ 会觉：《论因明相违因及本别作法——答灵涛法师》，《海潮音》第7年第4期(1926年5月)，载黄夏年主编：《民国佛教期刊文献集成》(165)，第32—38页。
④ 梵登：《述因明学中之法自相相违因》，《三觉丛刊》第3卷(1926年3月)，载黄夏年主编：《民国佛教期刊文献集成》(27)，第88—89页。
⑤ 妙空：《有法自相相违因之研究》，《三觉丛刊》第3卷(1926年3月)，载黄夏年主编：《民国佛教期刊文献集成》(27)，第89—90页。
⑥ 寄尘：《现量比量之定义及其应用之点》，《三觉丛刊》第3卷(1926年3月)，载黄夏年主编：《民国佛教期刊文献集成》(27)，第87—88页。

就是印度哲学所应用的论理学,因明就是讨论怎样用正确的原因去使别人相信我的道理的一种学问;比量是从已知已见的事物推定未知未见的事物的一种推理的程序;三支论式由四部分构成;因明之"因"为西方论理学三段论的中词。主词叫前陈,宾词叫后陈;诠是给事物一个名称,凡是一个名称,都有公认它所表示的条件,合于这个条件的东西,便是它所表,不合于这个条件的东西便是它所遮;前陈是事物,后陈是性质,性质不仅指此一事物,所以后陈比前陈范围大;宗因喻的前陈范围都不能比后陈大。[①]

仁林发表于《人海灯》(由汕头佛教学会和潮州开元寺主办,1933 年前,《厦门日报》有《人海灯》附刊,1933 年 10 月《人海灯》在广东潮州开元寺创刊,1935 年自 2 卷 13 期起迁至香港出版,1937 年 6 月,自第 4 卷第 6 期起迁至上海,由芝峰主编,上海西竺寺出版发行)的《因明大意》(分三期发表,分别是第 2 卷第 16 期,17、18 期合刊,19 期)也持此种观点:"因明的宗就是形式论理的断案,'因'就是他的小前提,喻之的喻体类逻辑的大前提。"因明与三段论的不同在于:"因明立宗第一要不犯九过,才是真宗。同时还有宗依(声无常)宗体(加是字)的分别。形式论理就没有;第二因明立因,要不犯十四过,才算是真因,形式论理就没有;第三因明立喻要不犯五过,才算真喻,并且这同喻的喻依还含有归意纳味,形式论理就没有;第四因明又加一个异喻,这异喻是来反显宗义使敌者无可反抗的,形式论理则无。"[②]

发表于《海潮音》的化声的《对于逻辑派攻击佛学的驳议》一文认为:"因明之三支,不仅演绎的形式,实兼有归纳之精神也。"[③] 罗刚的论文《说明因对宗喻之重要关系》认为,与三段论比较,得出因与小前提位置未变,宗

① 游隆净:《因明浅释》,《佛教月刊》第 8 年第 3 期(1938 年 3 月),载黄夏年主编:《民国佛教期刊文献集成》(60),第 9—10 页;游隆净:《因明浅释》,《佛教月刊》第 8 年第 4 期(1938 年 4 月),载黄夏年主编:《民国佛教期刊文献集成》(60),第 15—18 页。
② 仁林:《因明大意》,《人海灯》第 2 卷第 19 期(1935 年 9 月),载黄夏年主编:《民国佛教期刊文献集成》(70),第 163—164 页。
③ 化声:《对于逻辑派攻击佛学的驳议》,《海潮音》第 2 年第 12 期(1922 年 1 月),载黄夏年主编:《民国佛教期刊文献集成》(152),第 195 页。

喻与结论大前提颠倒。[①] 这些比较基本上受日本学者的影响。比如,唐大圆在东南大学讲因明系依日本人的《因明讲义》,其在《海潮音》(第7年第12期)发表的《因明学讲要叙》讲因明与西方逻辑不同有五,沿用旧说,认为因明与西方三段论之同在于"论式皆为三段",而不同有五:"一者形式论理与因明之前后次序恰成颠倒,二者形式论理之喻前宗后,为演绎论法,因明学之断案在前,大小二前提在后,乃归纳论法。三者形式论理学唯重演绎,则小前提犹未足以见因义,故于断案始加故字,因明唯重归纳,则因义已具于小前提之段,故断案之宗不用故字。其他于表上所不能见之异点二。一形式论理学具思考之法式,因明学作谈论之规则。二形式论理学以思考之正当为目的,因明以令他决了自宗为目的。如是就其相同者而言,则因明学亦可谓之东方论理学,就其相异者言,则应知因明学之胜于论理者,亦足征东方文化之优于西洋文化也。"[②] 明和甚至认为逻辑创自印度:"研究哲学者无不注重逻辑(即论理学)但一追溯古代逻辑之源流,不能不首推印度之'因明论',而因明论是佛法中之一小部分,考因明中之'宗因喻'其性质与作用,与逻辑上'三段论法'完全相同,此任何人不能否认者,故佛法真是科学。至于近代科学家所钦仰之'辩证法'据多数人研究,黑格儿之辩证法既不对,马克斯之'唯物辩证法'亦不通,而佛法中之'唯识论'方为彻底之辩证法,故多数人说佛法是科学。"[③]

将印度因明与中国名学、西方逻辑比较的文章以太虚、常惺、王恩洋、虞愚等人的研究为代表。太虚比较多以演讲形式体现,常惺、王恩洋、虞愚的文章为讲授因明所需。如太虚讲演"力学与救国"(发表于《佛化随刊》第18期,1931年12月),提到因明、墨子和西方逻辑:"因明,系指论理学而言,

---

① 罗刚:《说明因对宗喻之重要关系》,《海潮音》第8年第10期(1927年11月),载黄夏年主编:《民国佛教期刊文献集成》(168),第483—487页。
② 唐大圆:《因明学讲要叙》,《海潮音》第7年第12期(1926年12月),载黄夏年主编:《民国佛教期刊文献集成》(166),第460—462页。
③ 明和:《逻辑学创自印度》,《佛教文摘》(1947年7月),载黄夏年主编:《民国佛教期刊文献集成》(105),第110页。

在中国古代,有墨子等的辩论学,不过甚为简单,欧西则自从亚里士多德以后,渐次发达,至现代有所谓数理的论理学,确实相当进步;但是如拿他来比较几千年前佛学的因明,还是比他不上。所以佛学的因明,在现在已成了很可尊贵的科学。复次因明是应用思想去推论事理的共同原理的,即所以推证事理之工具;如果没有因明,则不能得到普遍之定理。"[①] 常惺的《因明入正理论要解序》(发表于《佛化策进会会刊》第 2 辑,1927 年)的核心内容是讲因明传播情况,并叙中、西、印三大论理学的特点。作者认为,中国传统文化论理学不发达,只有战国游说之士及《墨经》中有论理学雏形,到唐代玄奘的二论翻译,中国才有论理学;西方演绎归纳发达,研究不断,特别是近代的数理逻辑,为因明所不及,但因明的因三相和过失论比西方论理学严密。此文还认为亚历山大东征至印度河流域,使得西洋和印度逻辑发生沟通,形成与形式论理相似的五支作法。作者希望通过中印逻辑比较研究,产生最完密的世界论理,以解决我国先民思想中笼统之弊端。[②]

与在南京支那内学院时不同,王恩洋回四川后,主要写作因明教材,发表《佛教因明与逻辑》(《文教丛刊》第 8 期)、《名学逻辑与因明》(分 3 期发表于《大雄》第 3 期,4 期,5、6、7 期合刊)等比较论文。

《佛教因明与逻辑》讲了十点。第一,宗教哲学之异:"宗教重信仰,故缺思辩。哲学重思辩,而乏信仰。"第二,佛教与宗教哲学之异同:"佛教之尚思辨而重智慧也。"第三,论争与兵争:"宗教不可有争,……但有互相殴灭杀戮而已。"第四,佛教与论争:"佛教独不然。佛教不但许争,而且遵循哲学诤论之方式而演进发展。"第五,天竺之风尚:"佛教之崇尚论争,固由其重思辩而贵智慧的结果。实亦由于印度民族自古即好论争而不好兵争之民族性使之然。"第六,名学逻辑及因明之兴起:"尚论争者要必精其教义,

①　乐天愚:《力学与救国——太虚大师在河南水利专门学校讲演》,《佛化随刊》第 18 期(1931 年 12 月),载黄夏年主编:《民国佛教期刊文献集成》(28),第 266—267 页。
②　常惺:《因明入正理论要解序》,《佛化策进会会刊》第 2 辑(1927 年 2 月),载黄夏年主编:《民国佛教期刊文献集成》(26),第 477—478 页。

正其理由,……论辩思维之术随之而生,在西洋则曰逻辑,在中国则曰名学,而在印度则曰因明。"第七,因明与名学及逻辑之比较:"详夫名学之用,重在正名,正名以举实,立言以达意,使人与人间情志交喻,而收互助生养教诲之功","西洋逻辑始自希腊,及近代而益盛。……然其最贵者乃在推论求知之方法。有演绎法焉,有归纳法焉,有实验法焉"。第八,因明纯为辩学,"而只言立破"。第九,因明有名学逻辑之用而无其弊。第十,逻辑与因明之得失,认为:"因明为尤重要也。"①

《名学逻辑与因明》认为:"中国有名学,西洋有逻辑,印度有因明,是皆思辩之术也。……一者在求正常之理由,二者在得确实之证据。理由正常,证据确实,则其思必通,便能知其不知;其辩必胜,便能定所不定;此思辩之术也。……在中国则有正名之论,在希腊则有思想之律,在印度则有三支比量。"又说:"名言辩说者,岂徒为清谈戏论而已哉,人群之所以合,社会之所以成,国是民风之所以定,皆由之也。……名必须有恒久固定性……名言必有人群共同承认之公共性……是以墨辩荀子之书出,而以明辩正名为务……"其比较因明与逻辑后认为:"盖逻辑者,思辩之术,只论思辩之应遵何等规律,始合思辩之道。始能推论无误,始能辩论有果,只在论究方法,更不论究原理。……辩证法既非逻辑,近有主张形而上学逻辑者亦不得称为一种逻辑""因明立破,严立三支,所谓宗因喻是也。"此是以入论说。然后又三支论式与三段论比较,指出因明优越,三段论不足及其问题,批评逻辑只讲形式为"机械的形式","安有离事实而有真理者! 安有离内容而有形式者! "。②

---

① 王恩洋:《佛教因明与逻辑》,《文教丛刊》第 8 期(1947 年 8 月),载黄夏年主编:《民国佛教期刊文献集成》(100),第 121、121、122、122、123、124、124、125、130 页。
② 王恩洋:《名学逻辑与因明》,《大雄》第 3 期(1948 年 5 月),载黄夏年主编:《民国佛教期刊文献集成》(105),第 454—455 页;王恩洋:《名学逻辑与因明》,《大雄》第 4 期(1948 年 5 月),载黄夏年主编:《民国佛教期刊文献集成》(105),第 462—463 页;王恩洋:《名学逻辑与因明》,《大雄》第 5、6、7 期(1948 年 7 月),载黄夏年主编:《民国佛教期刊文献集成》(105),第 473—474、477 页。

虞愚的《因明学大纲序》（《现代佛教》第 5 卷 8、9、10 期合刊，1933年 4 月）也有此类比较："学问极则，在舍似存真知所真似，辨之有术，亚理斯多德之演绎论理学，倍根之归纳论理学，康德之认识论理学，杜威之实验论理学，波儿之数理论理学，吾国先哲公孙龙子侄名实论，邓析子之刑名论，荀子之制名论，庄子之齐物论，墨子之三表法，老子之无名论，孔子之正名论，惠施之辩学，要皆一家为学之术，因明一术，本印度教人以辨真似之学也。易词而言，因明学所言者，非他事也，以令他了决自宗之真似而已。所学者何？科哲诸学之所问也。所为之术者？因明学论理学名学之所究也。何谓因明？因也者，言生因，谓立论者建本宗之鸿绪也。明也者智了因，谓敌证者智照义言之嘉由也。非言无以显宗，含智义而标因称，非智无以洞妙，苞言义而举明名。因明论式有三支：曰宗 Thesis（ siddhanta ）曰因 Reason or middle term（ Hutu ）曰喻 Example（ Udaharan ）是也。真能立 Demonstration，真能破 Refutation，真现量 Perception，真比量 Inferrence 为理，似能立 Fallacy of demonstration，似能破 Fallacy of refutation，似现量 Fallacy of Recepeion，似比量 Fallacy of Inference 名非理。非理则可破，失于正因故耳。理则不可破得于正因故耳。举凡天下事物之争端，莫非属理与非理而已。然欲辩理与非理，示人以宇宙有之真相，以因明之学为最。所以然者，正为因明观察义故。由此因明入彼正理故。因即明，则能立能破。能破则似无不摧。能立则正无不显。譬如航海，须指南针，乃识方隅；如是摧似存真之则，须此因明乃能晓也。其道阐明原因，预定结果，判明真似，成宗义故。立论者必先明其所立之理，是曰自悟。使敌者同喻斯理，是曰悟他。此因明所以为事物之轨持，抗辩标宗之铃键也。"[1]

---

[1]　虞愚：《因明学大纲序》，《现代佛教》第 5 卷第 8、9、10 期（ 1933 年 4 月 ），载黄夏年主编：《民国佛教期刊文献集成》（ 68 ），第 442 页。

（三）因明考试试题及答案与部分学生答题选登

1. 在《文教丛刊》第 7 期的《文教考业》中登有 3 道因明考题，每考题选取 2 名学生答卷摘登①

试题一：因明中比量则在自悟立破则在悟他究之立破三支宗因譬喻亦比量也而此中别立能说明其不同之点何在乎。

黄世彦答题摘：

> "比量与立破"二者不同，可分四点说明于次：（1）比量之目的在自悟；立破之目的则在悟他。（2）比量重思，立破重言，重思者，冥思独造，无与于人；重言者，抗辩于大庭广众之中，以定胜负。（3）比量既在独立思考，故无顾忌立破，对他抗辩。故宗中有法、能别、因、喻必求自他俱许，世间极成等顾忌甚多。（4）比量与立破之论证层次不同，比量乃依已知"因喻"（事理）推知未知之"宗"（事理）。尅实而言，先有因喻而后成宗。立破反是，先出己宗，后出成宗之因喻。

游孟逸答题摘：

> 论云："言比量者谓藉众相而观于义，由彼为因，于所比义有正智生，了知有火或瓶常等"。吾人所以自悟者，厥为现比量，而现量亲证诸法自性，俱唯自悟，不与他共，如人饮水，冷暖自知，非自身亲尝莫辨。及一为言说，一有分别，即为共有，故可与他共者比量而已。能自悟又能悟他者亦唯比量而已。何则？比量系藉众相而观于义，现前之量人人所真了，故可藉之此比度义未了知之事理，由彼众

---

① 《文教考业》，《文教丛刊》第 7 期（1947 年 8 月），载黄夏年主编：《民国佛教期刊文献集成》（100），第 87—91 页。

相为因而生正智,于所比义才得了知。此中虽自悟悟他皆必如是,然以所悟之自他有别,故其藉相观义之程序方法及形式等亦即各义,以是因明中自悟之比量与悟他之立破三支分别而立。

然则比量与立破不同之点安在?复云何而有此所谓差异耶?答,比量与立破不同之点约有数端:一者比量为能立之本源,能立为比量之具阙而以言说表现者。盖悟他者必先自悟,使自犹未悟,何能悟他?故悟他之能立必以自悟之比量为其本源与凭依也。二者比量在冥思独造以自悟,能立在具备一定之言说形式以悟他。自悟者心知其义,默会潜体而已。若悟他则须具备一完整严格之形式,以便于语言之表达,故必三支具足,而后乃能使敌者生决定之信解也。三者比量系由喻以及因而了于所比之义,能立则反是。譬如吾人欲比知有烟处有火,必先知道余有烟处皆有火。为防例外,更须具有无火处无烟之胜解。然后由彼处之有烟比知其必有火。能立为悟他故,必先立宗,肯定彼处有火,然后以次由因喻以成之。四者比量重在思想之缜密无误,能立重在言说之谨严无过。此为自悟与悟他方法不同之处。前者由一问题之发出而观察、推证、假设、实验,以实证此假设之正确无误。后者则由宗因譬喻之无过,而使敌者无可破斥,倾心降服也。五者由上诸义,自言之比量,吾人日常生活中无处无之,悟他之立破三支则必带有诤论或破斥诸邪教外道乃立也。如是已略说比量与能立不同之点,及其云何而有此种种之义竟。

试题二:现量与似现量分别如何试条分而例证之。
游孟逸答题摘:

现量者,谓无分别正智,缘色等自相,现现别转,名为现量。似现量者,谓有分别智缘四尘假合之名种等共相,遂增益执为实有,不称实境,于义异转,是即名为似现量。如是真似二量有多分别,兹更详述如下。

现前明了,离诸计执,是名现量,故依上义真现量应有如下简别:一,须是正智所缘,此简邪智。若非正智,则有计度执取故。二,须无分别,此简分别。有分别智不缘自相故。三,缘境明了,此简映障。若有映障,则非现故。四,现现别转,此简后意分别缘境。量非过未,识非计度,故云现现。……五,识缘境前后刹那别别而转,亦为现现别转。此如吾人眼见色时,正了于色,离诸名种等分别,及与映障幻影,刹那刹那,现现别转,但任运有红黄等色觉而已。耳闻声时亦然,但任运有高低强弱等觉,无诸和躁爱憎等分别计执也。乃至身触室等,亦莫不觉然,不更执为石桌等物,但任运有坚软等觉而已,若计度为石为桌等,则非现量矣。

复次若似现量,谓有分别智于义异转,故准前义,即与现量有如是分别:一非正智,除菩萨后得智外,诸有情类多妄执故。二有分别,但缘名种等共相故。三有映障,以有计执,众生多缘带质独影阙境,不明白照了故。四于义异转,分别计执,不称实境,妄计为自识现得故。譬如诸宗教徒妄计有上帝为人类之主宰,及诸凡夫于色声等分别美丑爱憎,于暗室见绳为蛇,并执取实有瓶衣等,皆为似现量。以眼唯见色,耳唯闻声,余美丑爱憎等俱是情计谓执取故,故云由彼于义不以自相为境界也。

理门论中现量有四:谓前五识,五俱意识,贪等自证,及修定者离教分别,此解现量为属何种?答,此有多解。一谓此属五识,色等义者,等取声香味触故。一谓此但诸定心摄,色谓色蕴,等者等余四蕴,智缘一切色心等法故。又智唯是别境慧,前三种现量非正智所能摄,故此唯属第四。一谓俱摄此四种现量,以同是正智于色等境离名种等诸分别故。又似现量理门亦说共有五种:一忆念,二比度,三希求，四疑智，五惑乱。此了瓶衣等智即属第五，执后意所计四尘假合之相为其所见故，而眼实不见瓶衣等。

黄世彦答题摘：

　　现量谓能缘正智于所缘现量之认识清楚，即与现境全相符合不增不减如其现前之实境然。似现量则似乎是现量，鱼目混珠，其实非也。兹分条逐次说明于次：

　　（甲）现量之必须条件：

　　（1）能缘为正智。若能缘为邪智（如疑智惑乱者），则不得现量。如神经病者，以其神智错乱，所见不符于实，又如红色盲者见现前之红色为灰色。

　　（2）能缘智于所缘现前实境离名言种类等想。如俗谓："眼见瓶衣"，以眼识所缘之现前实境但为瓶衣之色，而非瓶衣之概念、名言。故俗人但见瓶等之色，遂作瓶等之想，非现量也。

　　（3）能缘于所缘之现前境，认识清楚，即与现前实境之相符合。若非如此，不得为现量。如彼全色盲者，见一切现前色境，不分青红赤白，但见各种深浅不同之灰色耳。

　　（4）能缘各缘自境。如眼耳鼻舌身诸识，各缘色声香味触各境，彼此不相错乱，乃为现量。如眼但见色，不缘其余。如俗谓眼见花瓶等，则已涉及其余诸种所缘之香味触声等境矣，以一言"花瓶"，则有"花""瓶"及"花瓶"等意义在其内。一言"花"，则有一切花之共有属性如形色香味等在其内。此中形状香味，非眼识之能缘，实已涉及其他诸识（意识在内）之境界矣。眼识如此，耳识等亦然。唯有意识乃通缘色声诸境。但除五俱意识、定中意识、及自证分外，意识所缘多属意缘境（共相），如"花""瓶"等是，不得现量，以现量是亲证诸法自相智故。

（5）能缘之所缘须为现在之实境，……以实境不现前故。

（6）能缘与所缘之现前境间须无障蔽。……

（乙）似现量与现量相反约有五种，条举于次：

（1）比度。……（2）希求。……（3）忆念。……（4）疑智。……（5）惑乱智。

试题三：古来论量曰现比圣教譬喻义准至陈那废立唯取现比能言其故耶。杨一心答题摘：

……盖陈那之意，以为圣言皆依现比而立，譬喻义准亦即比量一分。现比二量摄诸量尽，何必更立余三。况一切法，除自共相别无余相。现智量其自相，比智量其共相，所量已尽，故不更立也。

游孟逸答题摘：

夫立能量，必有所量。若无所量，何有能量？一切所量唯有二种：曰自相共相，故能量亦无多，曰现量必量而已。自相者，诸法自性，不与他共，唯可现量亲证。共相者，诸法差别名言种类等施设融通自他，即可比量了知。由斯义故，乃对自相而立现量，对共相而立比量。是以古今论量虽于现比之外尚有圣教譬喻义准，而陈那废立则唯去前二。盖余之三量非离此二别有，但前贤依现比方便而立，用以接引凡愚，晓喻初学耳。

或谓圣教为二量所凭，古并开三，离彼圣教，何有现比？当知圣教实依现比而立，非圣人能异现比二量而别立言教也。至譬喻义准二量，一者以此喻彼一分，如以譬喻曰。一者准此义以了彼义，如有瓶所作无常了知声所作亦无常。凡此皆以共相为共所了，即亦比量所摄。是故废诠从旨，要唯现比，更无其余。

2.《海潮音》第 3 年第 11、12 期合刊刊登 1922 年武昌佛学院《因明入正理论考试》题目和答案（能守作），共 3 题①

试题一：古新因明比较其重要之处为何试条举之。

答案：

因明创于足目，至陈那菩萨之革新，而因明始得完备，故称陈那以前为古因明，陈那以后为新因明。其古新因明不同之处颇多，兹举其重要者五条如左：

（一）改五段论式为三支作法。古因明之论式，有宗因喻合结之五段，新因明则略为宗因喻之三支，以合结二支色于第三支之喻中故，离因喻外无合结支故。

（二）改第一支之宗为所立。在陈那以前，如瑜伽论等，皆视宗为能立，而陈那独独为所立，以宗为立敌所共诤之点，不得称为能立故，必立敌共许之因喻，有成立第一支宗功能者方得称为能立故。

（三）宗依宗体之辨别。第一支之宗，为前后二名词所构成，此二名词孰为论诤之目的格乎，在陈那以前之因明家，或说在前名词，或说在后名词，或说在前后二名词，议论莫衷一是，经陈那批评之结果，始辨别宗依宗体，盖前后二名词若单独而言，各仅为构成宗体之材料。须为立敌所共许，皆称为宗依，必联合前后二名词为一语，方具是非之意义。成为立敌共诤之目的，得称为宗体也。

（四）考究因三相之具缺。因于宗喻有如何之关系，始得称为正式，若无如何之关系，即为不正式耶，考究此等问题，实始于陈那，以陈那发明因之三相故也，（即徧是宗法性同品定有性异品徧无性）因具三相即为正式，若阙一相或阙二阙三即为不正式，依此三相为考究，则因之正不正不难知矣。

---

① 能守：《因明入正理论考试》，《海潮音》第 3 年第 11、12 期（1923 年 2 月），载黄夏年主编：《民国佛教期刊文献集成》（155），第 147—148 页。

（五）喻体喻依之辨别。在古因明家于此第三支喻，无有喻体喻依之别，以有合结二支故，之陈那始辨别喻体喻依，以色合结二支于喻中故，喻体者何，即合作法与难作法是，乃从因向宗所发见之必然关系也（如云凡所作性皆是无常）喻依者何，谓为喻体之所依也。（如云某某等）

试题二：喻之原语其意义如何与世俗一般之譬喻有无分别。
答案：

　　杂集论曰，立喻者谓以所见边因与未所见边宗和合正说，故因明之所谓喻者，在梵文之原语，名为达利瑟致案多，此云见边，即究竟照了之义，以其有证明立宗理由之功能，令义究竟显了故也，若世俗一般之所谓譬喻者，只令人易于了解所喻之事物而已，无有证明所喻事物理由之功能也。如云彼蠢如牛，只说彼人之蠢，如牛之蠢耳，无有证明彼人所以蠢之理由也。故因明中所谓喻之原意，应云见边，今顺此方言，译之为喻，而其义不尽同也。

试题三：完全之因明论式中试举一例。
答案：

　　宗。声是无常。
　　因。所作性故。
　　同喻。凡所作性皆是无常（喻体）譬如瓶等（喻依）。
　　异喻。凡常住者皆非所作性（喻体）如虚空等（喻依）。
　　此式为佛教徒或胜论派对声生论所立之论式也，宗依之声与无常，为立敌所共许，所谓极成有法，极成能别是也，而宗体之声是无

常，则立许而敌不许，所谓随自乐为所成立性之不显论宗是也。因
之所作性，为立敌所共许，而周徧于宗中声之有法，所谓徧是宗法性
是也，同喻喻依之瓶与宗依后陈无常同品，无常灭义，所作生义，灭
必由生，生必归灭，故知凡所作性皆是无常，所谓同品定有性是也。
与无常异品，如虚空等之常住者，皆非所作，所谓异品徧无性是也。
喻中有同喻之喻体即合作法，先因后宗，无合倒合之过，异喻之喻体
即离作法，先宗后因，无不离倒离之过。故此论式最极完全，为自来
因明家绝好之引例也。

三、《大乘掌珍论》二量之论争

《大乘掌珍论》为印度清辩（约490—570年）[①]著，唐玄奘译，收于《大
正藏》第30册，简称《掌珍论》，梵本已佚。"二量"为此著作研究内容，即
用因明三支给出清辩的中观思想论证。二量是指，"真性有为空，如幻缘生
故；无为无有实，不起似空华"，即"真性有为空，如幻缘生故"和"真性无为
无有实，不起似空华"两个三支论式。清辩在论证此二量的同时，也对外道、
小乘、法相宗等主张提出批评。这在佛教史上，被称为中观自立论证派。民
国时期，关于此二量的对否，南京支那内学院与武昌佛学院有过讨论，其中
包括两院的争论和南京支那内学院内部的讨论，以及太虚后来以《论掌珍论
之真性有为空量》为题发表在《海潮音》上的论文对吕澂进行的批评。

（一）豫庐与聂耦庚因明之争

《海潮音》第4年第4期（1923年6月4日）、6期（1923年8月2日）
发表豫庐与聂耦庚关于因明之争的文章。第4期发表的文章以《评善严与
聂耦庚两君论因明（附原函）》为题，包括《善严君致竟无居士函》《聂耦庚

---

① 清辩也有学者写清辨，本书依据《大正藏》写法写作"清辩"。

君复善严君函》《豫庐评曰阅此两函所讨论之事有二》三篇文章；第 6 期发表以《评豫庐君之评论因明》和《批聂耦庚君对于评论因明之评》为题的两篇文章。此为武昌佛学院与南京支那内学院关于《大乘掌珍论》二量是否违反因明规则之论战经过。

《善严君致竟无居士函》 此文就欧阳竟无的《唯识抉择谈》指出清辩"真性有为空，缘生故，如幻"的论证犯"有法一分不极成"过，提出："此颂具足三支，成一比量（真性简过，有为正是有法，空是其法，合之为宗，缘生故为因，如幻为喻）"。因为：第一，清辩是针对真性有为胜义是有而发"真性有为真谛性空"之论的，"先生于离过之处而指摘其过"；第二，"若依本宗道理解者，即可用其因喻立相违量云真性有为非空非不空，缘生故，如幻。夫曰相违，仅曰非空以违其空可耳，今曰非空，又曰非不空，是则一相违一不相违矣……岂非自语相违乎"。①善严认为此量无过，并将宗理解为真性有为是真性空，将唯识学非空非不空概念撇开说。

《聂耦庚君复善严君函》 聂耦庚受欧阳竟无之托回应善严为什么犯有法一分不极成过的提问。其理由一，以《唯识述记》《疏抄》和《了义灯》为据，述欧阳竟无指明错误的正确性："《唯识述记》二十一云：'言似比量者，谓约我宗真性有为无为非空不空有法一分非极成过，汝不许有我胜义故，四种世俗胜义之中，各随摄故。'《疏抄》卷七释此文云：'有法既言真性有为，若中宗真性有为非空不空，彼宗不许，若彼宗真性一向是空中宗不许故，于自他各有一分所别不极成过。'依据此文，则清辩量所以犯一分有法不极成过……"理由二，"违量""合以非空非不空为宗即与清辩立量意指全空之宗相违故，不失为法自相相违过。《了义灯》卷五释唯识论有执，大乘遣相空理一段有云：'论彼特违害者，据胜义谛非空不空，今谓皆空，故特违前集起心经。'此亦以相违为言可证"，"又依因明法分过可得，总名如一分有法不极

_____

① 《善严君致竟无居士函》，《海潮音》1923 年第 4 期 1923 年 6 月，载黄夏年主编：《民国佛教期刊文献集成》（156），第 92 页。

成，即在所别不极成总过中收，是也"。最后，此文批评善严没有理解唯识思想："唯识之理固非读尽著述家言，不能贯彻，即因明一道亦有待于触类旁通而后无碍其应用上。"[1]聂耦庚依据唯识学之理讲非空非不空涵义，认为有法是"真性有为"，由此导致有法一分不极成过。

《豫庐评曰阅此两函所讨论之事有二》 此文指出两点，其一，聂君虽有引用，"而未能解答问者之惑也"。善严的问题是"同一'真性有为'之有法，因彼此含义不同，故言一分不极成……此类不极成过，唯在意许，不在言陈，一言陈便错在总宗上。原文及问者答者似均未体会此层"。其二，"原文既不能无误，而答函尤多未合"，"为同异喻倒置之过"。豫庐引用经文《了义灯》《集起心经》说明善严不懂因明："大疏明四相违之义，曰'能立之因，违害宗义，返成异品，名相违'非泛尔违害义或违异义"。同时指出聂君关于所别不极成之说亦为错误："而此相违量中只有违自、违他、违共之分。并未见于违量中有一分违、一分不违。"[2]豫庐的评述和聂耦庚同，亦认为"真性有为"为有法，并用窥基的《因明大疏》三比量予以评判。

《评豫庐君之评论因明》 聂耦庚此文分为两部分。"一、评原评第一段"。此部分指出，豫庐述《述记》《书抄》义不清，有法成过条件有二："其一、宗中有法以言陈及意许所目之一切为范围，如有简别，则有简别所余之一切为范围。举一有法，而其范围以内皆在。其二、有此范围之有法，如其全体或一分，为自（立者）或他（敌者）或俱（立敌二者）所不许立，即犯有法不极成过。"依此判断清辩立量，可得：清辩"真性有为"用真性言简，将出现"清辨自许皆空之胜义有为""中宗所许非空非不空之胜义有为""萨婆多宗所许实有之胜义有为""敌者余宗所许之胜义有为"四类情况，其中立敌必有"一分不许者在"，"遂犯有法一分不极成过"。再者，清辩中宗有法"真性

---

① 《聂耦庚君复善严君函》，《海潮音》1923 年第 4 期（1923 年 6 月），载黄夏年主编：《民国佛教期刊文献集成》（156），第 93 页。
② 《豫庐评曰阅此两函所讨论之事有二》，《海潮音》1923 年第 4 期（1923 年 6 月），载黄夏年主编：《民国佛教期刊文献集成》（156），第 93—94 页。

有为"没有分清胜义含义,"'胜义有为'有'皆空'、'非空非不空'等别",而豫庐"以意生解,遂多错误",如上所列,豫庐置四种情况不顾,"无所谓含意不同,但其间有彼此不许之一分在"。进而,就胜义言,豫庐"又不审胜义之空非空指其当体,初非意许,因非有为上别义所诤。别于总宗"。

在"评原评第二段"中,聂将豫庐之评分为三点,予以反驳。他认为豫庐所犯错有十条:"误以自相相违为同异喻倒置之过";"误解九句因作法之意义";"误认法自相相违必改先喻";"误解用原喻立违量之言,以为违量喻义全同立量";"误以《了义灯》文为改原喻而出违过";"《抉择谈》中立相违量但欲显清辨量有过失,使其不能成立而止";"不明复函之所证,复函意云:违量合以非空非不空为宗,即与全空之宗相违,因为相违宗之因,故有相违过";"不明相违因之义……误解之以为因违宗成相违";"不知四相违因有一分之作法";"不明复函乃纵夺之词……即许汝执此为一分违过,则一分违之因亦得总名,汝如何出一分违乃不名违之难耶"。①

《批聂耦庚君对于评论因明之评》 豫庐的回应包括十五条。"范围既定者,非一'胜义有为'之名中所含'清辨皆空'与'中宗非空非不空等义乎'";"必意许不是言陈,乃是此中之过";"聂君……东引古书一段,西抄古书一节……其未明其义";"相违因之过在因,原瓶何尝不是如此……于此正说因过,不说喻过,实无误也";"聂君谓误解九句因作法之意义,不知其何谓";"予正依《大疏》之文,而聂君独以《前记》之文……清辨量如幻之喻,正空宗之同喻,未尝误以异喻为之";"聂君谓清辨原量有过,实未解原量之义……幻等是空,彼此极成,无不成过";"清辨幻喻虽无简别,而'幻事''似幻'则非同'幻',既有异喻,违量中不可改其先立乎,云何为误。";"法自相相违因之违量,一面显立量过失,一面能成立自宗,使敌者不能不信服,乃是正义。";"聂君……是以普通之相违义混同违量之相违";"原评杂

---

① 聂耦庚:《评豫庐君之评论因明》,《海潮音》1923年第6期(1923年8月),载黄夏年主编:《民国佛教期刊文献集成》(156),第342、343—346页。

出相违之难,正责聂君之未了相违因义";"自他共有全分一分……予以为不必说故不说耳。";"覆函直谓分过可得总名,实毫无纵夺之意,前既谓分过可得总名,今复违量以非空非不空体为宗,无所谓一分违又一分不违,前后已陷入自语相违过。";"聂君之辞费,正为其理未明之铁证。";"此更无可辨之价值……但有言说,都无实义。"①

关于此问题的讨论,武昌佛学院了一法师此后也有论文发表。了一认为,不论是说真性是简别语还是有法,都不为过,"因明作法,宗依是否极成,唯关言陈不论意许。如声之常无常虽立敌意许不同,而有法无过"。他认为,"若真性有为,虽两宗意许别意不同,而共承认有此真性有为存在,固无可讳,则不极成之过,果何在欤","以真性有为之道理互差,正两宗所诤,与声上常无常义无有差别,若必空相两宗之真性有为同一意许,则宗成相符矣。故无论真性二字是否入于前陈,而欲意许为过,实非因明作法所许也。盖清辨为成毕竟空,恐人于唯识缘生理中而起法执,故就胜义谛中而毕竟破之,遣有亦复遣空,非堕于断灭中也。无性缘生护法义立,缘生无性清辨义成。立破自在,但破情而不破法。宗清辨者固不必以此而坏唯识,宗唯识者何必对掌珍而过事诛求"。②

(二)吕澂、王恩洋《掌珍论》二量之辩

南京支那内学院定期举办研究会,在第四次研究会(1924年1月)上,王恩洋就吕澂《因明纲要》中对清辩《掌珍论》二量的批评提出讨论,认为吕澂的批评有误,并给出论证。吕澂对此进行答辩。欧阳渐给出点评。此次讨论的内容以《〈掌珍论〉二量真似义》为题,发表在《内学》第1辑上(1923年南京支那内学院创办《内学》,共出版5辑,第1辑出版过两次

---

① 豫庐:《批聂耦庚君对于评论因明之评》,《海潮音》1923年第6期(1923年8月),载黄夏年主编:《民国佛教期刊文献集成》(156),第346—349页。
② 了一:《辨掌珍中有法不极成过》,《海潮音》第7年第11期(1926年11月),载黄夏年主编:《民国佛教期刊文献集成》(166),第348—350页。

［1923、1924年］，1925年出版第2辑，1926年出版第3辑，1928年出版第4辑，后改名《内院杂刊》）。太虚后来以《论掌珍论之真性有为空量》为题发表在《海潮音》上的论文对吕澂也有所批评。

1.吕澂的《因明纲要》在讲"真似刊定"时，引《掌珍论》二量中第一量，指出此量犯因明五过

其原文删引如下：

量云：

真性有为空，（宗）

缘生故，（因）

如幻。（喻）

一、审定立者为清辨，宗于中观，而说真谛一切法空。敌者余宗。今但以瑜伽对辩，彼宗真谛一切法非空非不空。今此量云，依中观教，顺自违他。故立宗无自教相违相符极成过。

二、此量三支略式具足，无缺支过。因无异品，略其异喻，亦不成过。

三、此为立量。三支言陈无执许简，不违轨式。

四、此量能别遮遣有法，诠彼为空，故宗无体。因喻顺彼，体应俱无。然以真性简别同喻，未云极成。立敌所目皆在言内。故其同喻一分含有瑜伽宗非空非不空胜义谛法。亦即一分有体，与宗不顺，遂犯一分所立不成。

五、再审宗言。所别真性有为，立敌意指不同，未简极成，宗中皆在。然望立敌所宗，互有一分不成。……真性言简法体，故有空不空辨。宗中言陈，概含两种。由立边言，甲是所成，乙所不成。由敌边言，乙所成就，甲乃不成。故此所别互有一分不极成过。立者未简非空不空有为，复云是空，即有一分自语相违。……

六、次审因言。宗有一分不成，此即一分无依，一分所依不成，

同喻中幻,因无言简。含有瑜伽宗非空非不空依他幻事,此中无彼所立全空,实为异品。因于中转即犯共不定过……

七、后审喻言,已有一分所立不成……

由是《成唯识》中判为似比,允为定论。

按清辨立量有过,乃从但简真性,未简极成而来。然彼有法无少分是极成,简亦不得。故此量对他实不可立也。[①]

吕澂认为,清辩的《大乘掌珍论》第一量符合三支论式的结构,立宗符合因明规则"违他顺自",清辩立量的错误在于违反因明的"极成"规则所致。其理由是简别词"真性"是针对有法"有为"而言的。如果依吕澂的理解认为"真性"和"有法"",必然导致如吕澂所说的清辩立量的错误。这些错误为:其一,中观派、瑜伽行派均讲,"真性有为"概念,然含义不同,自然违反"极成有法"的规则,犯了有法不成过;其二,如果"真性有为"指瑜伽行派观点,就会有一分自语相违;其三,就因法言,由于宗有法不极成,则违反因三相第一相遍是宗法性规则,犯所依不成过;其四,同喻"幻"违反了因三相第三相规则,犯了共不定的错误;其五,就同喻体、异喻体而言,构成不了"说因宗所随,宗无因不有"这种合离关系,并有能立法不成的错误。吕澂批评清辩立量错误就在于"真性"言简宗法。

2.《〈掌珍论〉二量真似义》包括"王恩洋君述意"、"吕秋逸君答辩"、"欧阳师评释"三部分[②]

"王恩洋君述意"　王恩洋在此文中质疑吕澂的批评,认为清辩立量无错,其理由有三,从就真谛还是世俗谛而立量、唯识与中观"真性"相通和因明规则角度展开。王恩洋认为,第一立量,是就世俗谛立量,换句话说,"真性"是就宗而言的,而非就有法"有为"而言简的:"论主所立非立'真性之

① 吕澂:《因明纲要》,第55—57页。
② 《内学》编委会:《〈掌珍论〉二量真似义》,《内学》(上册),上海:中西书局,2014年,第282—288页。

有为为空',乃就真性而立'有为为空'也。抑此中有为非但非真性之有为,乃实即世俗之有无也。……牧牛人等共所了知,表以世俗极成眼等显是极成……非立真性之有为,乃立世俗共许之有为也。此世俗共许之有为,世俗智慧皆执为有,圣者为不违世间故,不坏假名故,方便言说开导他故,亦就世俗谛中施设为有,若我若法有皆极成。然为显此诸法真实法性,遮遣妄执证入出世无分别智故,而立为空。恐违世谛共知故,以真性言简。云何而简?曰,简此有为俗谛是有耳。……就俗谛言随愿说有,就真谛言立以为空,恐违世间,致真性简,是为此量立宗正义,道理成就,理善安立。"第二比量也符合要求,如同第一立量:"有法无为是世俗法共许极成,非非世俗圣者独证之真性无为也,故亦无有有法不极成等过,比量安立。"

王恩洋比较了《掌珍论》与《解深密经》关于"真性"、"空"与"非空非非空"含义,得出唯识学与中观学理论的一致性。关于《掌珍论》中的"真性",他说:"何谓胜义谛? 两宗共许,诸圣人等无分别智,出世间慧所行境说名胜义谛,谓即真如法性等也。此法性者,离言离说,非见非闻,非了非知。"他认为《解深密经》中"所谓胜义,即圣智所证,圣智何证? 曰,都无所证,无分别故,平等一味,离言离说……所谓有为所谓无为者,皆唯世俗谛中有此名耳。故谓以真性之有为无无为为宗有法,此决非《掌珍论》意。……真性俗性依漏无漏辨,无漏根识俱属正智,正智所缘说名真如,后得智中分别诸法亦无漏摄,即此正智说名真性有为,即此真如说名真性无为,俱无漏故,以真性简,何不许然? 答曰,此且不然。此法相义"。关于"空"与"非空非不空","今观《掌珍论》中释此空言,空与无性虚妄显现门之差别,谓有为为无性为虚妄显现,此正与《深密》之教有为如幻有相无性之义相合,亦与《唯识》《中边》'虚妄分别有于此二都无此中唯有空'之旨相符。而定执非空非不空为是,而谓说为空者为非,理未然也"。由此,他提出:"如是应知,《掌珍》一论比量安立不违圣教,不背正理,与瑜伽宗亦无有二。但般若之教义详法性,依真胜义祛于有见,多说于空;瑜伽唯识义详缘生,依世俗谛祛于断见，多说于有。然祛有者，傍亦祛无，是故空有空空正处中道。祛断见者，理亦祛有，是故非空不空亦契中道。圣教无二，正理一如。"

王恩洋认为，从因明规则看："真性简言应非简于有法自体，是共比故，凡共比者宗中有法必极成故。但为避所立义违于世间，非简有法为超乎世间之法也。又就有法以言者，吾人出入有法之过虽并意许及与言陈；然彼意许正为所立者，吾人应不能出彼不极成过。所以者何？正所诤故。是故即如此量即如破者所云真性有为清辨许空，瑜伽许非空非不空，然此空等了义正是所立，理之是非，唯在因喻，今乃于宗而出彼有法不极成过，则凡一切量皆无可立也。"

"吕秋逸君答辩"　此文包括三部分内容。第一，立宗是否有过。"真性有为……在立者与敌者所目，当然不同"，"以'就胜义立'而言，仍可入诸有法，此在唐贤早有真性入有法或不入有法之争。……以入有法为理较长。……以牧牛人等所共了知法为有法云云，此乃胜义中不坏世间解之说，非即立世俗法也。"第二，"立敌两宗是否皆无胜义有为"。吕澂认为："立者以假名法为言，不能云无。敌者法相宗四重胜义，前三亦不得言无。"第三，"立量悟他是否但应立世俗法"。吕澂认为："论中明云他遍计执就胜义谛实有自性今立为宗；破他既就胜义为言，明知非立世俗。……胜义是正智境，比量依现量起，如何其法不同能缘而是世俗？"此文的结论一是"《掌珍》立量有过"；二是"性相二家胜义是否一致，此乃关于义理，非今所论"。

"欧阳师评释"　欧阳渐在此表明两层意思：其一因明与内明不同，不能拿内明来讨论因明，其二清辩破法相不充分。这实质上是支持吕澂立场（"因明作法当与道理别论，法相立四胜义，以俗贯真，故为非空非不空。般若但一胜义，故云全空。所依不同，故必两破而后两立。《掌珍》之理非不充分，然其对破相宗则未尽也，后人当再详究。"）。

3. 太虚《论掌珍论之真性有为空量》①

① 　太虚：《论掌珍论之真性有为空量》，《海潮音》第9年第2期（1928年3月），载黄夏年主编：《民国佛教期刊文献集成》（169），第389—390页。

对吕澂的批评，太虚于 1928 年在《海潮音》上发表文章，批评吕澂《因明纲要》说清辩五量过，指出清辩加"自许"（即"依我宗佛法真谛言"）同样可破瑜伽宗，"'汝说非空不空，是遮是表。'若许前关，可出量违他顺自云。汝所说：真性非空不空（即我所说）空（宗）许遮词故。（因）犹如'我所说空'（喻）……若许后关，可出法自相相违量云。汝所说：非空不空，真性应非真性（宗）许表空不空之二分故。（因）如牛二角。（喻）"。太虚认为："然瑜伽宗不受后破，但受前破，以同清辩。以非空不空是遮词非表词故。且瑜伽宗亦不受破，以说非空不空，但遮世人执空为表，是故双遮空与不空，不遮清辩遮词之空。故两相成而不相破。要之许为遮词，两俱无过。许为表词，两俱有过。"

（三）因明与佛学论证

《大乘掌珍论》二量（集中于第一量）之争，涉及因明与佛学的关系，进而凸显因明在佛教理论中的重要作用。今以文本为证，评定上述论争之是非。

《大乘掌珍论》关于第一量的论证如下：

> 为显斯义，先辩有为。以诸世间于此境上多起分别，故说是言："真性有为空，如幻缘生故"。此中世间同许有者，自亦许为世俗有故。世俗现量生起，因缘亦许有故。眼等有为世俗谛摄，牧牛人等皆共了知。"眼"等有为是实有故。勿违如是自宗所许，现量共知。故以真性简别立宗，真义自体说名真性，即胜义谛。就胜义谛立有为空，非就世俗众缘合成。有所造作故名有为。即十二处。唯除法处一分虚空，择非择灭及真如性。此中复除他宗所许虚妄显现。幻等有为，若立彼为空，立已成过故。若他遍计所执有为，就胜义谛实有自性，今立为空，且如眼处。一种有为就胜义谛辩其体空，空与无性虚妄显现门之差别，是名立宗。众缘所起男、女、羊、鹿诸幻事等，

自性实无显现似有，所立、能立法皆通有，为同法喻，故说如幻。随其所应假说所立、能立法同，假说同故。不可一切同喻上法皆难令有。如说女面端严如月，不可难令一切月法皆面上有。随结颂法说此同喻。如是次第，由此半颂。是略本处，故无有失。所立有法皆从缘生。为立此因，说缘生故，因等众缘共所生故。说名缘生，即缘所起、缘所现义。为遮异品立异法喻。异品无故，遮义已成，是故不说于辩释时。假说异品建立比量亦无有过。[①]

本段引文是释"真性有为空，如幻，缘生故"这一论证的，其分三部分论证。第一步立宗。按照因明规则，宗依须立敌双方认可。宗体为立方的主张，必为敌方反对。文中首先论证宗依"有为"为什么极成。就"有为"言，世间讲有，我中观世俗谛也讲有，世间有是现量可知的，世俗谛有是因缘而有，如眼等有，世人所知，所以此"有为"所指不仅是立敌共许的。所以，此有法不违自教、不违现量、不违世间。宗依"空"为凡圣同解。宗体"真性有为空"为我立方观点，我从真谛讲"有为空"，其中有为的含义是"众缘合成，有所造作"，指除十二处法尘中的虚空、择灭、非择灭、真如性外的有为法空。第二步论证是释喻。此三支论式中的喻支只有同喻依"幻"。按照因明要求，喻依也是要立敌共许的，文中论证了"幻"的所指（"自性实无，显现似有"）、幻与宗有法关系（同喻依必不能在宗有法里出现）和"同品定有性"中"定有"含义（如"月"和"女面"不要求完全一样，即同品定有性要求定有，但不要求全同），并说明本应先论证三支论式中的因支。这里是按照偈颂次序逐一论证的。第三步论证是释因。"缘生故"讲有为法皆因缘而生，即在真谛下，有为皆因缘所起、因缘而显现。为了显示异品遍无性，需要立异法喻。由于此论证中没有异品，因此能够表达异品遍无性。如果假立

---

① 〔印〕清辩著，玄奘译：《大乘掌珍论》，《大正新修大藏经》（卷三〇），台北：佛陀教育基金会出版部，1990年，第268—269页。

一个异品而立异法喻，也不违反因明规则。

这是一个用因明论式及其规则证成中观思想的范例。《大乘掌珍论》整篇都是通过立破完成的。唯识学论证也是如此。如护法的《观所缘缘论释》等，还包括唐代窥基《因明大疏》讲到的"真唯识量"。由于论争涉及"真唯识量"，窥基此文还包括"真唯识量"内容，由此可窥因明作为逻辑学科的民族性。

　　初，非学世间者……

　　问：且如大师周游西域，学满将还，时戒日王，王五印度，为设十八日无遮大会，令大师立义。遍诸天竺，简选贤良，皆集会所，遣外道、小乘，竞申论诘。大师立量，时人无敢对扬者。大师立唯识比量云"真故极成色不离于眼识"宗，"自许初三摄，眼所不摄故"因，"犹如眼识"喻。何故不犯世间相违？世间共说"色离识"故。

　　答：凡因明法，所、能立中若有简别，便无过失。若自比量，以"许"言简，显自许之无他随一等过。若他比量，"汝执"等言简，无违宗等失。若共比量等，以"胜义"言简，无违世间、自教等失。随其所应，各有标简。此比量中，有所简别，故无诸过。

　　有法言"真"，明依胜义，不依世俗，故无违于非学世间。又显依大乘殊胜义立，非依小乘，亦无违于阿含等教"色离识有"，亦无违于小乘学者世间之失。"极成"之言，简诸小乘后身菩萨染污诸色，一切佛身有漏诸色。若立为唯识，便有一分自所别不成，亦有一分违宗之失。十方佛色及佛无漏色，他不许有，立为唯识，有他一分所别不成。其此二因，皆有随一一分所依不成。说"极成"言为简于此，立二所余共许诸色为唯识故。

　　因云"初三摄"者，显十八界"六三"之中"初三"所摄。不尔便有不定，违宗。谓若不言"初三"所摄，但言"眼所不摄故"，便有不定言："极成之色，为如眼识，眼所不摄故，定不离眼识；为如五三，眼所不摄故，极成之色定离眼识。"若许"五三，眼所不摄故，亦不离眼识"，便违自宗。为简此过，言"初三摄"。其"眼所不摄"言，亦简不定及法自相决定相违。谓若不言"眼所不摄"，但言"初三所摄故"，作不定言："极成之色，为如眼识，初三摄故，定不离眼识；为如眼根，初三摄故，非定不离眼识。"由大乘师说彼眼根，非定一向说离眼识，故此不定云："非定不离眼识"，不得说言"定离眼识"。作法自相相违言："真故极成色非不离眼识，初三摄故，犹如眼根"。由此，复有决定相违，为简此三过，故言"眼所不摄故"。

　　若尔，何须"自许"言耶？为遮有法差别相违过，故言"自许"。"非显极成色，初三所摄，眼所不摄"他所不成，唯自所许。谓"真故极成色"是有法自相，"不离于眼识"是法自相，"定离眼识色"、"非定离眼识色"是有法差别。立者意许是"不离眼识色"，外人遂作差别相违言："极成之色非是不离眼识色；初三所摄，眼所不摄故；犹如眼识"，为遮此过，故言自许。与彼比量作不定言："极成之色，为如眼识，初三所摄，眼所不摄故，非不离眼识色；为如自许他方佛等色，初三所摄，眼所不摄故，是不离眼识色。"若因不言"自许"，即不得以"他方佛色"而为不定，此言便有随一过故。汝立比量，既有此过，非真不定。凡显他过，必自无过，成真能立必无似故。明前所立无有有法差别相违，故言"自许"。

　　……

　　二、学者世间，众多学人所共知故。若违深、浅二义，俱得名违自教。若唯违于浅义，亦得名违世间。深义幽悬，非是世间所共知故。亦有全分、一分四句。是过、非过，皆如自教相违中释，违学者世间，必违自教故。论中但有违非学世间全分俱句，余准定然。凡若宗标胜义，如《掌珍》言："真性有为空，如幻，缘生故；无为无有实，不起，似空花。"亦无违自教、世间等过失。①

此段引文的本意是通过"真唯识量"例说明"世间相违"涵义，即世间共识为色离识，窥基在这里讲"真唯识量"是针对学者世间讲的。他在不违世间的论证中，发展了印度学者关于比量的分类思想。此段意为：第一，讲简别原则；第二，论证唯识比量的合原则性。简别原则是指所立、能立中的基本规则，分为自比量规则，以自许简别；他比量规则，以汝执简别；共比量规则，以胜义简别。依此三简别原则，方为能立，不犯世间相违和自教相违的过错。

这里特别需要注意的是，共比量如何简别的问题。

从立论（宗）看，"真"之简别，一是依胜义谛，不依世俗谛，不违非学世间；二是依大乘义，不违阿含等教、小乘等学者世间。关于非学世间、学者世间，在引文前有解释，是指"一、非学世间，除诸学者，所余世间所共许法。二、学者世间，即诸圣者所知粗法。若深妙法，便非世间"。这里提到的阿含等教、小乘主张等为学者世间，而非非学世间。

"极成"之简别，如引文所说，不是唯识讲了而小乘没有讲的色，也不是小乘讲而唯识没有讲的色，此色是"二所余，共许诸色"。否则，便可能犯"一分自所别不成""一分违宗""他一分所别不成"和"随一一分所依不成"等过错。这里需要注意的是，此"极成"简别的内容是，立者所针对的敌者只有小乘，而立唯识之宗"真故极成色不离于眼识"。从依据（因、喻）看，唯识比量的因是"自许初三摄，眼所不摄故"。十八界分为六根界（眼界、耳界、鼻界、舌界、身界、意界），六境界（色界、声界、香界、味界、触界、法界）和六识界（眼识界、耳识界、鼻识界、舌识界、身识界、意识界）。"初三"指眼界、色界和眼识界，"五三"指身界、触界、身识界。

窥基对唯识比量的因的分析如下："初三摄"指明"极成色"只为十八界

---

① 窥基：《因明入正理论疏》，《大正新修大藏经》（卷四四），台北：佛陀教育基金会出版部，1990年，第115—116页。

中"初三"所摄,而就排除十八界中初三之外的内容而言的,如果不给出"初三摄"因,便会出现十八界中,极成色"眼"所摄,如"眼识"和"眼"所不摄"身识"等不定言;如"五三"等摄而不含"初三"摄情况,便证明了"极成色离于眼识",犯了违自宗的错误。因"眼所不摄"是排除"初三"中的眼根界言的,此论证简化为:宗指真故极成色不离识,因指色境不离眼识。此因只是一个例证,省略了"声境不离耳识"等另外五个表达方式与此因相似的因。由此看出,宗有法"色"实指"境"义。这里需要注意的是,宗不能改为"真故极成色不离眼识",否则就犯了"循环论证"的逻辑错误,而且与唯识比量含义不一致。窥基讨论因中"自许"是避免出现"有法差别相违"过的,而不是讲自许"极成色初三所摄,眼所不摄"。

所谓自相,简单解释就是概念本身。如"真故极成色",差别就是指概念所指,或概念含义。如唯识家的"极成色",所指"不离眼识色"。与此对立的"极成色",所指"非不离眼识色"。此两者皆可以以同因"初三摄,眼所不摄故"证明,所以唯识比量之"自许"确认"极成色"之含义,以排除"外人遂作差别相违言:'极成之色非是不离眼识色;初三所摄,眼所不摄故;犹如眼识'"。窥基的目的是"凡显他过,必自无过,成真能立必无似故"。以上为非学世间的讨论。就学者世间言,分为违背自教深、浅二义,均为自教相违。其中,浅义亦为违世间,深义非世间所知,所以自教相违中违深义者非为世间相违。

窥基文中最后认为,《掌珍论》二量("真性有为空,如幻,缘生故;无为无有实,不起,似空花。")不违自教和世间,其理由是凡作"胜义"简别者均如此。从前后文理解,窥基此义是从学者世间来说的,因为《掌珍论》二量论证也属于"深义","非是世间所共知故"。

本书认为,清辩二量和"真唯识量"有一个共同特征,即用因、喻证明自己的宗(主张),而二者最大不同是对"真唯识量"的共比量、自比量、他比量的划分,为清辩二量所没有涉及。武昌佛学院、南京支那内学院及支那内学院内部的论争是借用"真唯识量"比量分类来讨论清辩二量。从陈那、法称为自比量、为他比量的划分看，为自比量对于"极成"的要求是有条件的。即便为他比量，也是有针对性的。所以，因明作为佛学论证的工具，是服务于佛学的。尤其是在"真唯识量"中，共比量的"极成"条件绝不是日常生活中一般论证的规则，共比量、自比量、他比量的划分都有为自己信仰辩护的作用，"十八界"理论是有适用范围的。

为自比量有传教作用，其"极成"规则是假设敌方的极成概念（如有法、宗法、因法、同品、异品），进而使敌方接受不极成的宗。从"真性有为空"宗看，所引文本里专门提到"有""空""幻"为自教、世间共许的概念，为世间现量所得。正是为批"有"之有，方立在"真性"上讲"有为空"。同时，在运用因明进行佛学论证时，按照因明规则，是不需要再研究不同派别的概念是否一致问题的。一旦到了运用因明规则层面，所用的就是已经确定的概念。本书不在此层面做派别思想的比较研究。

第四章　因明与先秦哲学研究

　　西方逻辑学的传播,启发近代中国学者基于逻辑学科视野思考先秦诸子思想中的"逻辑"因素。这一方面引发学者开展先秦逻辑思想的挖掘工作,由此出现对西方逻辑、因明与先秦逻辑的比较;另一方面,学者用逻辑、因明方法开发先秦诸子思想之宝藏,促成先秦诸子思想研究范式在中国近现代时期的革新,形成先秦逻辑和新哲学体系。[①] 这一时期,因明一方面承担着中国逻辑学科建设的责任,基于西方传统逻辑普遍性特征开展佛教逻辑与先秦逻辑的比较研究,助成了先秦思想中的先秦逻辑概念;另一方面,基于唯识学下的因明,承载着认识论的义务,成就了现代新道学、新儒学。前者,因明只是演绎、归纳思想论式,承担起"逻辑学本体论"承诺下的先秦逻辑之建构,显示思想史研究特征;后者,因明凸显方法论功能,学者从因明出发,用因明所涉之唯识学概念(如"现量""比量""八识"等)研究先秦思想,表现为思想创作之品格。本章以唐大圆名学研究、张纯一《墨辩》研究、章太炎《齐物论》研究、熊十力儒学研究为例,以点带面,表达"因明助成先秦诸子思想研究范式之革新"这一观点,从而明确因明在中国传统思想现代转型中的角色定位。

[①]　关于"逻辑方法与先秦诸子思想新研究"可见拙著《中国现代文化视野中的逻辑思潮》(科学出版社 2009 年版)第四、五章,此章探究的是"因明方法与先秦诸子哲学研究的新开展"。

一、因明与名墨研究

在先秦思想里,有专门研究辩论之学的学派,《庄子·天下》里称之为"辩者"和"别墨"。"辩者"指惠施、辩者、桓团、公孙龙,其讨论涉及"历物之意"之十命题("惠施以此为大,观于天下而晓辩者,天下之辩者相与乐之。")和二十一命题("辩者以此与惠施相应,终身无穷。""桓团、公孙龙辩者之徒,饰人之心,易人之意,能胜人之口,不能服人之心,辩者之囿也。惠施日以其知与之辩,特与天下之辩者为怪,此其柢也。")。"别墨"所指如《庄子·天下》言:"相里勤之弟子五侯之徒,南方之墨者苦获、已齿、邓陵子之属,俱诵《墨经》,而倍谲不同,相谓别墨;以坚白同异之辩相訾,以觭偶不仵之辞相应。"① 这二派就是我们今天熟知的名家和后期墨家。中国近代以来的学者,多从西方逻辑视角出发,以此二家来确立先秦逻辑之身份和特征。作为中国传统思想资源,从佛学、因明视角对此进行系统研究之成果当数唐大圆的《惠辩引义》和张纯一的《墨辩集释》。

(一)佛学与《惠辩引义》

经典解释有三个不可忽略的方面:经典、解释方法和经典解释作品。唐大圆以《庄子·天下》里记载的惠施和辩者的 33 个命题为经典解释的对象,用佛学、因明作为解释方法,成就了《惠辩引义》这部作品。唐大圆视佛学、因明为打开一切学问之门的钥匙,"惟佛为一切道术之橐籥,能从容欻爨使彼曲直滞者通彼之无为予大用",并用佛学、因明概念、思想释惠施、辩者,称"惠施十辩,有立有破,立则立其世俗所未立者,破则破其世俗所共知者"。② "惠施自以所持十辩为大观于天下而相倡,如是相应论者,多依其义,

① 郭庆藩撰,王孝鱼点校:《庄子集释(下)》,北京:中华书局,1961 年,第 1102、1105、1106、1111、1079 页。
② 唐大圆:《惠辩引义》,《海潮音》第 5 年第 12 期(1925 年 1 月 14 日),载黄夏年主编:《民国佛教期刊文献集成》(161),第 14 页。

更复分析。义虽支离益多，而破立诸方未甚差异。"①

其解释如下：

原文：至大无外，谓之大一；至小无内，谓之小一。

释义：此至大即无边，大一即一真法界；至小谓极微，或如化学家所云原子电子等。法界一真，故云无外；极微不可分，故云无内。古解谓无外不可一、无内不可析者。近是，章氏太炎云："大未有不可斥，小未有不可分。"校以算术，按之点线等，固亦一别义矣。

原文：无厚不可积也，其大千里。

释义：此亦立无表色。谓由思心所从有表色上，发起无表。如别解脱定共道共等律仪戒体，无厚可言，亦非积聚。然其大何啻千里耶。

原文：天与地卑，山与泽平。

释义：此破形色中之高下。世俗见天高地卑，山凸泽平。若实谈之，此显色法，皆出识变，本无高卑等可言。故《金刚经》云："是法平等，无有高下。"

原文：日方中方睨，物方生方死。

释义：此破时间。时之迁流，迅速无常，故云"方中方睨"；刹那生灭，变异无常，故云"方生方死"。此时生灭三者，皆为不相应行之分位假法。

原文：大同而体小同异，此之谓小同异；万物毕同毕异，此之谓大同异。

---

① 唐大圆：《惠辩引义》，《海潮音》第 5 年第 12 期（1925 年 1 月 14 日），载黄夏年主编：《民国佛教期刊文献集成》（161），第 17 页。

释义：此立同异性。似西方胜论师，凡物之共相是同，自相是异。言大同，指物之共相；小同，指物之自相。华严云："一即一切"，天台说"一假一切假，一真一切真"等，均可以证毕同毕异。至唯识家言万法唯识，即毕同。言一切种相，是毕异也。

原文：南方无穷而有穷。

释义：此破不相应行之方位假法。从俗说南方，似为无穷，若从南方更南方行不已，则前之所谓南者，应变为北，则南复似有穷矣。举南为例，西北东等亦然。

原文：今日适越而昔来。

释义：此破时间。过去已灭，未来未至，现在刹那生灭，亦不得住。盖就三世说，今昔皆以分位而立之假名，了无实体可依。无实体可依则今可为昔，适可云来。故《金刚经》云："是名往来，而实无往来。"

原文：连环可解也。

释义：此破缘生之法。是缘生法，依他幻现，遍宇宙间，如一大圈。儒家名此为天，如云尽人以合天，或云无所逃于天地之间，皆谓此连环不可解。道家名曰自然，如老子云"天法道，道法自然"，则以自然为在道与天之先，亦不敢言解。佛家二乘，欲自缘生还灭，已知可解。大乘但以智慧观照依他如幻，无连环，亦无可解。今惠云可解，已拨出儒道范围，当在佛家大小乘之间。

原文：我知天下之中央，燕之北越之南是也。

释义：此与第六同为破方位之假法。惟彼以世俗假定之四方破，此则以世俗假说之中边破。如中国以燕之北为极北边，越之南为极南边，而即以东西周都为天下之中央，称为中国。然印度亦曾自称其国为中国，则必以其南北边为非中央也。故以地域论中边，往往适得其反。且中外相鄙夷，徒增我慢。惠施此辩，为破闭关时之我慢习气，此义春秋家颇知之。故曰：中国同于夷狄，则夷狄之，夷狄进于中国，则中国之。

原文：泛爱万物，天地一体也。

释义：此意明庄子立齐物之义。其实前九皆是世间至不齐之法，而分别立破以齐之。不齐多由不爱，不爱则互相非难，起种种分别，以致不齐。至第十句，则以一爱字总结其齐。庄子与惠子有濠梁之友谊，其著书称道不置。又详著其学说者，皆以于齐物义表同情之故。爱本有染净之分，染爱即贪，贪即说文所谓自营之私。……自营则爱自而不爱他，斯即庄子所云肝胆可成楚越，净爱即慈悲，亦即说文所谓分私为公。……故天地可视为一体。战国时大乱，多由染爱无净爱，有识之士皆忧之。故墨子著书，亦言兼爱。

原文：卵有毛。

释义：此立因果。世人睹果昧因，共说卵时无毛。然一切法，皆由种生。若卵时无毛种，则他日出卵成鸡，不应生毛。故云卵有毛。

原文：鸡有三足。

释义：此立根法。足于五根为身根摄，其血肉之足，名浮尘根，但有其二，尚不能行，然必假净色根而后能行。故曰三足。

原文：郢有天下。

释义：此破大小。大小由比较而立。天下指中国。郢指楚都。

以郢比中国,则郢为小。以中国比世界,则中国复小。以天下例郢都,则天下大。以楚之一县例郢,则郢复大。大可有小,天下有小,郢有大,则郢何不可有天下。

原文:犬可以为羊。

释义:此破众同分性。犬有犬之同分,羊中无有,故不为羊。若论其本性,则形虽有二,同为众生。经云:众生皆可称佛,何况犬不可以为羊乎。

原文:马有卵。

释义:此破四生。众生依卵胎湿化四生,而往天、人、阿修罗、饿鬼、畜生、地狱,六趣,以六趣之受报不同,而异其胎卵等生。今六趣无定,随念所转,则生亦应可转。马是畜生,畜中本有卵,如鸡等,何马不可有卵生耶。

原文:丁子有尾。

释义:此破名句文。俗谈字形,皆左行曲波有尾。丁子二字,非左行曲波,应无尾行。然说文叙云:仓颉之初作书,依类象形,故谓之文者,则文之象非是物。其后形声相益,即谓之字者,则字之名亦非事。名实相离,而强为安立。是无尾者,可言有尾。故丁子虽无左行曲波,可言有尾。此举一名以例文句。

原文:火不热。

释义:此破四大。四大即坚湿暖动。四大所造色,即地水火风。火是造色种,热是大种,大造之种各异,则火种必非大种。故知热非火,举火大以例地等。

原文：山出口。

释义：此破声尘。山之声是无执受大种为因非有情名，口之声是有执受大种为因有情名。然其为声界则同。故山出口。

原文：轮不辗地。

释义：此破行蕴。轮圆地平，相接只一点。前点生时，后点未生；后点生时，前点已灭。其全轮未有辗地之时，故言轮不辗地。

原文：目不见。

释义：破见性。目指浮尘根，非能见性。见是胜义根及识。故世人之言目见者，目实不能见也。举眼以例耳鼻舌身等根识。

原文：指不至，至不绝。

释义：此破有为相。指是生相。至不至是住异相，绝是灭相。生灭刹那，故虽指不见共至。刹那相续，故虽至亦不绝。

原文：龟长于蛇。

释义：此破长短之显色。以长较长，则长可短。以短较短，则短复可长。长短无定量，故说龟之短能长于蛇也。

原文：矩不方，规不可以为圆。

释义：此破行色之方圆。矩能为方而自不方，规能为圆而自非圆。以非方非圆者可为方圆。则方圆者亦可为非方圆。

原文：凿不围枘。

释义：此破一异。凿枘之异质，可合而为一形，则凡一形者，亦可分为异质。凿之围枘，是由异而一，不围枘，是由一而异。故一异破也。

原文：飞鸟之景，未尝动也。

释义：此破动静。鸟由先动而生飞法，至非法生，则动法灭。景生于飞，故景非动。非动即静。故虽飞亦静。

原文：镞矢之疾，而有不行不止之时。

释义：此破时间空间。矢之疾飞，则其时惟是行。然须分分经过空间，是分分有止，止时非行。故云有不行不止之时。

原文：狗非犬。

释义：此破名实。狗犬二名而一实，名者实之宾，言宾则遗主，故狗之实非犬名。

原文：黄马骊牛三。

释义：此破形色。黄骊是色非形体，马牛是形体非色，黄马骊牛是形色合，非彼色彼形，故有三焉。

原文：白狗黑。

释义：此破名色。白黑是色非名，狗是名非色，名与色非一，故白狗与狗无殊于狗与黑狗。

原文：孤驹未尝有母。

释义：此亦破名实。惟前第十七就已安立之名破，此就名之所从生，破夫驹生有母。孤由母灭，孤之名生，由有母之驹灭。故言未尝有母者，意谓驹由母生，孤驹非由母生也。

原文：一尺之棰，日取其半，万世不竭。

释义：此破不相应行法之数。以一为基，升至万而不穷，即降之半而亦无穷。半与一对名半，若不与对，则复可名一。如有一之数，以三之自乘除之，则常得一，以致无穷。数学家谓之循环小数，亦足证其万世不竭也。[①]

以上是对经典解读的一种方式，即以佛学概念对应欲解释的文本里的概念。其中涉及佛学概念为无边、一真法界、极微、无表色、世俗见、色法与识变、不相应行之分位假法、共相、自相、万法唯识、一切种相、不相应行之方位假法、刹那生灭、缘生法、我慢之习气、染净、因果、假净色根、破大小、破众同分性、破四生、破名句、破四大、破声尘、破行蕴、破见性、破有为、破显色、破行色、破一异、破动静、破时间空间、破名实、破形色、破名色、破名实、破不相应行法之数。它们分别对应的概念为至大、大一、至小、无厚、天高地卑、无高卑、时生灭、大同、小同、毕同、毕异、南方、今可为昔、无连环、中国、天地一体、卵有毛、鸡三足、郢都、犬为羊、马有卵、丁子有尾、火不热、山出口、轮不辗地、目不见、至亦不绝、长短无定量、方圆、凿不围枘、景非动、有不行不止之时、狗非犬、黄马骊牛三、白狗黑、孤驹未尝有母、无穷。不论用什么理论进入经典，都意味着会形成一篇新的经典解释作品，唐大圆也是如此。如上引文："此至大即无边，大一即一真法界；至小谓极微，或如化学家所云原子电子等。法界一真，故云无外；极微不可分，故云无内。古解谓无外不可一、无内不可析者，近是。……校以算术，按之点线等，固亦一别义矣。"这种以外释内的方法，在唐大圆的时代十分多见，如章太炎从西方逻辑出发，视此为诡辩："名家是治'正名定分之学'，就是现代的'论理学'，可算是哲学的一部分。尹文子、公孙龙子和庄子所称述的惠子，都是治

---

① 唐大圆：《惠辩引义》，《海潮音》第 5 年第 12 期（1925 年 1 月 14 日），载黄夏年主编：《民国佛教期刊文献集成》（161），第 14—21 页。

这种学问的。惠子和公孙龙子主用奇怪的论调，务使人为我驳倒，就是希腊所谓'诡辩学派'。"[1]杜国庠把惠施十命题作为一个论证，其中八个命题为前提，二个命题为结论，所欲论证的主题是"合同异"："所谓'大同与小同，异，此之谓小同异。万物毕同毕异，此之谓大同异'；'泛爱万物，天地一体也'；——这两个命题，在十题中显然是结论部分。其余八个命题则属于前提的"。[2]以上两例明显不同于唐大圆的解读。不同的解读与学者的不同理解有关，一方面展现其对于先秦经典的理解水准，另一方面也呈现其知识背景。如何评判他们的研究？应该看其是否是对所释经典的一种合理解释和思想推进。唐大圆的作品《惠辩引义》最大贡献在于展现佛学、因明是让学生理解先秦思想的一种方式，而非阐释惠施、辩者所讲的三十三个命题的本身义蕴。

（二）因明与《墨子集解》

张纯一（字仲如，法号觉义、证理），1920年起，在燕京大学、南开大学等校任教，对先秦诸子、佛教、基督教均有研究。张纯一的《墨子集解》在1936年由世界书局出版。

《墨子集解》是作者引用自己认为重要的、已经面世的关于《墨子》的解释，也包括作者自己的释义。今以《墨辩》六篇（《经上》《经说上》《经下》《经说下》《大取》和《小取》）为例说明。例如在总释《经下》篇，引用尹桐阳的观点："尹云、经上体似尔雅释诂释言、训解书也。经下体似印度因明法、则论理学耳。因明法、必立宗因喻三义。宗者、论旨。因者、其所因依。喻者、引一例以证之。经下文多备三者、其论理学之权与舆与。"[3]还如

---

① 章太炎：《章太炎国学讲义》，北京：海潮出版社，2007年，第28页。
② 杜国庠：《惠施、公孙龙的逻辑思想》，《杜国庠文集》，北京：人民出版社，1962年，第533页。
③ 张纯一：《墨子集解》，任继愈、李广星主编：《墨子大全》（第31册），北京：北京图书馆出版社，2003年，第329页。此段引文已经笔者点校。

释"异类不吡,说在量"中对"量"的释义时,引用了孙诒让、伍非百的解释:
"孙云、量谓量度其理数之异同。伍云、量、长短多少贵贱高下之度也。凡量
之可比者、必于其类。否则关系不生。虽比而量莫能明。"①

张纯一自己的理解包括三种解释方式。一是以先秦思想说《墨子》,如
释"俱一无变"引用《庄子》思想:"庄子《齐物论》曰'凡物无成与毁,复通
为一',义可互明。"②二是用西方传统逻辑、科学思想说《墨子》,如讲《经
上》"同""异""同异交得"时总结为:"上二章分析异同,为论理演绎之要
法。此章遣除异同,为论理归纳之要法。是为墨学以分析名相始,以遣除
名相终之明证。概教人怵于欲恶,勇于治化,以兼易明。非仅尚辩术也。"③
又如训"循":"伍云、循、古遁字。遁谓遁词,盖今论理学所谓逃避论点者
也。"④又以物理学释"无加焉而挠,极不胜重也"段:"今之天平,可略明此
理。"⑤释"端":"今物理学者,谓之原子。更精析之,名曰电子。谓分析一物,
至不可分析时,一一质点自在,终不变动。义与此同,如算学中之微积分,亦
可说明此理。"⑥使用现代科学理论来释《墨子》。三是以因明释《墨辩》,此
为本目研究的主题。

张纯一认为别墨思想与因明同:"墨家之有别墨,犹佛门之因明。……
墨辩大旨,多与因明同。有特点二,(一)重在正名。启悟他过,明显自宗。
匪惟审定思考而已。(二)注重实际之归纳。不重演绎之形式。希腊三段
论,大都俗谛的比量,无真现量可言,弗如也。"⑦但是,他在释《墨辩》诸篇
时也不是用因明一一对应《墨辩》经、说,而是根据自己的理解,能够用因明
解释的便用因明释。其解释经、说的特点是以经文为主,经、说结合;就《大

---

① 张纯一:《墨子集解》,任继愈、李广星主编:《墨子大全》(第31册),北京:北京图书馆出
　版社,2003年,第334页。
② 同上。
③ 同上书,第320页。
④ 同上书,第336页。
⑤ 同上书,第343页。
⑥ 同上书,第365页。
⑦ 同上书,第276页。

取》《小取》篇言，他认为："此两篇虽同为墨家之论理学，但大取篇系以学说为主体，而以论理为断制。小取篇系以论理为主干，而以学说为印证。"①这体现出其逻辑的性质是思想的工具的观念。今以分列形式，总结张纯一以因明研究《墨辩》的特征。

1.《经上》《经说上》前七条释

"故所得而后成也"条释"故"为："故者，一切事物所得以成就之小原因大原因也。印度三支论之因，义同。窥基因明入正理论疏云，因者所由。释所立宗义之所由也。或所以义。由此所以，所立义成。藕益因明论直解曰，因者，诸法所以然之故。宗非因不显。喻非因不立。因最有力。故标因明。因既明则能立能破也。墨经开宗明义，揭示故字。"

"若见之成见也"释："若者，取譬之词。……即因明之所谓喻也，下并同。凡见之所以成见者，其故有九，缺一不得。佛教唯识宗，所谓眼识九缘生是也。（一）空缘，即眼与境之中间，须无障碍。（二）明缘，即须日月灯等以照之。（三）根缘，须有能发识之眼。（四）境缘，即诸识所缘之境。（五）作意缘，即徧行五心所之作意，谓于所缘境而起警觉。（六）分别依，即第六识。谓眼识依之而起了别之作用。（七）染净依，即第七识。谓第六识恒依之而审量。（八）根本依，即第八识。谓六七二识，常依之而起受熏持种之作用。（九）种子缘，即是诸识各有自类亲种子为因缘。……盖墨子立言，具真现量。诠理颇多合于释氏，惟不及释氏之圆彻耳。"

释"知""虑"条为："智材，即摄大乘论所谓所知依"；"虑即百法明门论之寻伺。寻谓寻求。伺谓伺察。必依于遍行心所之思与别境心所之慧而起用。谓于境取相，令心造作为性也。心理学谓之思考"；"知，接也"，"即心理学所谓感受也，即佛典受想行识之受"。

"知""恕"条释"若见"为："此言既具识性，必多感触，既有感触，即具

---

① 张纯一：《墨子集解》，第383页。

印象。佛教唯识学,所谓落谢影子藏于八识田中。不易空却。及其时过境迁,一念忽萌。其印象即再现。如亲见其物之状态无异。故曰以其知过物而能貌之。若见。是即阿赖耶识,受熏持种之本能也。唯识论中,境本有三。曰性境,有真俗二义。曰带质境,有真似二义。曰独影境,有有质无质二义。此知过物云者,谓如眼识过色。初一刹那,属俗性境。然已受熏持种,故异时犹能貌之。若见云者,谓所见者是有质独影境,亦名似带质境。即旧时印象所落谢之影子,非是实物,唯是自识托彼外质变起影相。故曰若见。凡以破境显识耳。盖幻境不破,真知不现。不足以论物。"释"若明"条为:"犹心理学判断与推理,因明之真能立真能破。"

他总结从"故"到"恕"条为:"综观第一条明故,以正见极成立辩之主因。第二条即以万端分于兼,揭示墨道大而无外小而无内。第三条继以知材,犹释氏之言心王,所以大宇宙之总。示人具灵知之本能,原极精明。第四条继以虑求,言能见境界,知所简择。第五条继以知接,言于曾历境,印持不忘,皆本智之大用也。第六条教人精心析理,斯于契真无妄,止于一兼。忘我利群而已。故下文以仁义礼行等次之。此知墨经义极幽微,须藉佛教唯识学阐发之。"①

2.《经上》《经说上》其他条目释

《经上》《经说上》前 7 条之后条目,作者用因明释的条目仅有如下几条。

张纯一认为,从"仁"到"勇"共 14 条,"皆墨学主要术语,犹释氏因明之宗,教人循名责实也"。

"梦"条:"成唯识论曰,如患梦者,患梦力故,心似种种外境相现。缘此执为实有外境,不知是身如梦,为虚妄见。(维摩经方便品)借梦而喻其非真,与此经寄意同也。此明梦是独影境,全属非量。"

"久"与"宇"条:"颇似佛典诠无时量无方量之义。"

---

① 张纯一:《墨子集解》,第 280、281、282、283、283、283、283—284 页。

"穷"条:"楞严经所谓于一毫端,徧能含受十方国土,墨氏似已得其旨。"

"库"条:"藏识,谓人识性有如库藏之功用也。(释氏说藏识,有能藏所藏我爱执藏诸功用。)"

"止"条:"或无久之不止,或有久之不止,而即住即坏,终于无常一也。百法明门论,第四心不相应行二十四法中,有势速之法。可神会之。"

"必"条:"佛教法相宗,谓第六识了别一切境界,适当此必之分极义,谓第七识于所了境。恒审思量,随缘执我,终无间断,适当此不已义。故说云必,谓台执者也。……台执,犹法相宗所谓藏识。即第八根本识,分析言之,其义有三。(一)能藏,即能持义。犹如库藏,能藏一切宝物等。谓无量劫来,所作一切善恶种子,唯此识能藏。故约持种边说。(二)所藏,即所依义。犹如库藏,是宝物等所依故。此识是一切善染法所依处,故名所藏。此约受熏边说。(三)执藏,即坚守不舍义,犹如金银等藏,为人坚守,此识为染污第七识,坚执为自内我,故名执藏,以此三义,故令积劫因果,不失不坏。是之谓台执。"

释"是非必也":"第七识不起现行妄执有我时,或证入无生阿罗汉位以后,则平等性智现前,视人犹己,若弟兄然,一切平等。随所缘境,谓然谓不然,必非偏执也。如是则一切境相,非所必缘。"

释"闻耳之聪也":"颇似佛典言闻性圆通之理。"

释"五诺":"苏格拉底提倡问答法,有反诘、产念、诸式。因明有五问四记答之法。四记答与五诺略相类。相从、相去,类一问记。无知,类反问舍置二记,是、可,类分别记。"[1]

3.《经下》《经说下》释

"类"释:"所谓类者,即三段论式大前提,亦即因明之喻,同品异品,所由决定也。"

---

[1] 张纯一:《墨子集解》,第284、291、298、299、301、302、302—303、303、321、323页。

"不可偏去而二"释："凡物理当叩其两端而竭焉。有相与为二，不可偏去其一者。偏去其一，即落边见。说在见者于不见者俱，本不可离。若一与二，广与修然。此教人明于不见之见，所以破邪见，成正见也。即佛法戒见取见惑诸妄见，而贵真能见道见谛之理。"

"木与夜孰长"释："又示辩者不能用作比量，致成世间相违、自语相违之过失也。"

"辩无胜"释："说为因明之立，辩犹因明之破，故辩以争非为义。然辩者，立敌不能俱非，两方必有一当。当者辩胜，此犹因明之真能破。"

"有指"释："佛典所谓一实中道，离二边执，此以二参可引其端"，"若独指所已知，毋举所不知。如眼能视，耳能听，所已知也。而眼离识性不能视，耳离识性不能听，所未知也。眼根与眼识，故不能独指。若独指眼根，则所欲明眼能辨色之真相，终不可传也。"

"知而不以五路，说在久"中"久"释："久，即百法明门论第四心不相应行法之时。"

"火"释，引《宗镜录》引《唯识论》语："唯假智诠，不得自相，唯于诸法共相而转。"此为从自相共相解"火"。

"杀狗非杀犬"释："非经敌自两宗共许，或破或立，两俱不成也。"

"非半……说在端"中"端"释："端为质之点，释氏谓之微尘，唯识家谓之极微。唯识论云，诸瑜伽师，以假想慧，于粗色相，渐次除析，至不可析，假说极微。虽此极微，犹有方分，而不可析，若更析之，便似空现，不名为色。故说极微，是色边际。"

"一法者……俱有法而异……物俱然"句释："一法尽类，即因明之宗。方为因。则木与石虽不同类，而木为方木，石为方石。方尽同类，故或木或石，不害其方之相合也。此木彼石，尽同类者，由于方也。以此推之，物物俱然。概类即因明之喻，相类为同品，不相类为异品。或由多类合为一类，为归纳法。或由一类推为多类，为演绎法。总视其立宗如何，而明了其因之为异同，不相违耳。一方尽类，在因明为同品定有性。"

"狂举不可以知异"句释："狂举者，谓不合于同品有、异品无之正律也。……狂举即因明之比量相违。异即差别相，亦名相违因。有即差别性。……墨子立说精密，与因明同。盖破相违决定之失也。"

"以悖，不可也，之人之言可，是不悖，则是有可也。之人之言不可，以当，必不当"句释："这条确与因明说的自语相违无二。今引《因明入正理论疏》一段，以便与说相参。理门论云，如立一切言皆是妄，谓有外道一切言，皆是虚妄。陈那难言，若如汝说诸言皆妄，则汝所言称可实事，（之人之言可）既非是妄，一分实故，（是不悖则是有可也），便违有法一切之言。（以上说在其言之可）若汝所言，自是虚妄，余言不妄，（之人之言不可）汝今妄说非妄作妄，汝语自妄，他语不妄，便违宗法言皆是妄。（以上说在其言之不可）故名自语相违。"

"唯吾谓，非名也则不可，说在反"句释："唯吾谓者，言谓合正名，可以唯乎其谓。是立敌共许，所谓真能立也。非名则不可者，言谓非正名，则不可唯乎其谓。是立敌相违，所谓不能立也。一真一妄，二者义相反也。"[①]

4.《大取》释

"陈执""暴人"释："皆由自执陈陈之我见，及世间陈陈相因，徧计起执诸见，熏习而成。"

"正体不动"释："释氏所谓一心不乱，入无生忍。"

"智于意异"释："佛教唯识宗，言相分见分，义与此同。"

"仁而无利爱"释："仁即释氏所谓无漏种子，盖无缘大慈，同体大悲也。"

"故理类"释："揆之印度三支，故即宗，理即因，类即喻。又故即宗或因，任人据理立量，以类证也。拟以希腊三段，故即大前提，理即小前提，类即结合之断案也。墨子言必有宗，独重归纳，其神故无异于因明。若亚氏

---

① 张纯一：《墨子集解》，第 329、333、334、349、351、352、357、358、361、364—365、367—368、368—369、372、373 页。

以后学者,论理形式虽具,而学识远不及也。"他认为:"故字当以因明之宗逻辑之判释之","理虽重比量,亦兼资正教量矣。此当因明之喻体,逻辑之大原。"他又释"类"为:"此当因明之于,因明分喻为同喻异喻两种,亦适相同。"此处在释"故理类"释时,为了与因明理论对应,特别提到《经上》《经说上》中的"知,闻、亲、说"条,认为"辩经论知有闻知、亲知、说知,即瑜伽所谓正教量、现量、比量三者"。①

5.《小取》释

"论求群言之比"句释:"即群言审核异同,比较是非,求充符乎万物之谛理。决定无违,而后立量。言足令敌印证,决定智生。否则违法自相,义成踌躇颠倒,未免自误误人矣。"

"以名举实"释:"实者,法自相也,得法自相,相符不违,境属现量,如实制名,成真比量。"

"以辞抒意"释:"缀名成辞,其为辞必如法自相,相符无违,斯为真能立之辞。以此抒写意指,始可触类旁通而无过。"

"以说出故"释:"说明所以立辞之故。剖析异同,为全分异一分异、全分同一分同。判别是非,为全分是一分是、全分非一分非。使敌了然于得失从违之谛理,无难破似立真也。"

"效"释:"效者,论理学一定之程式。如故理类三法,或因明论,或三段论式,皆是。……中效则是者,抒意能入正理,破似立真也。不中效则非者,立辞说因不定,违宗资敌也。"

"辟"释:"譬即因明论之喻也。"

"殊类"释:"类有全分类、一分类、相似类、实不类之殊。"②

从以上释义看,以佛教、因明概念对应《墨辩》中一些内容进行研究,是张纯一《墨子集释》的途径之一,表明了作者对因明理论的把握水准。从中

---

①　张纯一:《墨子集解》,第388、392、401—402、403、406—407、407、408、408、408—409页。
②　同上书,第413、413、413—414、414、415、415、418页。

可以看出,其对古因明、新因明均有一定研究。如《瑜伽师地论》讲的正教量、现量、比量等,多有采用《因明正理门论》《因明入正理论》《因明入正理论疏》等经典里的内容,对包括唯识学方面的著作也多有引用。张纯一这种研究方式助益于因明学者对《墨辩》的理解,是跨文化逻辑史比较研究的一种尝试。其研究面对精通因明、墨学的研究者群体,自然促进了因明、墨学的复兴研究。

二、因明与《齐物论释》

章太炎在其《自述学术次第》里讲,"若《文始》、《新方言》、《齐物论释》及《国故论衡》中《明见》、《原名》、《辨性》诸篇,皆积年讨论以补前人所未举",其中《文始》《新方言》为语言文字学方面成果,其他归属于中国哲学领域,是对中国传统思想之新诠释。其"以补前人所未举",从方法看引入了佛学、因明。尤其是对《齐物论释》,章太炎自评极高:"既为《齐物论释》,使庄生五千言,字字可解。"[①] 不过,学界关于《齐物论释》的研究成果并不是很多。陈少明的论文《排遣名相之后——章太炎〈齐物论释〉研究》认为:"就思想方式言,它是以辨名析理的方式发掘子学哲学深度的典范之作。该书借佛学的名相分析,为原作各种隐喻式的陈述提供巧妙而内涵丰富的解说者,比比皆是。其思想视野,具有把东(道家、佛学)西(科学、哲学、宗教)方形上学融于一体,表达对人类生存状态普遍关切的情怀。"[②] 在这里,陈少明是从哲学视角评述《齐物论释》作品的价值,文中提到"其以认识论与因明的视角研究先秦名学的开创性,为学术史所公认",但从认识论与因明的视角研究先秦名学之成果亦为鲜见,彭漪涟的论文《章太炎对西方

---

① 章太炎:《自述学术次第》,章太炎著,傅杰编校:《章太炎学术史论集》,北京:中国社会科学出版社,1997年,第402、391页。

② 陈少明:《排遣名相之后——章太炎〈齐物论释〉研究》,《哲学研究》2003年第5期,第31—38页。

逻辑、印度因明和墨家逻辑的对比研究》①评价章太炎对三种古老的逻辑体系的比较主要是集中在推理格式的对比分析上，亦失公允。

本节以《齐物论释》定本为研究对象，考察章太炎怎么借因明将《齐物论》发展到《齐物论释》，借此分析章太炎的因明观念，进而探究其如何通过因明构建中国"名家"。

（一）从《齐物论》到《齐物论释》

《齐物论》内容包括六部分：论"道"章讲"知止其所不知"，即"大道不称，大辩不言，大仁不仁，不廉不嗛，不勇不忮"，因为"道未始有封，言未始有常"，"五者圆而几向方矣"，"道昭而不道，言辩而不及，仁常而不成，廉清而不信，勇忮而不成"；"尧问于舜"章显尧不占三国之德行；"齧缺问乎王倪"章显物无分别、无好坏（"仁义之端，是非之涂，樊然殽乱，吾恶能知其辩！"），无利害，所以"死生无变于己"；"瞿鹊子问乎长梧子"章借孔子之批评讲万物一体（"参万岁而一成纯，万物尽然，而以是相蕴"），讲去辩，讲自然而然、顺天以性（"化声之相待，若其不相待，和之以天倪，因之以曼衍，所以穷年也。"），即"是不是，然不然。是若果是也，则是之异乎不是也亦无辩；然若果然也，则然之异乎不然也亦无辩。忘年忘义，振于无竟，故寓诸无竟"；"罔两问景"章讲"恶识所以然？恶识所以不然？"；"庄周梦为胡蝶"章讲"物化"。②

《齐物论释》将《齐物论》分为七章来解读，与《齐物论》文本不同。《齐物论释》文本里出现了西方哲学、逻辑学概念和先秦诸子思想，更多出现的是佛学因明概念。在此，只以"章太炎如何以佛学因明分析《齐物论》理论"为主题，窥其对《齐物论》之因明式解读。

---

① 彭漪涟：《章太炎对西方逻辑、印度因明和墨家逻辑的对比研究》，《江汉论坛》1987 年第 8 期，第 43—47 页。
② 郭庆藩撰，王孝鱼点校：《庄子集释》，第 43—114 页。

第一章南郭子綦与颜成子游对话。以"天籁"（"而使其自己也"）、"地籁"（"地籁则众窍是已"）、"人籁"（"人籁则比竹是已"）借譬，通过"天籁"与"地籁"比照，以"天籁""咸其自取"来论证"物无非彼，物无非是"，"复通为一"，"天地一指也，万物一马也"，"天地与我并生，而万物与我为一"而"非分"（物我、是非、有无），"非言"，"不用"，"无辩"，应该"和之以是非而休乎天钧，是之谓两行"，"寓诸庸"，"莫若以明"，"因是已"。所以，"丧我"是丧认识、丧分别、丧言、丧辩等，目的是顺应自然。章太炎对此章的佛教诠释分为六部分。

第一部分章太炎认为《齐物论》"略破人法大相"和"明心量"。他以"地籁"中的"风"指"不觉念动"，"万窍怒号"指不同"相名"，他认为："夫吹万不同，而使其自己也。咸其自取，怒者其谁邪？"一句，是"略破人法大相"。其诠释为："天籁"中"吹万"指藏识及其种子，"使其自己"为"依止藏识"，"言使其自己，以意根执藏识为我……自取者，《摄大乘论》无性释曰：'于一识中，有相有见，二分俱转。相见二分不即不离。''所取分名相，能取分名见。''于一识中，一分变异，似所取相，一分变异，似能取见。'是则自心还取自心，非有余法。知其尔者，以现量取相时，不执相在根识以外，后以意识分别，乃谓在外，于诸量中现量最胜。现量即不执相在外，故知所感定非外界，即是自心现影。既无外界，则万窍怒号，别无本体，故曰怒者其谁。"因此，"夫已自取己者，即己我若是，一不应自取我若是，而云何有我？则丧我不足怪矣"。他接着便明心量，认为"大知闲闲"指藏识和知；"小知间间"指五识不能相待、意识不能同时有二想；"其寐也魂交"指梦中独头意识；"其觉也形开"指明了意识及散位独头意识；"与接为构，日以心斗"中"接"为触受，"谓能取所取交加而起，二者交加，则顺违无穷，是名日以心斗"；"缦"是率尔堕心；"窖"是寻求心者；"密"是精心；"恒审思量，所谓慧心也。即于思中有简择用"；等等。由此，他"略举心及心所有法"，提出："心不起灭，意识不续，中间恒审思量，亦悉伏断，则时分销亡，而流注相续之我自丧矣。"

第二部分自"非彼无我,非我无所取"至"而人亦有不芒者乎?"章太炎认为:"此因丧我之说,而论真我和幻我也。……我苟素有,虽欲无之,固不可得。我若定无,证无我己,将如槁木枯腊邪?为是征求我相名色,六处我不可得,无我所显,真如可指,言我乃与人我法我异矣。"

第三部分自"夫随其成心而师之"至"天地一指也,万物一马也"。此处是论藏识中种子。藏识"本有世识、除识、相识、数识、作用识、因果识、第七意根本有我识,其他有无是非,自共合散成坏等相悉由此七种子支分观待而生。成心,即是种子,种子者,心之碍相,一切障碍即究竟觉,故转此成心则成智,顺此成心则解纷。成心之为物也,眼耳鼻舌身意六识未动,潜初藏识意根之中,六识既动,应时显现,不待告教,所谓随其成心而师之也"。此段包含三方面内容:"第一明种子未成,不应倒责为有;第二明既有种子,言议是非或无定量;第三明现量所得计为有实法实生者,即是意根妄执也。"

第四部分自"可乎可"至"是之谓两行"。此为破名守之拘。章太炎认为此段佛经无解("又详《齐物》大旨,多契佛经,独此一解,字未二百,大小乘中皆所未有。")。

第五部分自"古之人,其知有所至矣"至"此之谓以明"。章先生在此用"三性"解释"果且有成与亏乎哉?果且无成与亏乎哉"命题;用"自悟悟他"说"若是而可谓成乎,虽我亦成也。若是而不可谓成乎,物与我无成也"命题。他认为,"无物之见,即无我执、法执也。有物有封,有是非见,我法二执,转益坚定,见定故爱自成,此皆徧计所执,自性迷,依他起自性,生此种种愚妄,虽尔圆成实性,实无增减,故曰果且有成与亏乎哉?果且无成与亏乎哉","详夫自悟悟他,立说有异,悟他者必令三支无亏,立敌共许,义始极成,若违此者,便与独语无异。故曰若是而可谓成乎?虽我亦成也。语随法执,无现比量,非独不可悟他,己亦不能自了,故曰若是而不可谓成乎?物与我无成也"。

第六部分自"今且有言于此"至"因是已",讲"名言习气"。章先生在此用《摄大乘论》释"言"与"义"。引文如下:"《摄大乘论》世亲释曰:'若言要待能诠之名,于所诠义,有觉知起,为遮此故,复说是言,非诠不同,以能诠名与所诠义互不相称,各异相故。'此即明言与义不类也,若竟无言,则有相分别不成。《摄大乘论》世亲释曰:'非离彼能诠智于所诠转,由若不了能诠之名于所诠义,觉知不起。'此即明言与义相类也。"关于为什么能诠所诠不相称,章先生从三名("一者本名,二者引伸名。三者究竟名。")予以解释,即本名无所依,且多国多言;引申名有多义,异语转多义,究竟名与究竟义也难相称。所以庄子只能从不称中"请尝言之",而章先生认为:"《摄大乘论》所谓似法似义,有见意言。"关于"有始"与"无始"、"万物与我为一"及"一与言为二,二与一为三"的解释亦依唯识而言,不一而足。①

第二章以现量、比量释"六合之外,圣人存而不论"。他认为:"六合有外,人人可以比量知其总相;其外何状,彼无现量,无由知其别相。存则无损减,不论则无增益,斯为眇挈中道。"②

第三章以中国传统思想解尧舜对话,得出"故应物之论,以齐文野为究极"。③

第四章以《大乘起信论》释齧缺与王倪对话,认为"物所同是,谓众同分所发触受想思。子所不知,谓触受想思别别境界何缘而发,又若识及根尘,即由迷一法界而成……触受想思唯是织妄,故知即不知也。达一法界,心无分别,故不知即知也"。其所举五感所取,落脚于至人,"若夫至人者,亲证一如,即无岐相,现觉无有风雷,寒热尚何侵害之有"。④

第五章用"初说生空,次说生空亦非辞辩可知,终说离言自证"解"瞿鹊

① 章太炎著,王仲荦校点:《齐物论释定本》,《章太炎全集(六)》,上海:上海人民出版社,1986年,第67、66、67、67、67、68、69、70、70、72—73、79、82、84、85、88、85、86、89页。
② 同上书,第98页。
③ 同上书,第100页。
④ 同上书,第101—103、104页。迷一法界乃成六识六根六尘。——本书作者

子与长梧子对话"。章先生特别强调庄子提出的"和以天倪,因以曼衍"为"自悟悟他之本",认为其比之佛教圣言量更有说服力:"若因明所谓圣教量者,足以暂宁诤论,止息人言,乍似可任,而非智者所服。惟和之自然之分,任其无极之化,则是非之境自泯,而性命之致自穷也。"①

第六章讲罔两问景,认为罔两"自无主宰,别有缘生。……责其缘起"。他依"因"、"缘"和"果"解庄子言"恶识所以然? 恶识所以不然? ","《庄子》所言果,与佛典之果同义;其言因者,则倒本前事之言,与佛典辞气有差,义乃无异",他认为此引文与佛教因、缘和果说一致,因为"详夫因缘及果,此三名者,随俗说有,依唯心说,即是心上种子。不可执着说有"。另,"此章复破缘生而作无因之论"。②

第七章解"庄周梦为蝶",他认为庄子讲轮回,梦是同喻("然寻庄生多说轮回之义,此章本以梦为同喻,非正说梦"),为俗谛所讲("轮回生死,亦是俗谛,然是依他起性,而非偏计所执性,前章说无待所以明真,此章说物化所以通俗"),与佛法的区别在于:"佛法以轮回为烦恼,庄生乃以轮回遣忧。"他认为这是庄子之短。因为佛去烦恼为涅槃,而庄子"实无欣羡寂灭之情"。此处章太炎引入了庄子其他篇及老子相关言语、思想,又用佛教《起信论》《大乘入楞伽经》解其义。如引用《德充符篇》"以其知得其心,以其心得其常心""彼且择日而登假",以佛解,释为:"谓依六识现量,证得八识自体,次依八识现量,证得菴摩罗识自体,以一念相应,慧无明顿尽于色究竟处,示一切世间最高大身也。此乃但说佛果,而亦不说涅槃。"此是说庄子"不求无上正觉为庄生所短"。③

概括《齐物论释》内容特色,就是用唯识学释《齐物论》。依章太炎理解,《齐物论》内容里包含着论证,这种论证只有因明能够解读。

---

① 章太炎著,王仲荦校点:《齐物论释定本》,第 110、107 页。
② 同上书,第 110、112、111、112 页。
③ 同上书,第 117、118、118、118、119、120 页。

（二）从章太炎的因明观念看其《齐物论释》作品

章太炎用佛学、因明研究中国经典有两个进路。第一个是从哲学意义上的研究。《齐物论》是哲学著作，中国哲学研究的特点是经典解释，在对经典解释中阐发解释者的思想。章太炎对《齐物论》的解释不同于郭象的《庄子注》，他的作品《齐物论释》引入了佛学、因明，而因明归属于佛学，章太炎在《齐物论释》中根据需要，将《齐物论》的内容一一对应于佛学概念，自然认为在《齐物论》里也有因明概念。换句话说，在章太炎看来，佛学有一个含因明子群的概念群，《齐物论》解释可以从群里寻求。所以我们可以说，在章太炎这里，因明对《齐物论》解释的影响是促成中国传统哲学的近代转型，而非因明促成中国逻辑的近代挖掘，因为章太炎另有关于中国逻辑的看法。

依章太炎的看法，思想需要论证，论证就是辩说，辩说是有规定形式的，此为"辩说之道"（"辩说之道，先见其旨，次明其柢，取譬相成，物故可形"）。[①] 在世界上的各个文化传统里，对辩说之道的研究仅有印度、中国、希腊三派。印度称因明，中国称"名家"，希腊称论理学。章太炎认为因明"辩说之道"最为完善，此观念在《诸子学略说》和《原名》里均有论述。今引以为证。

他在《诸子学略说》里讲：

> 何谓因明？谓以此因明彼宗旨。佛家因明之法，宗、因、喻三，分为三支。于喻之中，又有同喻、异喻。同喻异喻之上，各有合离之言词，名曰喻体。即此喻语，名曰喻依。……近人或谓印度三支，即是欧洲三段。所云宗者，当彼断按；所云因者，当彼小前提；所云同喻之喻体者，当彼大前提。特其排列逆顺，彼此相反，则由自悟、悟他之不同耳。然欧洲无异喻，而印度有异喻者，则以防其倒合。倒

---

① 章太炎：《原名》，章太炎著，傅杰编校：《章太炎学术史论集》，第221页。

合则有减量换位之失,是故示以离法,而此弊为之消弭。村上专精据此以为因明法式长于欧洲。①

在《原名》里说:

> 辩说之道,先见其旨,次明其柢,取譬相成,物故可形,因明所谓宗、因、喻也。印度之辩,初宗,次因。次喻(兼喻体、喻依)。大秦之辩,初喻体(近人译为大前提),次因(近人译为小前提),次宗;其为三支比量一矣。《墨经》以因为故,其立量次第,初因,次喻体,次宗;悉异印度、大秦……喻依者,以检喻体而制其款言,因足以摄喻依,谓之同品定有性。负其喻依者,必无以因为也,谓之异品遍无性(并取《因明论》说)。大秦与墨子者,其量皆先喻体后宗。先喻体者,无所所容喻依,斯其短于因明。②

如上两段引言明显表现了章太炎的比较态度。就比较所依概念言,他以因明术语为对象,比较希腊、中国相关概念,如引文"宗、因、喻体、喻依、三支比量"等,不用三段论的"大前提"等;就论式优越言,他特别注重因明论式的完备性,如引文"印度有异喻者,则以防其倒合"等。正因为他认为因明最为完善,所以章太炎用因明研究"名家":"名家是治'正名定分之学',就是现代的'论理学',可算是哲学的一部分。尹文子、公孙龙子和庄子所称述的惠子,都是治这种学问的。惠子和公孙龙子主用奇怪的论调,务使人为我驳倒,就是希腊所谓'诡辩学派'。《荀子·正名篇》研究'名学'也很精当。墨子本为宗教家,但《经上》、《经下》二篇,是极好的名学。"③

---

① 章太炎:《诸子学略说》,章太炎著,傅杰编校:《章太炎学术史论集》,第 183—184 页。
② 章太炎:《原名》,第 221—223 页。
③ 章太炎:《章太炎国学讲义》,第 28 页。

基于荀子的《正名》和《经上》《经下》为"极好的名学"这一观点，他在将印度、希腊辩说之道与中国辩说之道比较时，自然重点以《正名》和《经上》《经下》名学理论比较为主。

在与《正名》的比较中，章太炎只取"散名"内容。如《诸子学略说》以所缘缘、增上缘等释"缘天官"。"大凡一念所起，必有四缘：一曰因缘，识种是也；二曰所缘缘，尘境是也；三曰增上缘，助伴是也；四曰等无间缘，前念是也。缘者是攀附义。此云缘天官者，五官缘境，彼境是所缘缘，心缘五官见分，五官见分是增上缘，故曰'缘耳而知声可也，缘目而形可也'。""五官非心不能感境，故同时有五俱意识为五官作增上缘。心非五官，不能征知，故复借五官见分为心作增上缘。"以现量解《正名》"五官簿之而不知"：五官感觉，惟是现量，故曰"五官簿之而不知"。又以"非量、比量"释"心征之而无说"：心能知觉，兼有非量、比量，初知觉时，犹未安立名言，故曰"心征之而无说"，"征而不说，人谓其不知，于是名字生焉。大抵起心分位，必更五级：其一曰作意，此能警心令起；二曰触，此能令根（即五官）、境、识三，和合为一；三曰受，此能领纳顺违俱非境相；四曰想，此能取境分齐；五曰思，此能取境本因。作意与触，今称动向，受者今称感觉，想者今称知觉，思者今称考察。初起名字，惟由想成，所谓口呼意呼者也。继起名字，多由思成，所谓考呼者也。凡诸别名，起于取像，故由想位口呼而成。凡诸共名，起于概念，故由思位考呼而成"。①

他用新因明"宗、因、喻"三支论式释《墨经》之以"故"成"宗"："佛家因明之法，宗、因、喻三，分为三支。于喻之中，又有同喻异喻。同喻异喻之上，各有合离之言词，名曰喻体。即此喻语，名曰喻依。如云声是无常（宗），所作性故（因）。凡所作者皆是无常，同喻如瓶；凡非无常者皆非所作，异喻如太空（喻）。《墨子》之'故'，即彼之'因'，必得此因，而后成

---

① 章太炎：《诸子学略说》，第182—183页。

宗。故曰:'故,所得而后成也。'小故,大故,皆简因喻过误之言。云何小故? 谓以此大为小之'因'。盖凡'因'较宗之'后陈',其量必减。如以所作成无常,而无常之中,有多分非所作者,若海市、电光,无常起灭,岂必皆是所作? 然凡所作者,则无一不是无常。是故无常量宽,所作量狭。今此同喻合词,若云凡无常者,皆是所作,则有'倒合'之过。故曰:'有之不必然。'谓有无常者,不必皆是所作也。然于异喻离词,若云凡非无常者皆非所作,则为无过。故曰:'无之必不然。'谓无无常者,必不是所作也。以体喻宽量,以端喻狭量,故云:'体也,若有端。'云何大故? 谓以此大为彼大之因。如云声是无常,不遍性故。不遍之与无常,了不相关,其量亦无宽狭。既不相关,必不能以不遍之因,成无常之宗。故曰:'有之必无然。'二者同量,若见与见,若尺之前端后端。故曰:'若见之成见也。'……体,若二之一,尺之端也。"[1]

《原名》围绕着"散名",研究了三个问题("论名之所以成,与其所以存长者,与所以为辩者也")。就名之所以成,他用"受、想、思"比附《正名》中的"天官"与"征知",认为:"名言者,自取像生……想随于受,名役于想""接于五官曰受,受者谓之当簿;传于心曰想,想者谓之征知。一接焉一传焉曰缘。"按照唯识学四缘理论,他把增上缘视作名之所以成。其对《经上》《经下》的研究是以佛教中相对应的概念来解释。如用佛教九缘释《墨经》所说的"五路":"五路者,若浮屠所谓九缘:一曰空缘,二曰明缘,三曰根缘,四曰境缘,五曰作意缘,六曰分别依,七曰染净依,八曰根本依,九曰种子依。自作意而下,诸夏之学者不亟辩,泛号曰智。"又如,将《墨经》所说的"亲、说、闻"比作因明的现量、比量和声量(圣教量)。他认为陈那因明取消圣教量,是因为"诸宗哲学既非一轨,各持圣教量以为辩,则违立敌共许之律";在辩论时,不能违反亲与闻,"违于亲者,因明谓之见量相违;违于闻者,因明谓之世间相违"①。

从上几例看,同样是用佛学、因明释中国经典,章太炎研究中所涉佛学概念归属于因明系统,是基于因明体系的,绝不是三支论式所摄的概念群。它来源于佛教,而佛教自然服务于因明体系的建立。所以,按照哲学学科分类的话,章太炎《正名》《墨经》的因明研究归属于逻辑学领域,而《齐物论》的因明研究属于中国哲学领域。但是,因明在这些研究中发挥的作用是一样的,章太炎的因明理解成就了《齐物论释》这部作品。

(三)《齐物论释》之后

《齐物论释》发表后,1912 年由频伽精舍出版单行本,《齐物论释》定本于 1919 年首次刊行于浙江图书馆本《章氏丛书》中。② 在 1912 年以前,章太炎有过佛学、因明研读的经历,这在其《自述学术次第》有交代:"余少年独治经史《通典》诸书,旁及当代政书而已,不好宋学,尤无意于释氏。三十岁顷,与宋平子交。平子劝读佛书,始观《涅槃》、《维摩诘》、《起信论》、《华严》、《法华》诸书,渐近玄门,而未有所专精也。遭祸系狱,始专读《瑜伽师地论》及《因明论》、《唯识论》,乃知《瑜伽》为不可加,既东游日本,提倡改革,人事繁多,而暇辄读藏经。又取魏译《楞伽》及《密严》诵之,参以近代康德、萧宾诃尔之书,益信玄理无过《楞伽》、《瑜伽》者。"③ 这段自述中,"三十岁顷"大概是 1899 年前后,此时是其反清时期;"遭祸系狱"是指1903—1906 年的监狱生涯;"东游日本"指 1906 年出狱到日本。之后,1911年章太炎回国,1913 年因讨伐袁世凯,被软禁在北京,直至 1916 年。由此简历可见章太炎的革命热情。因为他懂佛,所以有学佛学以救国之意,关于这一目的他自己也多有表述,"所以提倡佛教,为社会道德上起见,固是最

---

① 章太炎:《原名》,第 219、220、221、221 页。
② 章太炎:《自述学术次第》,第 402 页。
③ 同上书,第 391 页。

要；为我们革命军的道德上起见，亦是最要。总望诸君同发大愿，勇猛无畏。我们所最热心的事，就可以干得起来了"，"作民德者，舍此无他术也"。① 由于章太炎是个学问家，此段时间他又一直没有间断从事国学研究，因此，他由详细研读《瑜伽师地论》及《因明论》《唯识论》，自然想到与中国经典、西方哲学进行比较，致使出现他这一时期的佛学、因明式的国学研究著作，如《齐物论释》，还如与西方科学、哲学比较（"凡学皆贵实验，理想特其补助，现量即实验，比量即理想也。""现量即亲证之谓，所谓实验也。各种实验，未必不带名想分别，而必以触受为本，佛法所谓现量者，不带名想分别，但至受位而止，故实验非专指现量，而现量必为实验之最真者。……凡诸辩论，皆自证以后，以语晓人耳。若无自证，而但有辩论……言之虽成理，终为无当。"②）。

这里有一问题值得我们去思考——"若《齐物论释》、《文始》诸书，可谓一字千金矣"③，为什么在其晚年只字不提《齐物论释》？要知道他晚年可是专一从事国学研究的（"晚岁来吴，吴中旧有国学会，先生冠以章氏之号而别之，名曰'章氏国学讲习会'，一时章氏国学讲习会之名大著。先生分门讲演，每日过午开始，往往延及申酉。"④）。他在章氏国学讲习会讲《齐物论》："'齐物论'三字，或谓齐物之论，或谓齐观物论，二义俱通。庄子此篇，殆为战国初期，学派分歧，是非蜂起而作。'彼亦一是非，此亦一是非'，庄子则以为一切本无是非。不论人物，均各是其所是，非其所非，唯至人乃无是非。必也思想断灭，然后是非之见泯也。其论与寻常论平等者不同，寻常论平等者仅言人人平等或一切有情平等而已。是非之间，仍不能平等也。庄子以为至乎其极，必也泯绝是非，方可谓之平等耳。揆庄子之意，以为凡

---

① 汤志钧：《章太炎政论选集（上）》，北京：中华书局，1977年，第275—276、397页。
② 章太炎：《与李石岑》，原载《时事新报·学灯》1921年1月19日，收于马勇编：《章太炎书信集》，石家庄：河北人民出版社，2003年，第724、725页。
③ 章太炎：《自述学术次第》，第402、391页。
④ 诸祖耿：《章太炎先生〈国学讲演录〉序》，章太炎著，吴永坤讲评：《国学讲演录》，南京：凤凰出版社，2008年，第1页。

事不能穷究其理由,故云'恶乎然? 然于然;恶乎不然? 不然于不然'。然之理即在于然,不然之理即在于不然。若推寻根源,至于无穷,而然、不然指理终不可得,故云然于然,不然于不然,不必穷究是非之来源也。"

同样,为什么在其晚年研究名家时只字不提因明? 纵观章太炎先生的国学研究历程,从地域上看,粗略地可以分为在杭州、日本、北京、上海和苏州等地以讲学方式研究国学的五个主要时期。他在不同时期都对"名家"有研究,但系统地用佛教,尤其是用因明研究"名家"只在日本、北京这两个时期,其他时期并没有这种研究。如章太炎在章氏国学讲习会上讲学记录的《诸子略说》,仍然是以荀子《正名》为核心,重点探讨"散名",讨论了孔子"正名"、尹文、惠施、公孙龙、墨家和荀子等的"名"思想,结论是:"名家最得大体者,荀子;次则尹文。尹文之语虽简,绝无诡辩之风;惠施、公孙龙以及《墨子·经》上、下,皆近诡辩一派,而以公孙龙为最。"在这里,他没有用佛理、因明解"正名""散名"。他论及荀子为什么关注散名("古今语言,虽有不同,然其变以渐,无突造新名以易旧名之事;不似刑名、爵名、文名之随政治而变也。")时,对"缘天官"的诠释为:"人之五官,感觉相近,故言语可通,喜怒哀乐之情亦相近,故论制名之缘由曰'缘天官'也。"[①]也没有就西方逻辑和印度因明进行比较。

三、因明与《新唯识论》

现代新儒家第一代代表人物熊十力的代表作《新唯识论》建构的哲学体系之"新",在于方法是因明的。一方面熊十力通过对《因明入正理论疏》的删注,形成对因明的理解;另一方面他用因明再建儒学。其构想《新唯识论》《量论》《大易广传》构成其"儒学新体系"框架(虽然《量论》《大易广传》

---

① 章太炎:《诸子略说》,章太炎著,吴永坤讲评:《国学讲演录》,第 210—211、230、235、235 页。

未能写成,但其框架已经形成),在他完成的《新唯识论》这一著作里,他采用唯识理论(含"因明")展开新哲学论证,此著是通过修改唯识学诸多概念涵义而成的。

(一)《因明大疏删注》与熊十力因明观

唐代窥基的《因明入正理论疏》(世称《因明大疏》)包括四部分:叙所因、释题目、彰妨难、释本文。以笔者理解,窥基在"叙所因"、"释题目"、"彰妨难"里确立因明内容及特征、重要传承等内容,在"释本文"里借对《因明入正理论》作释之名,汇集古因明(含非佛教因明)、新因明(尤其是《因明正理门论》)、唯识学思想为一体,其以《因明入正理论》结构为顺序,对《因明入正理论》所涉因明理论做文献汇编和诠释工作。所以,《因明大疏》既是因明研究的宝贵资料库,也是因明理论的新发展,更是在汉传因明史上有着里程碑作用的因明史书。熊十力《因明大疏删注》写于1926年,为北京大学授课而作,是熊十力对唐代窥基《因明入正理论疏》的新发展。就其内容,本节从三个方面开展研究,以窥其因明观念。

1."删"之内容

将熊十力《因明大疏删注》与《因明大疏》相比照,可知其删注内容如下:《因明大疏》导言中原有价值评价词句,熊删;"叙所因"与"释题目"部分熊只保留因明简史(描写部分、神话部分删)、《因明入正理论》题目五释和作者介绍;"彰妨难"部分熊删。

关于"释正文"部分,《因明大疏删注》所删内容如下:释正文"初颂"部分,熊只保留"能立、能破、似能立、似能破、现量、比量、似现量、似比量"八门含义的解释,删"明古今同异、辨八义同异、释体相同异"三部分内容。

能立 "如是总摄诸论要义"释中,自"此义总显瑜伽"至结束的窥基解释熊删。"此中宗等多言名为能立"释中,除个别句子删外,还有大段删除部分,包括:自"理门二解"至"谓发端标举简持指斥",自"问宗所立,颂中八义"至"故体亦可称"。"由宗因喻多言开示诸有问者未了义故"释中，自"其论法义，瑜伽等说，有六处所"至结束。"此中宗者"释中，自"瑜伽论云"至"一准彼释"删。"谓极成有法极成能别"释中，自"极者，至也"至"至能立成之本所诤故"、自"释初难言……释次难言"至"如成宗言差别性故"等删。"差别性故"释中，自"即简先古诸因明师"至"有许不许以为宗体"、自"问相互差别则为宗性"至"此论独言"删。"随自乐为所成立性"释中，自"唯简于真"至"无所滥故不言乐为"删。"如有成立声是无常"释中，自"瑜伽论云"至结束删。"因有三相"释中，自"故瑜伽云"至结束删。"谓遍是宗法性，同品定有性，异品遍无性"释中大量删除部分有七处，即自"然因明理"至"彼决定故"、自"初有宗法而非遍者"至"为简非句故说遍是宗法性"、自"以随有无体名同品"至"故答不然"、自"理门论中释九宗云"至"即成九也"、自"上九宗中"至"故说同品定有性也"、自"亦因所成"至"非离于宗返成宗义"、自"由此应为四句分别"至结束，均删。"云何名为同品异品"释中，只保留"别释有二，初问、后答，此问也"。"谓所立法，均等义品，说名同品"释中，自"是中意说宗中同品"至"应名同品"、自"由法能别之所别宗因之所成"至结束删。"如立无常瓶等无常是名同品"释中，自"故瑜伽言"至结束删。"异品者，谓于是处无其所立"释中，部分删。"若有是常，见非所作，如虚空等"释中，只保留"此别指法，如立其无常宗，所作性为因，若有处所是常法聚，见非是所作，如虚空等。说名异品"。"此中所作性或勤勇无间所发性""遍是宗法、于同品定有，于异品遍无""是无常等因"三释中无删。"一者同法，二者异法"释中，自"问何故宗同异名品"至结束删。"同法者，若于是处显因同品决定有性"释中，全删。"谓若所作见彼无常，譬如瓶等"释中，自"意说因喻五能所立"至"非为尊重"删。"异法者，若于是处说所立无，因遍非有"释中，自"有解"至结束删。"此中常言，表非无常。非所作言，表无所作"释中，自"又难古言"至结束删。"如有非有，说名非有"释中，自开头至"此引陈那有非有言"、自"理门论中"至

"是故，但应合离同异如我所说"删。"已说宗等如是多言开悟他时，说名能立"、"所作性故者是宗法言"释虽少亦有删。"若是所作，见彼无常，如瓶等者，是随同品言"释中，自"又同品者"至结束删。"若是其常，见非所作，如虚空者是远离言"释中，自"违宗离因"至结束删。"唯此三分说名能立"释中，自"彼引本颂言"至结束删。①

似能立 "虽乐成立，由与现量等相违故，名似立宗"释中，自"乐为有二"至结束删。"现量相违，比量相违，自教相违，世间相违，自语相违"释中，自"陈那唯立此五"至结束删。"相符极成"条及释全删。"比量相违者，如说瓶等是常"释中，自"亦有全分一分四句"至结束删。"自教相违者，如胜论师立声为常"释中，自"亦有全分一分四句"至结束删。"世间相违者，如说怀兔非月有故，又如说言人顶骨净，众生分故，犹如螺贝"释中，自"大般若云"至"广如第五百卷说"、自"理门论云"至"此论又言"、自"此二皆是非学世间"至"世间共说色离识故"、自"随其所应，各有标简"至结束删。"自语相违者，如言我母是其石女"释中，自"若有依教名为自语"至结束删。"能别不极成者，如佛弟子对数论师立声灭坏"释中，自"若为三科"至"广如金七十论及唯识疏解"删。"俱不极成者，如胜论师对佛弟子立我以为和合因缘"释中，自"此中全分及一分各有五种四句"至结束删。"相符极成者，如说声是所闻"释中，自"论中但依两俱全分相符极成以示其法"至结束删。"如是多言，是遣诸法自相门故，不容成故，立无果故，名似立宗过"释中，自"然杂集论第十六云"至结束删。"不成不定，及与相违，是名似因"释中，自"若因自不成，名不成"至结束删。"于雾等性，起疑惑时，为成大种和合火有，而有所说，犹预，不成"释中，自"此有六句"至结束删。"虚空实有，德所依故对无空论，所依不成"释中，自"问如前所说无为无因"至结束删。"为如瓶等所量性，故声是无常；为如空等所量性，故声是其常"释

---

① 熊十力：《因明大疏删注》，《熊十力全集（第一卷）》，武汉：湖北教育出版社，2001年，第285—330页。

中，自"然诸比量略有三种"至结束删。"此所闻性，其犹何等"释中，自"理门论难云"至结束删。"是故此因，以乐以空为同法故。亦名不定"释中，自"理门论云"至结束删。"相违决定者"释中，自"有比量云"至结束删。"此二皆是犹预因故，俱名不定"释中，自"此亦有三"至结束删。"相违有四：谓法自相相违因、法差别相违因、有法自相相违因、有法差别相违因等"释中，自"因得果名，名相违因"至结束删。"此因唯于异品中有，是故相违"释中，自"若不尔者"至结束删。"此因，如能成立眼等，必为他用，如是亦能成立所立法差别相违积聚他用"释中，自"西域诸师有不善者"至结束删。"有法自相相违因者，如说有性、非实、非德、非业，有一实故，有德业故，如同异性"释中，自"时彼仙人"至"腾空迎往所住山中"删。"此因如能成遮实等，如是亦能成遮有性，俱决定故"释中，自"问今难有性应非有性"至结束删。"有法差别相违因者，如即此因，即于前宗有法差别作有缘性"释中，自"此言意说"至"同诠缘因"、自"有性同异"至结束删。"亦能成立与此相违，作非有缘性，如遮实等，俱决定故"释中，自"释所由云"至结束删。"能成立法无质碍无，以诸极微质碍性故"释中，只保留"此释能立无。此声胜论计微质碍，故无能立"。"所成立法常住性，无。以一切觉皆无常故"释中，自"准前能立亦有四种"至结束删。"若言如瓶，有俱不成，若说如空，对无空论，无俱不成"释中，自"理门但举有喻所依"至"恐繁不述"、自"有云"至结束删。"谓于是处无有配合"释中，自"问诸所作者皆是无常"至结束删。"而倒说言，诸无常者，皆是所作"释中，自"前之三过"至结束删。"能成立法无质碍无"释中，只保留"明能立无，准所立有，亦应言彼立极微有质碍故，文影略尔"。"以说虚空，是常性故，无质碍故"释中，自"问似同不成"至结束删。"谓说如瓶，见无常性，有质碍性"释中，只保留"此示法离者，不相属著义"。①

---

① 熊十力：《因明大疏删注》，第 330—393 页。

现量、比量似现量与似比量 "复次为自开悟,当知唯有现比二量"释中,自"广此二量"至结束删。"现现别转故,名现量"释中,自"彼文无故"至结束删。"了知有火或无常等"释中,自"问理门论中现比量境及缘因念"至结束删。"似因多种,如先已说,用彼为因"释中,自"准标有智及因"至结束删。①

能破与似能破 "谓初能立,缺减过性,立宗过性,不成立性,不定因性,相违因性及喻过性"释中,自"问云何能立缺减等名为能破"至结束删。②

熊十力删《因明入正理论疏》的理由如其言有二:"舛词碎义时复错见","为利始学计"。③前者体现熊对经典的批判精神;后者表明熊十力为讲课所需,之所以选《因明大疏》作教材,在于此篇具有"提控纪纲,妙得《论》旨""详征古义,环列洋洒"《理门》奥旨,抉择无遗"之"三善"。④

2. "注"之特点

对于因明经典《因明入正理论疏》的注释,在熊十力的同时代,学者大多采用西方逻辑式的解读。熊十力则不然,在其《因明大疏删注》里见不到西方逻辑的痕迹,其因明所涉概念,均为从佛教义理和佛教史、因明史、唯识学(包含日本学者以及同时代吕澂的理解等)出发进行的解读。本节由于篇幅所限,兹列举几例。

概念的佛教义理解释 例如:"诸法自性差别,法尔如是,名为本真。法尔,犹言自然也。自性者,体义。如直斥色法之体而名之,是为自性。差别者,即此色法体上所有无常及无我等义是也""蕴者,积聚义。色受想行识,名为五蕴。质碍之谓色,领纳之谓受,取像之谓想,造作之谓行,了别之谓识。前一色法,后四皆心法。依此色心五蕴积聚,假名曰有情或人云""一于量中,凡由分别心,于境安立分齐相貌者,此为共相,比量境及非量境皆是

---

① 熊十力:《因明大疏删注》,第393—405页。
② 同上书,第406—410页。
③ 同上书,第276页。
④ 同上书,第275页。

也。自相,则有二义:一约世俗,凡有体显现、得有力用、引生能缘者,是谓自相。二约胜义,凡离假智及诠、恒如其性,谓之自相。恒如其性者,谓一一法,法尔本然,不由想立,不由诠显。自相虽有二义,而皆现量境也。二于名言中,凡概称者为共相,特举者为自相。如于色中,而特举其青,则青为自,而色为共。于青中,而特举衣青华青,则衣青华青为自,而青为共。此一例也。三于因明法中,立一义类,通在多法。如以因法贯通宗喻,若缕贯华,此为共相,特举一法,匪用通他,是为自相""作动意,故名作意。原本举精进等,似不必。作意通三性,且为一切心所之导首,举此已足";"遮表之表,即遮义;诠表之表,是表义""亲证法自相智者。自相者,体义。亲者,谓能缘智于所缘法体,冥合若一,能所不分。证者,各义,虽能所不分,而非无能缘所缘,由能缘智于所缘境,冥冥证故,无筹度分别。是名亲证法自相智";"藏识者,第八识之异名。以其含藏一切功能,故名藏识。藏者,藏也。异熟识者,亦第八识之异名。第八名为异熟识者,由先善恶业势力为因,引生现行第八识为果,而现行第八识之自体,非善非恶,名为无记。故唯识疏说,因通善恶,果唯无记。果望于因,其性异类,而得成熟,故名异熟也""假他者,即假我之谓也。依眼等根,假名曰我,佛家亦许,故不须立,立便相符""大者五大,谓地水火风空。等者谓五唯等""心心法者,心谓心王,心法谓心所。小乘说识有六,大乘说识有八,每一识中,又分王所。所者,心上所有之法,如心上有发动势故,名作意心所,有苦乐等,名受心所,余不胜举。心王则心所之统摄者也。"①

引经据典式注释 例如:"吾友吕秋逸释相即表征,甚是""智周《后记》:此与第一义何别耶? 答:初狭后宽。……准此,若与所立别义即名异者,应一切量无有正者。故今应依陈那所说。但是所立宗无之处,即名异品,非要一切别异方名也""《疏》解同品,区为宗同品、因同品,于异品亦

---

① 熊十力:《因明大疏删注》,第279—280、290、292、313、326、331、363、375、377、387页。

尔，词义纠纷，此姑不录，秋逸《因明讲要》尝驳之，甚是""篠山云：谓此二因，要具三相，方是正因，阙则似因""外道及古师于立破前，加审察支。《婆沙》二十七云'若不审他宗，不应说过，是此义也'。如佛家审声论师云：汝立声为常耶？声师答云：如是，声是常住，无触对故，譬如虚空。佛家审定彼宗已，即反诘云：汝何所欲，汝岂不见声是无常、所作性故、如瓶等耶？从此方得说彼因中不定过失，如是审察，立之为支。陈那《集量论》破此繁立云：'由汝父母生汝身故，方能立义，或由证义人及床座等，方得立论，岂并立支耶？'如是驳难，可谓至戏。然审察立支，固不可，但在实际，其义自存。""《疏》中引奘师唯识量，释文晦涩，不易爬梳，今此削而不录。宋永明《宗镜录》五十一，东僧凤潭《瑞源记》四，虽复征集众说，而多逞臆，犹待权衡""光法师云'萨婆多宗，虚空实有，别有空界谓窍隙。体是明暗显色差别，亦是实有，与虚空别'云云，《顺正理论》即破此也"；"《明灯钞》云：'主宾立破，理有是非，岂得俱失，而无胜负？'古有断云，如杀迟棋，后下为胜。若耳，则声论应强，胜论堕负。然此不容一概而论，至理是非，须傍依现见或至教力断。故应思求违顺，决定真似，由此当知，胜是声非。由世共现见声是无常故，当知《理门》，非但如杀迟棋后下为胜而已。况今此论，先胜后声，与《理门》前声后胜相违，知古断意，未必应尔""《疏》主似朋古师，不妨别立至教，故云顺古并诠，可开三量。又'但遮一向支'云云，足征其意不欲全逮于古。吾谓《疏》主此解未审也。至教本应摄入比量，由观声教而比义故，何须离比别立？详《庄严疏》云：'今陈那意，唯存现比，自余诸量，摄在此中。何以尔者？夫能量者，要对所量，所量即唯自共相，能量何得更立多耶？故自悟中，唯有二量。'嵩山宾亦云：'外人不肯信佛教是正，故不得立至教为量。'此皆善解陈那之旨""五识现量缘境，本无迷乱，以俱时意识迷乱分别，遂若迷乱亦在五识也。《杂集》云：'如患迦末罗病，损坏眼根，令眼识见青为黄。'此《疏》亦云：'患翳目，见毛轮第二月等。'义心以此谓五识容有错乱。其说固有未审，慧沼弟子如理，则又谓以手按眼，见第二月，其时五识但见本圆月,由意识于眼根门中妄见第二月也。又由眼根病故,意识于根门中见青为黄,实则眼识但见于青,此说亦未究理”“《前记》云'胜论本计大有能有一切物,但观境时,即现量得大有。其同异能同能异一切物,但观境时,亦即现得同异。'今立宗言,同异大有非五根得,故违自现。”①

3.因明观

从以上“删”“注”看,熊十力之“删”是以学术论文的方式精简《因明入正理论疏》内容,但没有失去《因明入正理论疏》的精义;其“注”是依据古今汉传因明佳献(尤其是唐代一批大师的研究成果),并非是主观臆断。研究因明应以因明文献为基础,就《因明入正理论疏》而言,应以《因明入正理论》所述理论为根本,不能逾越《因明入正理论》要旨。本书认为,《因明大疏删注》是民国时期为数不多的对因明的精准研究成果,是对《因明入正理论疏》的推进,这种推进表现于三个方面。

其一,熊十力认为因明属于为佛教内明辩护的论辩学,由此确立因明的“逻辑”学科性质。此“逻辑”为“悟他”与“自悟”的工具,离不开佛教内容。其此类概括均可从《因明大疏删注》找到佐证。如“商羯罗秉陈那造此论,其为说特详立破,先悟他而后自悟,仅以现比二量为立破所依已耳。于此可见因明之学注重论辩,学者倘欲详佛家量论(即今所谓方法论或认识论),必不可以求之因明为已足,而当于内明潜探博究之也。内明者,《瑜伽》三十八说:'诸佛语言,名内明处。即通目三乘教理,名内明。'”说明求因明必须要探究内明。又如“实则五分之义,已极精审,三支之所本也。五分者,实示吾人以思唯之术,而可由之以入正理者也。……此五分义,颇合挽世名学内籀之术。今俗有诋因明为无足与于逻辑者,无知妄谈,何足选也。五分,始见《正理经》,其源盖莫得能详。至陈那改作三支,以喻摄因,特对胜论及自宗古师,有所规正。语其凭藉,则在五分,形式虽更,实质未甚异

① 熊十力:《因明大疏删注》,第302、310、310、314、330、337、358、371、394—395、396、331页。

也"强调三分源于五分,五分有似归纳之性质,并特别强调因明为遵循"辩论之则"之"论证"特征。又如其批评一些人的错误意见:"今人每谓佛家因明说世间相违、自教相违诸过,为束缚思想之道,此妄谈也。因明所标宗因诸过,本斟酌乎立敌对辩之情而立,用是为辩论之则,非所以立思想之防,文义甚明,可覆按也。肤浅之徒,援思想自由之新名词,妄行攻诘,不思与所攻诘者渺不相干。挽世士夫,蚁智羊膻,剽窃西洋肤表,一唱百和,遇事不求真解,谈学术、论群治,无往不然。盲俗既深,牢不可破。"他认为因明"注重实测之精神"("由此论主恐谓一切决定相违,皆后为胜。故结之云,二俱不定。""此明论文虽举二不定,意实侧重声生一方面,以彼所闻因,正是不定故。非显胜论所作因亦有不定过也。论说二俱不定,为对古师断后为胜者而发。诸家解疏,多未了此,臆说纷纭,只乱人意。盖胜论以所作因,成声无常,此因即具三相。声论以可闻因,成声是常,其因亦三相皆具。然则何以辨其邪正耶?论主之意,欲令以世间现见为断。则胜论因,不违法式上无过,而乃本于实测。声论因,但合法式,而不根诸事实,故声论应负。详此,陈那、天主颇有注重实测之精神。基师盖深知其意,后来解家,遂无足语此者矣。"[①])。

其二,他基于《因明正理门论》,尤其是《因明入正理论》文本内容,纠正前人的错误解读。兹举数例以说明之。

> 《疏》以有法及法二互差别不相离为宗体,可谓深得《论》旨。吾友吕秋逸尝驳之,以为主语不能反解叙述语,故差别义,无有相互。此在逻辑,主语范围比叙语狭,则诚不能反解。……实则因明所谓二互差别者,本就体义相对而明其互相限制。……吕君又言:不相离性,在因明中,乃谓因不离宗。说宗中有,嫌于相混。不知此

---

① 熊十力:《因明大疏删注》,第 285、321—322、337、372、372 页。

言宗中有法与法不相离,彼言宗因不相离,何至相混耶?

《疏》释同品之品为体类,异品之品为聚类,此自为纷歧耳。实则两品字皆应作类解,义之类故。同品异品,只就因所立有无而说。若处有此所立义,说彼相似名同品;若处无此所立义,说彼别异名异品。

智周《后记》:"此中意说,同品必须所立宗,因有体无体皆须相似,异即不尔。但止其相滥良尽,是真异喻也。非要有体无体皆同。故言许无体故,不同同品体类解品也"云云。吾以为同异喻有体无体与宗因相似与否,此是别一问题,可在喻中说明。

《义范》云:"有法宗上所有因法,名为差别。"非也。差别者,即宗之后陈法,此法亦名差别也。

智周《后记》释云"此上差别所立名法者,谓所作性因,即是有法声上差别所建立法"。秋篠则又谓无常宗法与所作因法,俱是此有法上差别所立,故名为法。以此二法皆于有法上而所安立故。吾谓二家之说皆嫌牵强。今释此上差别所立名法者,此者有法,即宗之前陈声是。有法之上所有差别义,即宗之后陈无常是。敌者先不许声上有无常,今立者以所作性因成立之,即名此因之所立无常为法。以是有法上所有之法故。由斯说言,此上差别所立名法也。智周、秋篠附会基公因同品之说,故其释此文也,失之牵强而不觉耳。

秋逸《因明讲要》,虽斥基公之失,然其解同异品义,似犹未尽。吾以为论说同异品,唯就所立有无为言,足征精意。盖言所立者,正目宗法,即兼显其能立之因法。若处有所立法,说名同品,即此同品,正取宗同,兼显亦不离因。若处无此所立,说名异品,即此异品,正取宗无,兼显亦无其因。以故但言同品异品,义极周到。更析为宗同异、因同异,便苦支离。盖于宗因各立同异,则必无常宗唯取常,无常法为同异品。所作因唯取作,非作法为同异品。若此,则何以见无常与所作之定相，属著而不杂乎。……

陈那以喻摄于因，变更古意，实著殊绩。概二喻即显因后二相，因不妄立，必求同求异，于同定有，于异遍无，其因既正，方成宗义。是故言因即已摄喻也。然则何不但立宗因二支耶？曰：别设喻支，为显因相，以坚成宗义，能立功能，于斯始著。

《疏》举此例，大谬。细检佛家此宗，更有两失，不止违他现过。两失者：一自能别不成，佛家本不许有我，今宗之能别曰我，故是自能别不成。二违自现，宗之有法，曰觉乐欲瞋，觉通心心所，乐即受，欲与瞋在佛家亦均是心所。佛家大乘说一切心心所皆为自证分现证，特不以为我之所现得耳。虽非我之所得，而未始不许觉乐欲瞋是现境。今宗言非现境，便有违自现失。云何可言违他现非自耶？

宗之有法，名自相。宗之后陈差别义，名之为门，以能生敌证智故。前五相违之宗，不能令敌证智顺宗而起，即是遣彼宗自相上所有义门，故名遣门。如立声非所闻，声为自相，非所闻是宗之后陈差别义，此违耳根现量，故令敌证之智返起。而作声是所闻解，不顺宗义矣。是则此所遣者，即是自相上所有之差别义，非遣自相。故《疏》之后解非也。又在似宗，敌证之智返起，乃是正解。《疏》之前解"异智既生，正解不起"云云，岂于似宗不生异智、反为正解乎？此又误也。总之，基师两误，皆由谬解门字之故。《论》云自相门者，本谓自相之门，今训门为宗之后陈差别义，即自相上之义也，于《论》无违。……盖立者对敌兴诤，乃用所作性因，以成立声无常宗。其言所陈有法自相曰声，而意中许声是可闻，即此可闻义，名有法差别。非声上一切义，皆名有法差别。又言后陈法自相曰无常，而意中许无常是灭坏，即此灭坏义，名法差别。非无常上一切义，皆名法差别。举此一例，余应准知。故《疏》说言，随应因所成立，意之所许，所诤别义，方名差别。……以假我于眼等用胜，而难数论，《论》

无明文,《疏》主创发。清、干诸家,颇于《疏》义,有所翻违,吾谓过矣。《疏》主立义,可谓善发陈那之旨也。立量违他,必审察他之本计,而自立于不败之地。……今《疏》主设为陈那难数论量云:眼等必为集聚他用胜,因喻仍数论之旧。意说,卧具等是集聚性故,即为假我用胜,眼等亦是集聚性故,应如卧具亦为假我用胜。由是,此量无相符过,方与数论而作相违。[1]

其三,明确了作为逻辑的因明与哲学量论的关系。他将陈那、商羯罗主新因明特征概括为三,"一曰现量但约五识,二曰比量三术,三曰二喻即因"[2],即因明讲现量只为世所共有;比量规则为因三相;同喻、异喻实为因。如上第一个方面所引文,因明为遵循论辩规则之学。作为哲学理论建构的"量论"为哲学认识论、知识论。此在其《新唯识论》里有详尽论证,兹不赘述。

(二)"儒学新体系"之建立

熊十力新唯识论著作从《唯识学概论》(1923年)历经《唯识学概论》(1926年)、《唯识论》(1930年)、《新唯识论》(1932年文言文本)、《新唯识论》(1944年语体文本),发展为《新唯识论》(删定本,1953年)。其内容还是明宗、唯识、转变、功能、成物、明心等内容,但字数近减一半。熊十力认为此著完成了新儒学宇宙论体系。

删定本明宗篇讲"宇宙本体非是离自心外在境界及非知识所行境界,唯是反求实证相应故"。唯识篇讲"境不离心独在"和"妄识无自体"。转变篇讲宇宙本体假说为能变,回答了两个问题:有没有能变,如何成功能变。熊

---

[1]　熊十力:《因明大疏删注》,第297—298、309、309、316、316、316—317、320、332、347、374—375、378—379页。
[2]　同上书,第269页。

十力认为本体义有六:"本体是备万理、含万德、肇万化,法尔清净本然。……本体是绝对。……本体是实有,而无形相可得。……本体是恒久,……本体是全的……若说本体是不变易,却已是变易的;若说本体是变易的,却是不变易的。"关于如何成功能变,"余以为不外相反相成的一大法则"。进而依据《易传》、佛学,由翕辟和生灭证成。功能篇中,他接着前篇讲"恒转"("尅就变言,则说为一翕一辟之生灭灭生而不息;若乃斥指转变不息之本体二为之目,则曰恒转;恒转势用大极,故又名之以功能。"),然后讲易传、空宗、有宗、小乘、孔子、叔本华、柏格森等,得出:"一曰体用二词,随义异名,其实不二。印度佛家以无为有为截作两片,西洋哲学其于实体与现象亦无真解……《大易》三百八十四爻,于一一爻皆见为太极。《南华》喻斯趣,曰'秋毫非小'。……二曰至真至实,无为而无不为者是谓体。……三曰用也者,一翕一辟之流行而不已也。……四曰宇宙万象,惟依大用流行而假施设。……五曰穷神顺化。"成物篇讲翕义:"以八卦阐明体用与翕辟诸大义,靡不包举无遗。物理世界所由成立,于此已悉发其蕴。"明心篇讲辟("夫说辟为心,即此心之为物。"),讲唯识学习气、种子、心、心所,讲《易》《论语》《孟子》,还讲了悟本心与重修学关系等。[①]

在删定本附录里,熊十力将其新唯识思想总结为:

　　一、浑然全体流行,备万理、含万德、肇万化,是谓本体。二、本体流行,现似一翕一辟,反而成变。如是如是变,刹那刹那、顿起顿灭、顿灭顿起,实即刹刹皆是顿变,无有故物可容暂住。奇哉大变!无以名之,强名曰用。三、离用无体,本体举其自身全显为用,无可于用外觅体。譬如大洋水全现作众沤,不可于众沤外觅大洋水。四、离体无用,大用流行实即本体显为如是。譬如众沤起灭腾跃,实即

---

① 熊十力:《新唯识论(删定本)》,《熊十力全集(第六卷)》,第26、35、75、76、102、164—166、191、192页。

大洋水显为如是。哲学家否认本体者，便如小孩临洋岸，只睹众沤相，而不悟一一沤相皆是大洋水也。五、体备万理，故有无量潜能；用乃唯有新新，都无故故。六、本体真常者，是以其德性言，非以其自体是兀然坚住、无生无造、不变不动，方谓真常也。（非字，至此为句。）真常二德，实统众德。①

　　熊十力新儒学体系是借助于佛学概念和理论而建立的。从佛学概念看，其书名、每章名称均为佛学概念。如《唯识学概论》（1923 年）"境论"包括"唯识、诸识、能变、四分、功能、四缘、境识、转识"诸章；《唯识学概论》（1926 年）"境论"包括"唯识、转变、功能、境色"章；《唯识论》（1930 年）"境论"包括"辩术、唯识、转变、功能、色法"章；《新唯识论》（1932 年文言文本）"境论"包括"明宗、唯识、转变、功能、成色上、成色下、明心上、明心下"章；《新唯识论》（1944 年语体文本）则分为卷上（"明宗""唯识""转变"）、卷中（"功能"）和卷下（"成物""明心"）三卷。在每一章里的论证里，他通过改造唯识学概念内涵的方式完成新唯识论新的范畴群。他特别强调，其所用概念虽沿袭旧名、借用世语，但是，含义不同（"此书于佛家本为创作。书中所用名词，有承旧名，有採世语，而涵义皆不必如其本来。"②）。关于如何改造哲学概念内涵，他在 1944 年语体文本《新唯识论》讲：

　　　　吾先研佛家唯识论，曾有撰述，渐不满旧学，遂毁夙作，而欲自抒所见，乃为《新论》。夫新之云者，明异于旧义也。异旧义者，冥探真极，（此语吃紧。苟非自穷真极，而徒欲泛求之百氏，则陷于杂博，未能臻至理也。）而参验此土儒宗及诸钜子，抉择得失，辨异观同，所谓观会通而握玄珠者也。（玄珠，借用庄子语，以喻究极的真

①　熊十力：《新唯识论（删定本）》，第 300—301 页。
②　熊十力：《唯识论》，《熊十力全集（第一卷）》，第 503 页。

理或本体。)破门户之私执，契玄同而无碍，此所以异旧义而立新名
也。识者，心之异名。唯者，显其殊特。言其胜用，则宰物而不为物
役，亦足证殊特。《新论》究万殊而归一本，要在反之此心，是故以唯
识彰名。①

　　所以，他一以贯之地以唯识学理论体系和概念（包括书名）改造的方
式，完成他的"新儒学"。说其是"新儒学体系"，是因为其体系是儒学的而
非佛教唯识学，但其概念名称为唯识学的。熊十力《新唯识论》以"旧瓶装
新酒"方式，借唯识学概念，但赋予新含义，并以唯识学理论框架展开自己
的"新唯识论"论证。所以评价《新唯识论》应首先明确《新唯识论》中的概
念含义，方能开展《新唯识论》理论研究。佛学理论是熊十力新儒学理论论
证的场域，他在不断阐释和批评佛学某一理论的同时阐释儒家理论，体现其
哲学创作性质。就哲学理论创建方法言，他多用省略的三支论式的论证方
式，兹不多举例。

　　当然，以熊十力新儒学体系构想来看，仅仅建构儒学宇宙论是不够的，
他欲引入量论作为儒学体系知识论部分。1923 年完成的《唯识学概论》中
说："此书区为二部：部甲，《境论》。法相（相者相用）。法性（性者体性）。
目之为境，是所知故。部乙，《量论》。"②他在《原儒·绪言》里回顾他 35 至
70 岁时，曾要写作《新唯识论》和《量论》《大易广传》三部，以完成建立新
儒学之体系："余年三十五，始专立于国学，（实为哲学思想方面。）上下数千
年间颇涉诸宗，尤于儒佛用心深细。窃叹佛玄而诞，儒大而正（佛氏上驰于
玄，然玄者实之玄也，游玄而离实，则虚诞耳。此意，难与佛之徒言。从来名
士好佛者必抑儒，非惟不知儒，实未知佛耳。）卒归本儒家《大易》。批判佛
法，援入于儒，遂造《新论》。（《新唯识论》省称《新论》。他处仿此。）更拟

①　熊十力：《新唯识论（语体文本）》，《熊十力全集（第三卷）》，第 3—4 页。
②　熊十力：《唯识学概论》，《熊十力全集（第一卷）》，第 45 页。

撰两书,为《新论》羽翼。曰《量论》(量者知义,见《因明大疏》。量论犹云知识论。)曰《大易广传》。两书若成,儒学规模始粗备。"① 与前诸部相比,前诸部之"新唯识论"范围包含"量论",而此"新唯识论"与"量论"并列,与"大易广传"("《大易广传》原拟分《内圣》《外王》二篇,宗主《大易》,贯穿《春秋》以逮群经,旁通诸子百氏,斟酌饱满,发挥《易》道。"②)共同构成其新儒学体系。

熊十力《新唯识论》新儒学之建构是援佛入儒的方法,熊十力对于自己学说的评价是:"吾惟以真理为归,本不拘家派,且吾毕竟游乎佛与儒之间,亦佛亦儒,非佛非儒,吾亦只是吾而已矣。"③ 对于佛学而言,其说不为佛学家所认同,诸多学者都给予批评。如吕澂从五个方面批评熊十力这种研究:"其一,俗见本不足为学,尊论却曲意顺从。……其二,道一而已,而尊论动辄立义。……其三,尊论谈空说有,亦甚纵横自在矣。……其四,胜义可言诠,自是功夫上著论。……其五,尊论谓所见如是,所信如是,似矣。……故谓尊论不远于时文滥调者,此也。鄙意则全异于是。"④ 还如王恩洋的批评:"则其为学也,根本唯识即破坏唯识,密朋《大易》又违背《大易》,欲自成体系又其体系不够成立。"⑤ 但对于中国哲学史家而言,他为中国哲学的新开展提供了一个新视角,影响深远。如贺麟讲:"对陆王本心之学,发挥为绝对待的本体,且本翕辟之说,而发展设施为宇宙论,用性智实证以发挥陆之反省本心,王之致良知。"⑥ 谢幼伟认为其哲学精神是"体验的……力行的",哲学方法"恃性智,也恃量智",哲学态度是"哲学的,而不是宗教的"。⑦ 其学生牟宗三(字离中)总结为:"虽立论以《大易》为经。以儒家为归,然扫相证体,

---

① 熊十力:《原儒》,《熊十力全集(第六卷)》,第 315 页
② 同上书,第 326 页。
③ 熊十力:《新唯识论(删定本)》,第 130 页。
④ 熊十力:《熊十力论文书札》,《熊十力全集(第八卷)》,第 427—428 页。
⑤ 王恩洋:《评〈新唯识论〉者之思想》,《熊十力全集(附卷上)》,第 206 页。
⑥ 贺麟:《论熊十力哲学》,《熊十力全集(附卷上)》,第 667 页。
⑦ 谢幼伟:《抗战七年来之哲学(节选)》,《熊十力全集(附卷上)》,第 673—674 页。

字里行间,总是佛家的而非儒家的","《新论》的系统是划时代的,因有此系统之宣扬,中国的文化始能改换面目,始可言创造有前途故也"。[1]

(三)《量论》框架构想

何谓量论?熊十力指的是认识论或知识论,他的这种知识论包括的两部分与《因明大疏删注》的"现量"("证量")、"比量"名称一致,但是含义有所改变。如其言:"量者量度,知之异名,虽谈所知,知义未详。故《量论》次焉。(量论者,犹云认识论。以其名从东译,又本自哲学家,此不合用,故创立斯名。)又《境论》虽自所知以言,据实而云,乃为量论发端,则此书通作量论观可也。"[2]他将量论分为"比量篇"和"证量篇",只是将佛教"比量""证量"概念融入中国传统哲学思想,如将比量篇分为"辨物正辞"和"穷神知化"两篇,将"证量"理解为"涵养性智"。

比量篇 熊十力"比量"一词含义为:"比量,见中译因明书。量犹知也。比者比度,含有推求、简择等义。吾人理智依据实测而作推求,其所得之知曰比量。"

其欲写的中国哲学之《量论》包括两篇。"论辨物正辞"篇实质上是欲写作中国古代的名学。所谓"辨物正辞",用他的话说:"实测以坚其据,(实测者,即由感觉亲感摄实物,而得测知其物。《荀子·正名篇》所谓五官簿之云云亦此义。此与辩证唯物论之反映说亦相通。)推理以尽其用。若无实测可据而逞臆推演,鲜不堕于虚妄。此学者所宜谨也。"他认为中国古代的辨物正辞之学,始于《易》《春秋》:"晚周名学有单篇碎义可考查,《荀子·正名》、墨氏《墨辨》、《公孙龙》残帙及《庄子》偶存惠施义。韩非有综核名实之谈,此其较著也。诸家名学思想皆宗主《春秋》,大要以为正辞必先辨物。……《春秋》正辞之学,归本辨物。后来荀卿乃至墨翟等家皆演

---

① 牟离中:《最近年来之中国哲学界》,《熊十力全集(附卷上)》,第596、598页。

② 熊十力:《唯识学概论》,第45页。

《春秋》之绪，以切近于群理治道，实事求是为归。从诸家孤篇参帙中考之，其宗趣犹可见也。（孤篇如《荀子·正名》，残帙如《墨辨》等。宗趣犹云主旨。）……名学倡于中国最早，诸家坠绪犹有可寻。"

"穷神知化"篇则侧重中国哲学的变化思想，是"当进一步讨论量智、思维等如何得洗涤实用的习染而观变化"之作。此中他从宇宙论、人生论两个方面分析中国哲学的"穷神知化"的"比量"内容，用佛教的"无对"概念对应宇宙本体，用"有对"比照宇宙中的"万殊"，为用，讲无对与有对的统摄关系，讲无限与有限、心与物、能与质关系，在人生论中讲天与人、善与恶等关系，得出："知识论当与宇宙论结合为一，离体用而空谈知识，其于宇宙人生诸大问题不相干涉，是乃支离琐碎之论耳，何足尚哉？学者必通辩证法而后可与穷神。"[①]

证量篇　此篇讲"证量"："证者知也。然此知字之义极深微，与平常所用知识一词绝不同旨。略言之，吾人固有炯然昭明离诸杂染之本心，其自明自了，是为默然内证。孔子谓之默识，佛氏说为证量。而此证量，无有能所与内外同异等等虚妄分别相，是造乎无对之境也。"《证量篇》论涵养性智："性智者，人初出母胎堕地一号，隐然呈露其乍接宇宙万象之灵感。此一灵感决非从无生有，足征人性本来潜备无穷无尽德用，是大宝藏，是一切明解之源泉》……问：'云何证量？'答：吾人唯于性智内证时，（内自证知，曰内证。禅家云自己认识自己。）大明洞彻，外缘不起，（神明内敛时，不缘虑外物故。）忞然无对，（浑然与天地外物同体，故无对。）默然自了，是谓证量。吾人须有证理之境，方可于小体而识大体。（小体犹言小己；大体谓宇宙本体。二词并见《孟子》，今借用之。）于相对而悟绝对，于有限而入无限，是乃即人即天也。（天者，本体之称，非神帝。）人生不获证量境界，恒自视其在天地间渺小如大仓之一粒，庄生所以有'人生若是芒乎'之叹。证量，止息

---

① 　熊十力：《原儒》，第315、316、316—317、324、324页。

思维,扫除概念,只是精神内敛,默然返照。……佛道二家方法皆宜参考,然道颇沦虚,佛亦滞寂。沦于虚,滞于寂,即有舍弃理实,脱离群众之患。孔子之道确不如此,故须矫正二氏以归儒术。"①

关于比量与证量在其哲学体系之作用,熊十力在《新唯识论(删定本)》里也有交代:"余平生之学,主张体用不二,实融天人而一之,与宗教固截然殊途;至于西洋哲学专为思辨之业,余未尝不由其涂,要自不拘于此涂。恃思辨者以逻辑谨严胜,殊不知穷理入无上甚深微妙处,须休止思辨而默然体认,直至体认与所体认浑然一体不可分,思辨早自绝,逻辑何所施乎?思辨即构成许多概念,而体认之极诣则所思与能思俱泯,炯然大明,荡然无相,则概念涤除已尽也。余之学,始乎思辨而必极乎体认,但体认有得终亦不废思辨,唯经过体认以后之思辨,与以前自不同。循物之则,而不容任意浑沌过去,由乎思想规范、论议律则,无别神异。唯洞彻本原,无侈于求知而陷大迷,……无纷以析理而昧理根,……无徒劳外逐而忽而求己……是乃体认有得后之特殊境界,非徒逞思辨者所可几也。"②

熊十力用量论建构其中国哲学理论框架。他一方面吸收了唯识学知识体系,如陈那《集量论》所讲的为自比量、为他比量和现量。然而为自比量侧重于思维的内在活动,为他比量侧重于语言表达思想的方面,熊十力的"穷神知化"理论中有似为自比量,"辩物正辞"有似为他比量,证量有似现量。另一方面,熊十力虽然借量论的框架来审视中国哲学知识论,但他也看到了中国哲学与唯识学的差异,基于中国哲学宇宙论、认识论的知识论与唯识论自然不同,因此他欲以先秦哲学为基础,将先秦哲学知识论分为三类,提出中国哲学知识论与量论的不同之处,即中国的名学、中国的辩证法、中国的证量。中国的名学,以熊十力的理解,始于《周易》和《春秋》,战国诸子留下来的仅为残篇,如荀子《正名》、墨子的《墨辩》,公孙龙的残帙,《庄

① 熊十力:《原儒》,第 315—316、324—325 页。
② 熊十力:《新唯识论(删定本)》,第 303—304 页。

子》偶成的惠施思想和韩非的综核名实思想,这些思想"诸家名学思想皆宗主《春秋》"。他名学的特点为辨物正辞,即"实测以坚其据,推理以尽其用"。正辞必先辨物,辨物在正名,所以"《春秋》正辞之学,归本辨物"。至于如何"辨物正辞",他认为:"贵乎好学深思,心知其意,而复验之于物理人事,辨其然否。循其真是处而精吾之思,博学于文,曲畅旁通,推而广之。创明大意,得其一贯。"即所谓"文":"古者以自然现象谓之文。人事亦曰人文,故博文为格物之功,非只以读书为博学也。"还如其欲立"证量"之目的:"吾原拟作《量论》,当立证量一篇者,盖有二意:一、中国先哲如孔子与道家及自印度来之佛家,其学皆归本证量,但诸家虽同主证量,而义旨各有不同,余欲明其所以异,而辨其得失,不得不有此篇。二、余平生之学不主张反对理智或知识,而亦深感哲学当于向外求知之余,更有凝神息虑,默然自识之一境。……余谈证量,自以孔子之道为依归,深感为哲学者,不可无此向上一着。"[①] 熊十力未能如其所愿,此为缺憾。

---

① 熊十力:《原儒》,第 316、316、316—317、317、317、325—326 页。

附录　20世纪后期学者的因明研究举例

20世纪50年代后，汉语写作的因明成果巨丰，此处仅以沈剑英、郑伟宏、祁顺来三位教授的因明思想作以概述。

一、沈剑英因明研究

沈剑英（1932—　），华东师范大学教授，著有《因明学研究》（中国大百科全书出版社1985年版）、《佛教逻辑》（开明出版社1992年版）、《因明学研究》（修订本，东方出版中心2002年版）、《敦煌因明文献研究》（上海古籍出版社2008年版）、《因明正理门论译解》（中华书局2007年版）、《佛家逻辑丛论》（甘肃人民出版社2011年版）、《佛教逻辑研究》（上海古籍出版社2013年版），合著《中国逻辑史·唐明卷》（甘肃人民出版社1989年版），主编《中国佛教逻辑史》（华东师范大学出版社2001年版），总主编《民国因明文献研究丛刊》（知识产权出版社2015年版）等，发表论文近百篇。其因明研究可概括为"因明文献的整理与译解"、"因明史研究"、"佛教逻辑"三个方面。

（一）因明文献的整理与译解

沈剑英因明文献整理与研究的代表作为《正理经》汉译、《因明正理门论译解》、《敦煌因明文献研究》和《民国因明文献研究丛刊》（24辑）等。

《正理经》　沈剑英据日本宫坂宥胜的著作进行的汉译，在翻译中也给出自己的注释。其参考了姚卫群和刘金亮的译文。如著作开头的翻译为"由认识（1）量、（2）所量、（3）疑惑、（4）动机、（5）实例、（6）宗义、（7）论式、（8）思择、（9）决定、（10）论议、（11）论诤、（12）论诘、（13）似因、（14）诡辩、（15）误难、（16）负处等真实相，可以证得至高的幸福"。[①]与姚卫群的翻译（"至善来自对量、所量、疑、动机、实例、宗义、论式、思择、决了、论议、论诤、坏义、似因、曲解、倒难、堕负这些谛的知识。"[②]）相比，不同之处一目了然。

《因明正理门论译解》　经过多次修订，最后一版为2007年出版。译解包含现代汉语标点、今译和注释三部分，也参考了其他文献。如原文标点："此说彼过，由因、宗门。以有所立，说'应'言故；以先立'常，无形碍故'，后但立宗（等），斥彼因过。今译：（答：）此论证是在破斥（声论）的过失，这是从驳论据和论题两方面入手（进行难破）的。因为（声论）立了论题（'声是永恒的'），所以（胜论才驳其论题），说'（如此，声音）就应是（不间断地可以听到的了）'；（又，声论）先说了'声音是永恒的，因为是无形无碍的'，所以（胜论）要以（'声音不是永恒的，否则运动等也应该是永恒的了'）这样的论题（等）来反驳声论的论据。注释……因、宗门：《证文》云：'《集量》云因及宗之门。'按：此即从驳论据和驳论题入手。……后但立宗：似应为'后但立宗等'，即建立论式。"[③]

《敦煌因明文献研究》　此著是整理敦煌出土的汉文因明文献，如作者言共七种：《因明入正理论疏》卷上残本，文轨撰，此疏残本共172行，约6000字，现藏伦敦英国图书馆，编号S2437。《过类疏》断片，文轨撰，27行，

---

① 〔印〕乔答摩等著，沈剑英译：《正理经》，收录于沈剑英：《佛教逻辑研究》，上海：上海古籍出版社，2013年，第652—653页。

② 姚卫群编译：《古印度六派哲学经典》，北京：商务印书馆，2003年，第63页。

③ 沈剑英：《因明正理门论译解》，释妙灵主编：《真如·因明学丛书》，北京：中华书局，2007年，第30—31页。

602 字,现藏伦敦英国国家图书馆,编号 S4328;《因明入正理论略抄》,净眼撰,当即《别义抄》异名,446 行,12 478 字;《因明入正理论后疏》,净眼撰,508 行,13 364 字,现藏巴黎法国国家图书馆,编号 P2063;《因明论三十三过》一卷,73 行,每行 26 字,现藏法国国家图书馆,编号 P3024;《因明入正理论》一卷,109 行,每行 17 字,现藏伦敦英国国家图书馆,编号 S4956;《能立能破俱正智所摄》残卷,朽蚀严重,此写卷当产生于宋以后,其出土的意义有三,推动因明文献的整理与研究,提供极为重要的史料,有助于因明义理的深入研究。① 此整理分为考论篇、释文篇和校补篇。

沈剑英任总主编的《民国因明文献研究丛刊》 此丛刊"内容提要"讲"前 16 分册为民国学者的因明专著和译著;17—22 分册为民国时期从海外迎回,重新出版的汉传因明典籍;23、24 分册为民国时期发表的因明论文和节录集。丛刊的最后一分册中还收录有中外学者因明著作名录及 1949 年以来中国学者因明论文的目录"。② 沈剑英将民国时期因明贡献总结为六点,其一是汉传因明的主要经典被重新刊印,其二是为传统经典新作疏,其三是以现代逻辑通论因明,其四是对国外因明研究成果的译介,其五是因明史的研究,其六是已经开始涉及藏传因明和法称因明。丛刊的贡献不仅在于为我们研究因明提供文献资料,更在于 24 册中均设有此册文献的内容提要,对读者提纲挈领理解文献有所帮助。

(二)因明史研究

沈剑英的因明史研究分为印度因明发展史、唐代因明和藏传因明三部分。

他认为,佛教逻辑起源于婆罗门教,婆罗门教数论派医书《遮罗迦本集》中的论议原则是现成最古老的逻辑文献,包括 44 目,涉及 10 类问题,即论

① 沈剑英:《敦煌因明文献研究》,上海:上海古籍出版社,2008 年,第 6—13 页。
② 沈剑英总主编:《民国因明文献研究丛刊(21)》,北京:知识产权出版社,2015 年,"内容提要"。

议、论法、论证与反驳、定说、知识的来源、思择决定、语言问题、诡辩、虚假理由和负处。正理-胜论派的逻辑著作包括《正理经》，是印度最早系统研究因明的学派正理派的著作，研究 16 个范畴，"其中关于论法、误难和堕负等，有明显吸收《遮罗迦本集》和《方便心论》者"①。胜论派由迦那陀创立，代表作《胜论经》，讨论实、德、业、同、异、和合六句义，胜论派的逻辑遭到陈那的批评。"佛家古因明当以《方便心论》为滥觞，至《如实论》而终结。"②其思想转述为《方便心论》产生龙树之前，其为小乘论师所造，《方便心论》分明造论、明负处、辩正论和相应四品，东晋佛陀跋陀罗首译失传，现本 472 年由吉迦夜和昙曜译。中观派龙树的《压服量论论》批评《正理经》，但中观派没有建立逻辑学说。瑜伽行派无著根据老师弥勒口义所撰的《瑜伽师地论》讨论七因明。无著撰的《显扬圣教论》与《瑜伽师地论》因明一致，其的《大乘阿毗达摩集论》也与《瑜伽师地论》因明相似，只是将"同类""异类"改为"合""结"，形成古因明五支作法。无著著作《顺中论》中提到"因三相"。世亲的因明著作《论轨》《论式》今不存在，《如实论》仅存《反质难品》。唐代文轨《庄严疏》说系世亲造，梵本今不存，内容分无道理难品、道理难品和堕负三品。新因明由世亲弟子陈那创立，陈那与因明相关的著作有《正理门论》《无相思尘论》《观所缘缘论》和《集量论》。《正理门论》分论证（能立与似能立）和反破（能破与似能破）两部分。《集量论》分六品：现量品、为自比量品、为他比量品、观喻似喻品、观遣他品和观过类品。陈那因明的贡献在于创立了三支论式、深化了因三相理论、发展了过失理论。商羯罗主因明著作为《入正理论》，篇幅不及《正理门论》的三分之一，是释《正理门论》的，梵文本在耆那教师子贤著作里。法称所著因明著作七部，《释量论》《定量论》《正理滴论》《因滴论》《观相续论》《诤正理论》和《成他相续论》，前三部是释《集量论》全文的，内容分有详、中、略，内容分为为自比量、成

---

① 沈剑英：《佛教逻辑研究》，第 7 页。
② 沈剑英：《中国佛教逻辑史》，上海：华东师范大学出版社，2001 年，第 30 页。

量、现量和为他比量四品;《因滴论》论因的分类和因三相和言三支;《观相续论》考察宗因之间的自性因和果性因,附法称注释;《诤正理论》为论辩逻辑,寻正理,批邪见;《成他相续论》论心识。法称量论的承继者分为释文派,如帝释慧等的《释量论注》、释迦慧的《释量论广注》、律天的《正理滴论广注》《因滴论广注》《诤正理论详解》《观相续论广释》《成他相续论广释》等;阐义派,如法上的《定量论详解》和《正理滴论疏》等;教义派,如智生护《释量论庄严释》、日护《释量论疏》、胜者《释量论庄严释疏》、耶麻黎《释量论庄严释极圆正疏》。瑜伽中观派寂护《真理要集颂》,莲花戒《真理要集评注》《正理滴论序品要略》等。宝积静写作《内遍满论》。

汉传因明自东晋佛驮跋陀罗首译,但未流传于世,472 年由吉迦夜和昙曜译成。《如实论》为南朝陈代真谛译。唐代玄奘译古因明著作《瑜伽师地论》《显扬圣教论》《阿毗达摩集论》《阿毗达摩杂集论》,新因明著作《因明正理门论本》《因明入正理论》和《观所缘缘论》。义净译《正理门论》和《集量论》(佚失)。神泰注疏著作《入正理论疏》不存,《正理门论述记》今存残本,残本阐释至"喻与似喻"止。神泰据玄奘口义撰《入正理论疏》一卷和《正理门论述记》一卷,然而"神泰的《入正理疏》今已不存,其《正理门论述记》今仅存残本"。[1] 唐代吕才《因明注解立破义图》是以神泰、靖迈、明觉三法师的义疏而写,此书名见于"沙门慧立本、释彦悰笺的《大慈恩寺三藏法师卷》卷八"[2]。文轨著作《因明入正理论疏》三卷(今存残本)和《因明正理门论疏》三卷(今不存)。残本揭示了因明的功用和性质,厘清了古、新因明两种因三相的同异,揭示了同法的逻辑特点("正取因同,兼取宗同"),阐发能量智与量果关系,厘清似能破的界说("是研究陈那十四过类说的最具权威的文献"[3])。窥基撰《因明入正理论疏》至"能立法不成",余下由慧绍补撰。

---

① 沈剑英:《中国佛教逻辑史》,第 89 页。
② 同上书,第 159 页。
③ 同上书,第 114 页。

此著南宋便不全,日本保存完好。其内容分绪论和阐释两部分,绪论讲"叙所因"、"解题目"、"明妨难"。窥基发展了六因理论,总结了简别方法,区分了宗同品、异品与因同品、异品,丰富了过失论。净眼撰《因明正理门论疏》(亡佚)、《因明入正理论略抄》与《因明入正理论后疏》,《因明入正理论略抄》是对文轨疏的批评,有十四条批评。①《因明入正理论后疏》为节录本,重点研究现量、比量和十四过类。唐代注疏约有20余种,诸师在注疏中争论的问题包括有法与法互相差别、"是遍而非宗法"、同品、异品、不成因、所依不成、相违决定、相违因、过失论、有体与无体、似同法喻"无体俱不成"等。唐代僧俗之争指吕才的义疏与图解著作《因明注解立破义图》对神泰、靖迈、明觉的因明注疏有四十多条批评,慧立、明俊等针锋相对,明俊指出吕才错误有九:"(一)不能区分生因与了因、能了与所了,以为既然有'了因'之名,就不应再有'生因';(二)误将宗依当作宗,而忽略了宗体;(三)误以为喻依就是喻,忽略了喻的重要组成部分喻体;(四)擅自将'此中宗者,谓极成有法、极成能别,差别性故'中的'差别性故'改为'差别为性';(五)读错句读和字音;(六)误将数论当作声论;(七)颠倒了合作法与离作法;(八)不懂梵文;(九)以《易传》之说与胜论'极微'之说相附会。"②

藏传因明概观以藏传佛教传播与发展为背景,介绍了前弘期因明传译,前弘期翻译因明著作近30种,今存19种,如8世纪印度寂护和藏人法光合译陈那的《因轮论》,法光还译法上的《正理滴论广注》;藏族学者称为三大藏文译师的吉祥积(噶瓦贝孜)译9部因明,智军译3部因明,龙幢未译。后弘期因明传译与研究分为四个方面。一是因明在阿里地区复兴,代表人物是仁钦桑布(宝贤)、玛·雷必喜饶(译出法称的《释量论》《诤正理论》,释迦慧的《释量论广注》)。二是以桑朴寺为中心的因明传译和著述,代表人物俄·雷必喜饶和俄·罗丹喜饶。罗丹喜饶与吉庆王合译智生护的《释

---

① 　沈剑英:《佛教逻辑研究》,第140—141页。
② 　同上书,第212页。

量论庄严释》，与利他贤合译法称的《定量论》、法上的《定量论译解》等，其所著因明有近 20 种；待比喜饶和亚玛·僧吉发表翻译了《集量论》；恰巴曲森（法狮子）著作《定量论释》《量论摄义去蔽论》（"这当是藏人最早的概论性因明著作。"①）三是萨迦寺因明，代表作有索南兹摩重译《入正理论》，萨班·贡噶坚赞的《正理藏论》（《量理藏论》），绒敦·释迦坚赞著《定量论疏》，仁达瓦·熏奴罗卓影响宗格巴，为其讲授《集量论》《释量论》。四是格鲁派因明，代表人物如宗格巴，著作有《因明七论入门》，将《释量论》列入显宗院必读五大部书目之一；又如贾曹杰·达玛仁钦著作甚丰，有《集量论详解》《释量论能显解脱道论》《定量论广注》《正理滴论善说必要》《观相续论解说》《相属与相违之建立》《释量论摄义显解脱道实义论》《量论导论》《量论正理藏论释善说必要》等；再如克主杰·格雷贝桑代表作有《释量论广理海论》《因明七论除暗庄严注》《广立量果论》《现量品疏》《量论解脱道》《三种分别解说》等，根顿珠巴著有《释量论正解》和《量理庄严疏》（不存）。附录为"关于扎仓的组织形式和学僧的学习与生活"，作者据杨化群、德勒格、黄明信、剧宗林之说撰成。

（三）佛教逻辑学

由于《佛教逻辑研究》晚出，理应是作者著作中最为成熟之作，故本目内容只以此著为依托。在《佛教逻辑研究》里，第二编"佛教逻辑学"分为 14 章，此著研究特色是将唐疏与自己的理解相结合，今将其研究所涉概述如下。

引论 "因明作为印度古典逻辑中的一个逻辑系统，除研究推理、论证等逻辑形式外，也着意探讨论辩中的语用问题、语义问题和诸种过失，以及如何认识对象、获取知识等问题（量论）。"②

---

① 沈剑英:《佛教逻辑研究》，第 231 页。
② 同上书，第 245 页。

立宗　要求宗依必须共许极成，宗依构成宗体，必须违他顺自。宗由前后宗依组成，前宗依称体、自性、有法、所别，后宗依称义、差别、法、能别。汉传因明文献中，窥基关于有法和法互相差别的说法不能成立。"表诠"指用肯定方式阐明事理，"遮诠"是用否定方式说明事理，"一分"指多分中的一分，"全分"是立者对所立的东西全部认可或全部不认可。

辨因　因相当于三段论中的小前提，但是，在因明中，因占有正能立作用。因是三支论式中的一支，称三支论式宗因喻为"言三支"。因三相是从内在联系上考察因如何贯串宗和同、异喻，称"义三相"。"遍是宗法性"表明因喻有法在外延上构成属种关系，"同品定有性"指因与宗法的关系，即宗法与因法构成属种关系，同品指具有宗法性质的概念，同品定有性指同品必有因法性质。异品与同品具有矛盾关系，"异品遍无性"指所有的宗异品都与因法不发生关系。九句因是为验证因之正与不正而建立的，概括了因与同品、异品的九种可能关系。作者提出了"论辩的六元语用理论和模型"，将因明作为论辩逻辑，讨论立论者和敌论者论辩的互动关系。即，立论者开悟他人有言生因、义生因和智生因，其中言生因为正生，其他二生因为兼生，敌论者为接受者，为了因，了因也有言了因、义了因和智了因，其中智了因为正，言了因、义了因为兼。六因为六元，批评窥基将言生因与言了因、义生因与义了因等同，得出六元语用模型，"生、了二因和六因的理论其实是给出了一个论辩的六元语用模型，在这一模型里，生因和了因代表立敌对诤的二元关系，而这一关系是建立在整个为他比量（能立）之上的。所以言生因是由宗、因、喻'多言'组成的论式，而绝不会仅仅是狭义的因（因法），也不会是广义的因（因和喻）。而且从立论者建立比量去开悟敌论者，致令敌论者由之解悟，这一施受的过程应该是由六个元目组成的，而不能约为四体"。① 即由因（智生因、义生因、言生因）到果（智了因、言了因、义了因），由智生因

---

① 沈剑英：《佛教逻辑研究》，第 326 页。

到言生因、义生因，由义生因到言生因，由言了因到义了因，由言了因、义了因到智了因。

引喻 喻是取两事物属性上的某些共同点作比的，新因明的喻是古因明喻、合二支的综合体。喻由喻体和喻依组成，喻相当于三段论大前提，但喻在因明论式里起助因作用，喻依又起证喻体作用，喻"在提出普遍原则时立即用归纳的方法加以审察，表明因明更注重于知识的真理性，而不只是推导形式的正确"。[①]同法喻和异法喻总称为喻，其与因三相关系为显示因第二、第三相。同喻与因结合，证宗称为合作法，异喻与因结合，证宗称为离作法。

"有体与无体" 唐代学者没有此概念，为后来诠释者给出的。有体是指论证时，三支论式中宗依、因法、喻依为立敌双方极成的概念。无体是不极成，遇见不极成时，需要用简别的方法。作者研究了有体、无体的宗因喻及其关系。

"三种比量与简别方法" 三种比量即自比量、他比量和共比量，作者认为此三支比量属于为他比量，不属于为自比量，因为为自比量不行于语言文字的内心推度。"凡自比量须依自而立，凡他比量须借他而立；但自、他比中均可杂以共许的成分。至于共比量，则必须宗依和因喻尽共，其伸缩的范围只在于共中有异而已。"[②]简别包括三种比量各自的简别语，有"自许""汝执"等。三种比量作用在于自比量功在自立，他比量功在破他，共比量兼自立和破他作用，不能将简别作为诡辩的时段。

"谬误论" 含似宗、似因、似喻。作者以《入正理论》三十三过作为研究对象。如同以上研究，沈先生参考唐疏，有取有舍，所以此佛教逻辑学是基于唐疏之后的因明理论研究。此三章特别需要提出的是沈先生的唯识比量研究，认为唯识比量犯多种过失。

---

① 沈剑英：《佛教逻辑研究》，第330页。
② 同上书，第379页。

"公理、规则和谬误性质的探讨"　此指三支论式的公理、规则。公理是因、宗的不相离性，即因法与宗法这两个概念。因法是中词，宗法是大词，因法被宗法包含，此不相离性还体现在喻体上，即"说因宗所随，宗无因不有"，这是表达的充分条件命题。"不相离性公理的提出，是印度逻辑走上演绎与归纳结合的道路并演进为纯演绎法的前提。"[1] 规则包括的语法规则为因三相，即因法须与有法具有真包含关系，因法须与有法之外的宗同品具有包含关系（至少有一个），因法须与宗异品完全排斥。语用规则有七：立宗须"随自意乐"，宗依须立敌共许极成，因法须共许，因法须是宗上有法的共许法，因法须是因同品的共许法，同喻依须共许极成，用限定语简别自比量和他比量。语义规则有五：宗义不得自相矛盾，宗义不要与共识相违，宗义中不得含有差别义，不能分割概念含义，不得以宗义一分为因。违反规则所导致的谬误包括语法谬误。因十四过中有十三种，似喻十过均为语法谬误。语用谬误有似宗中的除自语相违外的似相违和四不成，似因中的四不成因、相违决定不定因和有法差别相违因、法差别相违因。陈那十四过类均为语用谬误。语义谬误有似宗中五相违，十四过类中的所作相似、分别相似、犹豫相似属于语义谬误，以宗义一分为因也属于语义谬误。

"误难论"　印度古代逻辑学家研究误难分初创期、成熟期和化归期。初创期以《方便心论》和《正理经》为代表，成熟期以世亲和陈那为代表，化归期以商羯罗主为代表，将误难化归到过失论里。作者比较了《方便心论》《正理经》《如实论》三篇误难的种类，分析《正理门论》十四过类与它们之间关系，将《正理门论》与《集量论》十四过类比较，归为六类，即似不定因破、似缺因过破、似不成因破、似相违因破、似喻过破、似宗过破。并研究了陈那十四过类。

"堕负论"　此章研究了《方便心论》《正理经》《如实论》的堕负论，作者依日本学者宇井伯寿的观点，认为《方便心论》非龙树作，而是小乘论师

---

[1]　沈剑英：《佛教逻辑研究》，第 474 页。

造,它与《遮罗迦本集》是公元 2 世纪上半叶作品,其中《方便心论》负处 17 种,《遮罗迦本集》15 种,作者研究了《方便心论》17 中负处、《正理经》的 22 种负处、《如实论》的 22 种负处。

"知识论" 作者列举了 10 种量(即印度古代哲学家获取知识的方法),分析量与所量关系,重点研究了现量与似现量、比量与似比量、量果,依据文献为印度佛教因明后期著作。

"印度古典论法的逻辑性质" 此章实际上是拿西方逻辑比较印度因明,作者认为五支论式是例证(类比)法,"五支论证式的本质是从特殊到特殊的类比推理,但它又与现今逻辑教科书上所说的类比法并不完全相同。运用类比法,一般要求两对象的共有属性愈多愈好,但五支论证式中的类比却只是根据某一项属性之相同就加以类推的。但是五支论证式中的类比法倒是很像亚里士多德所说的例证法"。[①] 新因明三支论式是演绎与归纳相结合,"三支论式采取演绎与归纳相结合的形式,集中体现在喻支上。喻支中的喻体既是演绎的前提,又是归纳的结论,同时还是归纳方法的标志;而喻依作为喻体之所依的实例,既是普遍命题的前提,又是衡量普遍命题真理性的尺度"。[②] 作者认为归纳法所得的普遍命题是靠合作法和离作法来实现的,陈那时代合作法和离作法并用,到法称时代方可单独使用。

二、郑伟宏的因明思想

郑伟宏(1948—　　　),复旦大学古籍整理研究所研究员,从 1983 年开始从事因明研究。代表作有《佛家逻辑通论》(复旦大学出版社 1996 年版),《因明正理门论直解》(复旦大学出版社 1999 年版,2008 年中华书局修订版),《汉传佛教因明研究》(中华书局 2007 年版),《因明大疏校释、今

---

① 　沈剑英:《佛教逻辑研究》,第 566—567 页。
② 　同上书,第 570 页。

译、研究》(复旦大学出版社 2010 年版),主编《佛教逻辑研究》(中西书局
2015 年版)。此部分只选取《汉传佛教因明研究》《因明大疏校释、今译、研
究》和《佛教逻辑研究》三部著作,从汉传因明史、因明经典解释和因明义理
分析三个方面总结郑伟宏的因明研究。

(一)《汉传佛教因明研究》

《汉传佛教因明研究》分为古因明的传入、唐代因明研究、宋明时期因明
研究、近代因明研究、现代因明研究和当代因明研究六编。

古因明的传入重点研究《方便心论》《瑜伽师地论》《如实论》,内容以
概要为主。作者简述了佛教逻辑的产生,作者认为印度最早的逻辑学派是
顺世论,印度正统逻辑学派的前驱是弥曼差派,耆那教的逻辑也比佛教逻辑
早,提出"七支论法"。在原始佛教经典里找不到逻辑学理论专论。作者介
绍了《大毗婆沙论》《医道论集》《方便心论》等。汉译著作《方便心论》概
要分两节:"《方便心论》的喻、因、宗"和"《方便心论》的过失论"。《瑜伽
师地论》概要分"《瑜伽师地论》的论证式"、"《瑜伽师地论》的过失论"两
节。《如实论》概要分"《如实论·反质难品》的论证式"、"《如实论·反质
难品》的因三相"、"《如实论·反质难品》的过失论"三节。

唐代因明研究分九章。第一章玄奘与唐代因明研究讲了玄奘的贡献和
因明在唐代衰落原因,提到义净首译《集量论》。第二章神泰《因明正理门
论述记》认为,从文本看,此著只有"似喻""倒离""倒合"前的内容。作
者认为此著贡献在于研究了《理门论》写作背景、生因、了因、五支作法、四
种宗义、九句因与因三相第一相关系、不共不定因过、宗因宽狭与正因关系、
自语相违宗过实例分析、遮诠、表诠等。不足在于关于宗与能立、有法与能
别互相差别、世间相违宗过、喻体构成等研究有误。第三章文轨《因明入正
理论疏》的贡献,作者归纳为 11 条,即因明的功用、初颂解释、自性与差别
关系、有法与能别关系、新古因明比较、同品与异品除宗有法、九句因、因同

品与同法喻、三种比量、唯识比量、世间相违过等方面的研究。作者认为其有误五条：宗依互相差别、六因、能别法与因法、同品定有性、随一不成过中的研究有过。第四章净眼《略抄》《后疏》概述，作者在概说二著作者、写作年代、特点、地位基础上总结其研究的内容，从 12 个方面进行总结，即因明的名称，《理门论》名称，真能立、似能立的四种解释，真能破、四能破的四种解释，宗的归属问题，宗依能别极成和宗体不极成问题，不成因与正因关系，"因同品决定有性"释，评述文轨对随一不成的解释，不共不定因除宗有法，有法自相相违过释，非正能立。第五章吕才与奘门之辩介绍了吕才著作《因明注解立破义图》和奘门对其的批判。第六章窥基《因明入正理论疏》评价，作者认为窥基独得因明薪传、借鉴和超越古疏等，其理论研究了似立、似破与唯悟他，似破之境与真能立，宗与能立、因明源流、辨真似能立、能破四义同异，解释了"宗等多言名为能立"，有法与法关系，宗同品，宗异品，因同品，因异品，同法喻异法，同、异喻体与因后二相，正因之条件，异喻之远离，全分与一分，表诠与遮诠，同、异喻除宗有法。第七章、第八章研究了玄奘、窥基的三比量理论和唯识比量。此二章不仅仅是介绍三比量和唯识比量的产生、内容等，更多的是在史的叙述中融入作者的研究，作者认为《因明正理门论》和《因明入正理论》只是共比量，共比量的共许在二论里要求："第一，两个宗依必须同许。第二，因概念必须同许，因概念在宗有法上遍依、遍转即遍是宗法性（所有有法是因法）必须同许。第三，同品、异品必须同许，同品有、同品非有、异品有、异品非有等都得同许。……第四，同、异喻体要同许，同喻依要同许，异喻依则可以缺无，甚至可以举虚妄不真的对象如兔角、龟毛等。"[1] 作者也认为文轨、窥基的唯识比量解释有待于完善，窥基对顺憬的批评值得商榷。第九章慧沼、智周的因明研究对二者的因明著作做了简要概括。

---

[1] 　郑伟宏：《汉传佛教因明研究》，释妙灵主编：《真如·因明学丛书》，北京：中华书局，2007年，第 217—218 页。

宋明时期因明研究包括《宗镜录》中的因明介绍和明代因明著作概述。作者只对《宗镜录》"真唯识量"疏文进行评价,认为《宗镜录》基本上忠实地保存了《因明大疏》的疏解,其发挥有六:一是对宗后陈眼识与同喻依眼识作出了区分;二是纠正《大疏》关于因支若不言"眼所不摄"便有法自相相违过和相违决定的观点;三是为省略式出现的"唯识比量"补足同喻体并作解释,延寿因循窥基关于三支皆为共比的解释给予解答;四是为宗上所简别的"不极成色"提供背景资料;五是对大小乘共许的极成色作出解释;六是对于因置自许,作出"临时恐难"的解释;七是以宗之后陈法为宗体,"把宗依当宗体的解释误导了明代的因明研究";八是延寿注意到《大疏》以"不离于眼识"作为宗后陈有疑问并试图给予补救。① 明代因明研究著作真界的《因明入正理论解》讨论了能立、宗体、因三相、同品、异品等问题。关于明代因明著作概述,作者认为,王肯堂《因明入正理论集解》研究了能立、宗体、因三相、同品、异品、不成因、不定因、不共不定因、异品一分转、同品遍转、第八句因、因明的性质等问题;明昱的《因明入正理论直疏》研究了"宗等多言"、宗体、因三相、同品、异品、同品一分转、异品遍转、似能破等问题;智旭的《〈因明入正理论〉直解》研究了"声无常"、因三相、同品、异品问题;明代"唯识比量"研究有明昱的《三支比量义抄》、智旭的《唐奘师真唯识量略解》。

近代因明研究包括因明研究的近代复兴、杨文会的贡献、胡茂如对日本学者大西祝著作《论理学》的汉译传播了其中的因明学思想,并提及谢无量著的《佛学大纲》,称《佛学大纲》中的《佛教论理学》"是因明在近代复苏以来由中国学者撰写的第一篇专论"。②

现代因明研究包括分期概述、因明理论争论和学者研究研究举要。作者认为20世纪20年代是因明研究的继往开来期,20世纪30年代因明得到

_____

① 郑伟宏:《汉传佛教因明研究》,第276页。
② 同上书,第303页。

初步传播,逻辑与因明比较研究蔚然成风,20 世纪 40 年代中期以陈大齐《因明大疏蠡测》为标志,汉传因明研究达到一个新高度。因明理论争论问题主要有十大问题:关于"宗等多言名为能立"的解释,关于九句因是否为古因明所有,关于表诠与遮诠的理解,关于一分、全分是否为特称、全称,关于有体、无体的不同理解,关于有无因同品、因异品的问题,关于同品定有性是否等同于同喻体,关于因的第二、三相能否缺一,关于因明三支的推理种类、关于三支作法能否转为三段论。作者还介绍了欧阳竟无的《因明正理门论叙》《成唯识论叙》的因明思想,总结了吕澂的《因明纲要》、陈大齐《因明大疏蠡测》的因明理论成就及不足。作者概述现代因明研究的特点为"加强了对论疏的校注工作","第一次出版了全面、系统介绍因明理论的著作","加强了因明与逻辑的比较研究","开拓了因明研究的新领域"。[1]

当代因明研究涉及四个方面内容,即分期概括,列举因明八个问题的研究述评,唯识比量研究举例,并介绍了陈大齐、水月、沈剑英和郑伟宏的因明研究成果。郑伟宏将当代因明研究分为三阶段;第一阶段为 1949—1966 年,特征是政府支持、马克思主义哲学指导因明研究、出版通俗新著和三个影响人物(丁彦博、石村和台湾的水月法师);第二阶段 1966—1976 年因明研究停滞不前;第三阶段 1977 年至今(此书写作时间),因明研究再掀起新高潮,表现是召开三次因明研究会、社科院和高等学校复兴因明研究、出版七部因明文集和办以书代刊的《因明》杂志,出版一批译著和专著,佛教界因明研究也很活跃。理论争鸣包括对舍尔巴茨基《佛教逻辑》的批评,作者认为此著有四大误解,一是错误将五支论式释为演绎推理,二是混淆陈那与法称三支作法思想,三是错误理解陈那因三相之后二相,四是错误将陈那三支论式比作亚里士多德三段论第一、二格。争鸣之二是因明与佛教逻辑、正理和印度逻辑关系。石村认为因明不是佛教逻辑,理由有二:因明起源不是

---

① 郑伟宏:《汉传佛教因明研究》,第 317—323 页。

佛教,因明可以脱离佛教。周文英、方广锡、孙志成、姚南强持此说。吕澂认为因明是佛教逻辑,丁彦博、高振农、郑伟宏持此说。关于同品、异品含义的争论,"一般主张同品同于所立法,异品无所有立,即有无宗后陈法表示的属性;有人主张主要看有无因法,即同品是因、宗双同,异品是因、宗双无。在体和义方面,一般主张同、异品各是体、义兼顾;有的主张只能是体,而不能是义。关于陈那的同、异品定义与整个体系有无矛盾,也有两种不同的看法"。[①] 此书中还有关于"遍是宗法性"的争论、"同品定有性"的争论、因三相后二相能否缺一的争论、关于表诠与遮诠的争论、关于全分与一分的争论、三支论式是什么推理的争论等。关于当代"唯识比量"研究,作者介绍了吕澂、张春波、罗炤唯识比量思想,以及陈大齐《印度理则学》和《因明入正理论悟他门浅释》、水月法师《因明文集》三册和《古因明要解》及《因明句身初例》、沈剑英《因明学研究》和《佛家逻辑》、巫寿康《因明正理门论研究》、郑伟宏《佛家逻辑通论》和《因明正理门论直解》等著作的基本内容。

(二)《因明大疏校释、今译、研究》

《因明大疏校释、今译、研究》为作者经典解释性著作。此著所依底本是广胜寺本,此本1933年发现于山西赵城广胜寺,1935年《宋藏遗珍》影印,残缺部分台湾台南智者出版社1990年以金陵刻经本重印旁注本。注解以智周《因明入正理论疏前记》、《因明入正理论疏后记》和日本善珠的《明灯抄》为主要参考文献。内容分为现代汉语标点、校释和本段大意三部分。此著前言题为"因明巨擘 唐疏大成——窥基《因明大疏》研究",结尾附录有二:"广胜寺本《因明入正理论疏跋》(慧沼)"和"因明入正理论后序(明俊)"。

"窥基《因明大疏》研究"对《因明大疏》注疏的评价是"独得因明薪传","借鉴古疏,超越古疏","提纲挈领,阐发幽微","《理门》奥旨,详加抉

---

① 郑伟宏:《汉传佛教因明研究》,第385页。

择"。① 作者认为《因明大疏》理论与印度新因明之不同，为重视《理门论》关于共比量的总纲，并补充《入论》所省略内容。关于同品、异品的发挥，表现为同品与法、有法具有不相离性，宗同品含体、义二性，同品不与有法全同，所立法含意许，同品通有体、无体；异品除宗有法等内容。窥基《因明大疏》的不足一是窥基没有找到新因明把宗排除在能立多言之外的理由，二是没有正确解释"唯悟他"的含义，三是有法与法互相差别说与窥基理论相矛盾，四是窥基"因正所成"远离陈那思想，五是三支比量理论不够完善，六是判断唯识比量为共比量不符合标准。"文轨、窥基关于因支加自许仍为共比量的主张，有混淆不同思维过程的逻辑错误，是违反同一律的。……从形式上看，'唯识比量'三支为共、自、自，实际上三支皆为自。总而言之，整个比量为自比量，这是我的结论。"②

关于《因明大疏》校释、今译，今举 1 例，以见作者理解。

[本段大意]……问："若尔，现量因、知因智及念，俱非比量智之正体，何名比量？"答："此三能为比量之智，近、远生因，因从果名，故《理门》云：'是近是远，比量因故，俱名比量。'又云：'此依作具、作者而说。'如似伐树，斧等为作具，人为作者，彼树得倒，人为近因，斧为远因。"

[校释]作者就此段"问"引《明灯抄》卷六末第 424 页释；释"此三能"至"俱名比量"句引《续疏》卷二页 12 右和《明灯抄》卷六末第 424 页；释此段剩余部分引《明灯抄》卷六末第 424 页。

[本段大意]问："照这样说，现量因和了因之智以及忆念，都不是比量智的正体，为什么称为比量呢？"答："这三种都是比量之智，近因和远因作为生因，依从所生之果而得比量之名，因此《理门

---

① 郑伟宏：《因明大疏校释、今译、研究》，上海：复旦大学出版社，2010 年，第 1—11 页。
② 同上书，第 72 页。

论》说:'是近是远,比量因故,俱名比量。'又说:'此依作具、作者而说。'如同砍伐树木,斧头等为使用的工具,人为使用者,那树木会被砍倒,人是近因,斧头是远因。"[1]

(三)《佛教逻辑研究》

《佛教逻辑研究》分为10章和3个附录,其中前四章为郑伟宏撰写,第一章佛教逻辑研究概述、第二章陈那因明的逻辑体系、第三章法称因明的逻辑体系、第四章因明研究的方法论。据此著可以从三个方面概括郑伟宏的因明思想。

因明研究方法 郑伟宏将因明研究方法归为三类:一是整体研究,二是因明与逻辑比较研究,三是汉藏因明之比较研究。整体研究方法是指基于陈那因明和法称因明体系由各自的基本概念和基本理论组织起来的这一认识,提出研究既要把握对象的组成要素,又要把握诸要素的结构。因明与逻辑比较研究方法指因明与逻辑比较研究有可能性,因为佛教因明是辩论术、立破方式及其规则和认识论的结合,陈那新因明三支作法相当于亚里士多德《工具论》中的辩论的证明,法称二支作法也有可比性。比较研究有必要性,因为"西方逻辑是一把标尺,以逻辑的眼光来看因明的各种比量式,就可以分清其发展的程度"[2]。比较研究有重要性:"比较方法使我们真正读懂了陈那、法称因明的同异,……以逻辑为指导,又使我们懂得,玄奘所传的汉传因明是解读印度陈那因明的一把钥匙。"[3]汉藏因明比较研究方法,在于陈那前期因明传入汉地,法称因明传入西藏,这些因明是个整体,但是内容有异,"陈那不承认外境实有,……法称……承认了外境实有。……陈那因明的三支作法侧重从立、敌共许来谈论证的有效性,法称则是从理由和论题的必然联系来谈论证的有效性"[4]。

---

[1] 郑伟宏:《因明大疏校释、今译、研究》,第728—729页。
[2] 郑伟宏:《佛教逻辑研究》,上海:中西书局,2015年,第137页。
[3] 同上书,第138页。
[4] 同上书,第30页。

陈那因明研究　在《佛教逻辑研究》里，郑伟宏首先讲如何研究陈那因明体系，包括必须从玄奘汉译本《理门论》中解读陈那的因明体系。因为梵本早佚，而不能仅仅凭借商羯罗主的《因明入正理论》而忽略《因明正理门论》文本本身。玄奘的译讲和唐疏的诠释是解读陈那新因明的钥匙。郑伟宏认为，《因明正理门论》的逻辑体系在于建立新因明，与古因明的不同是二喻显因，确立能立与所立的不相离性；也避免了无穷类比或全面类比；确立错误反驳的十四过类。陈那《因明正理门论》逻辑系统的初始概念为同品和异品："有论题（宗）谓项性质的对象称为同品（P），不具有谓项性质的对象称为异品（非P）。在立论之初，论题主项即宗上有法（S）有无谓项性质，正是敌我双方争论的对象，因此它不属于同品，也不属于异品。因明中称之为'除宗有法'（除S以外）。'除宗有法'的同、异品（除S以外的P、除S以外的非P）是两个初始概念。它们的内涵和外延决定了陈那的因明逻辑体系以及三支作法的推理性质。"[1] 陈那是从共比量总纲上确立同品、异品的内涵和外延，要求两个宗依、因概念、同品、异品、同品有、异品有、同品非有、异品非有、同喻依、异喻依、所有宗有法是因法、所有因法是宗法、所有非宗法是非因法要求同许。九句因和因三相理论，九句因是关于因法与同品和异品的九种不同关系。九句因包括因三相，并非讨论因三相的后二相，"九句因的每一句因法都首先必须是宗法，即满足第一相'遍是宗法性'"。[2] 古因明五支作法是类比推理，也包括因三相。新因明"避免了处处类比和无穷类比，提高了类比推理的可靠程度"。[3] 同喻与异喻不等值，三支论式不是演绎逻辑。《集量论》的逻辑体系"与我对《理门论》的研究完全相同"。[4]

法称因明研究　法称因明的逻辑体系在论辩术、逻辑和认识论上改造了陈那因明。从认识论上看，"法称认为有实在的外境，还主张境在识外"。[5]

---

① 郑伟宏：《佛教逻辑研究》，第54页。
② 同上书，第77页。
③ 同上书，第78页。
④ 同上书，第93页。
⑤ 同上书，第107页。

法称在逻辑上对陈那因明的改造包括：取消了自教相违过，提出了自性因、果性因和不可得因三类正因，法称的后二相因是等值的，法称在为自比量品所举正因实例中不举同喻依，取消了"相违决定"过，法称主张同、异喻体可以各自独立组成论式，取消简别的理论。"法称因明达到了演绎逻辑的水平。"① 新的因三相规则，郑伟宏以《正理滴论》文本为依据："因三相者，谓于所比，因唯有性。唯于同品有性。于异品中，决定唯无。"这句话在《正理滴论》里是讲因三相的。"因唯有性"，法称认为所有的所比都有因，必须决定无疑。郑伟宏释为所比的外延包含因的外延之中，符号化为所有S是M，这与陈那的"遍是宗法性"完全相同。"唯于同品有性"，法称将同品等同于宗法，因为同品指"所立法均等义品"，"从《正理滴论》全文来看，这里的'同品'是不除宗有法的，与陈那九句因、因三相中的同品不同。用P来表示'所立法'即同品，则第二项的命题形式为'凡M是P'。这个形式于陈那的第二项'除S以外，有P是M'不同"。②

第三相"于异品中，决定唯无"也是不除宗有法的。郑伟宏引用王森观点，证明法称因后二相是一相，二者可以缺一。后二相的作用是第二相表达因与同品具有不相离关系，第三相表示异品与因就有相违关系。正因为法称改造因三相，将第二、三相等值，便取消了九句因中的不共不定因。三类正因是创建逻辑新体系的基石。"三相正因，唯有三种：谓不可得比量因、自性比量因及果比量因"这句话讲三类正因。自性比量因如"此物是树，因为是无忧树"中"无忧树"是自性因，指宗有法、宗法、因法指同一实体，"能成实物"。果性因如"彼处有火，以有烟故"中"烟"是"火"的果，此烟证火，称为果性因。不可得因如"此处无瓶，因见不到"中"此处见不到"是"此处无瓶"的不可得。前两类正因是证表诠命题，第三正因是证遮诠命题的。郑伟宏总结为"如果说陈那对古因明的改造是以创建九句因从而改革因三

① 郑伟宏：《佛教逻辑研究》，第108页。
② 郑伟宏：《佛教逻辑研究》，第110—111页。

相作为基础,那么法称改造陈那三支作法使论证式变成演绎论证"。①

　　法称三支作法中同喻依并非必要。郑伟宏还认为法称三支作法可以组成同法式和异法式两种,因为同喻体和异喻体可以互推。作为全称命题的同喻体和异喻体的真实性源于正量(现量、比量),在论式之外已经确认,在论式中不需要再确认。"一个普遍命题的获得不应该从法称的比量形式或因三相规则中去找根源。回过头来看,这个道理同样适合陈那因明。"②

三、祁顺来藏传量论理论体系的建构

　　祁顺来的汉语著作《藏传因明学通论》系统地研究了因明产生和发展(印度因明、藏传因明)、摄类学、量学认识论、因明推理论和为他比量等方面内容。

　　因明的产生与发展　包括印度古因明、陈那新因明、法称因明七论及其后释、藏传因明三派等内容。祁顺来认为,印度古因明包括佛教和非佛教派别的因明理论,如数论派、胜论派、吠陀派(正理派和声论派)、离系派、顺世论等。"以上诸派学者在构造自己理论体系过程中,对逻辑推理、辩论技巧、论诤立破等作了不同程度的研究。"③佛教古因明包括龙树的《方便心论》、弥勒的《瑜伽师地论》、无著因明、世亲因明。在此,"因明只作为内外学派之间论诤的手段与辩论准则"。④陈那新因明建立三支作法,将量识归纳为现量和比量,确立了因三相和九句因,界定为自比量和为他比量。法称因明七论包括:《释量论》《决定量论》《正理滴论》"主体三论",是评释《集量论》的;《因滴论》《观相属论》《成他相续论》《诤正理论》"支体四论","此四论皆为《释量论》第一、第四品有关内容的延伸和

①　郑伟宏:《佛教逻辑研究》,第 117 页。
②　同上书,第 121 页。
③　祁顺来:《藏传因明学通论》,西宁:青海民族出版社,2006 年,第 5 页。
④　同上书,第 9 页。

扩展"。① 法称重新定义量、因三相,将因分为果因、自性因和不可得因,废弃相违决定不定因、增加有余不定因,舍弃喻支和意许相违过失。法称因明的后承如天主慧、释迦慧、胜主慧、慧生护、法上、律天等不一而足。藏传因明三派"第一种以俄译师罗丹喜饶②、恰巴曲桑师徒、宗格巴、贾曹杰为代表,取印度诸家对量学七论诠释之长处,与其侧重于天主慧、释迦慧、庄严师、法上等论师的释文,精研细磨,去粗取精,按序诠释讲解。第二种以萨迦班智达等为代表,打破《释量论》思想体系,对《量经》和法称因明七论的量理思想归纳分类,重新组合,以形成新的量学讲解。第三种以克朱杰、根登朱巴为代表,抛开前辈释文,探究量论经典,以自己理解发挥论证,结合藏区实际讲解"。③ 由此看来,藏区量论始终是以《释量论》为解释文献和理论发展的基础。

摄类学　是指在藏区历史上的各个阶段,由不同的佛学理论家根据恰巴曲桑的量论摄类要义所编著的关于摄类辩论一类丛书的总称,主要有《色摄类学》《拉摄类学》《赞宝摄类学》《堪钦摄类学》《摄类开启语门》《洋增摄类学》等40余部。

《摄类学》将量学分为三大部分论述,第一部分是为初学者入门而设的小理路,第二部分扩展小理路量理知识,为中根智而设中理路,第三部分为高智力者所设的大理路。各理路所设品目不一,但都以驳他宗、立自宗和断除诤论(破除他人疑惑、消除诤论)三种形式进行论述。所有摄类学著作的主要内容都包括量学哲学观点和思维逻辑。摄类学是通过辩论方式理解佛教理论。佛教理论包括色法、有无、是非、体相、一异、物、近取因、俱生缘、六因、四缘、五果、境(存在、所知、所量、成事、法)、具境(补特伽罗、识、能诠声)、总与别、质与体、三时、自相与共相、排入与立入、诠类与诠聚、遮止

---

① 祁顺来:《藏传因明学通论》,西宁:青海民族出版社,2006年,第20页。
② 即俄·罗丹喜饶。——本书作者
③ 祁顺来:《藏传因明学通论》,第46页。

与成立、排他等。对这些概念的阐释与理解，是以应成式进行的，并对应成式及其规则进行规定。这部分又通于为他比量。

　　祁先生是这样总结的："《量论》讲量，不但要讲量的对象、量的本质属性及如何获得量的哲学问题，而且还探讨了'量'的形式结构，即思维逻辑形式。《摄类学》摄取量论关于概念、判断、推理、证明等形式逻辑内容，分别设置'大小相违相属''性相与所表''设立周遍法'及'周遍八门''承许规则''第六啭声''大小应成品'进行专题论述。"①

　　量学认识论　祁顺来把主观意识方面的认识称"识"，包含识、觉、了别等一切感性和理性的认识，也包括所有的分别和无分别的心法。所谓了别是指能显现自境。"显现自境"是指在五根识等无分别识和意识等分别识上显现似的映象，即反映的各自的境相，这一反映便成识。识的分类可以有二分法、三分法、七分法。"量论中不但分析了所量境（量的对象），并且分析了能量（认识）的来源、本质、形式和规律，这种比较完整的哲学理论体系，被后人称为量学。……今天我们所说的量论就是指宣说佛教经量部哲学观点及因明推理规则为一体的独特的理论学说。量识以所缘境的性质分为现量和比量。……现量分 4 种，即根现量、意现量、自证现量、瑜伽现量。……量论将比量归纳为物力比量、世许比量、信仰比量 3 种。……量识又可分为自定量和他定量。……藏传因明把识分为了识和不了识两种。这种分类是以此识能否引生了定智为前提。……量论对认识根据其所取境的差异分为三类，即将总义作为所取境之分别识、将虽无而明确显现之法作为所取境的无分别错乱识、将自相作为所取境的无分别不错乱识三类。……量学以识的性体将识分为 7 种，即现识、比度识、已决智、伺察识、现而不定识、犹豫识和颠倒识（邪识） 7 种。"②

　　因明推理论　讨论了为自比量、正因（果因、自性因、不可得因）、宗因

①　祁顺来：《藏传因明学通论》，第 114 页。
②　祁顺来：《藏传因明学通论》，第 41—172 页。

喻的功能与过失（似因、不成因、不定因、相违因）等内容。祁顺来认为，藏传因明将《集量论》《释量论》中之推理思想提炼、归纳、完善成因明专著《因正理论》。其内容有自己特色。如藏传因明推论式是以"因三相"原理进行推理的一种二支推论式。二支推论式包括二支合因式和二支应成式。二支合因式与三段论的不同为：一是二支合因式首先立宗，后列论据，立宗命题必须是疑惑的判断；二是三段论无法产生诤事有法上的错误；三是因明论式在"有无式"果因和不可得因论式中，其因支和所立法之间是因果或矛盾关系，它们的逻辑结构多与三段论公理不符；四是三段论的第一格和第二格与因三相推理中的后遍判断作为大前提和遣遍判断作为大前提时是一致的。因三相与三段论相同之处是，因三相原理本身体现演绎推理从一般性知识的前提推出个别性知识的结论的推理特征。由于因三相意义下的前提判断是以假言判断出现，所以直言三段论、模态推理、假言直言推理这三种不同形式的推理所得出的结论都未超出立宗命题的含义。

　　为他比量　是因明学说的重要组成部分，是藏传因明的核心内容，包括推论语、应成驳论式等。藏传因明把为他比量也称为推论语，"具有四个方面特征，第一具有能生因，首先必须由量识认定推论语所示义，此量识必须先行，此为能生推论之因；第二具有所诠，所立论式必须具足因之三相，三相便是推论语所诠义；第三具有有体性，在声（表述语言）、识（思维）、义（所表意思）三方必须远离过失；第四具有功能，要有正确表述远离短缺和多余过失的因三相。推论语包括同法论式、异法论式。应成推论式是一种其立宗被敌论者所反对，因与周遍被敌论者所承许或由量识成立，通过推理，迫使敌论者放弃原来的观点、接受立论者主张的一种具有反驳性能的推理格式。……应成推论式是为宗、因二支，从形式上看，宗中在有法和法之间加个'应成'，特征有四：第一，诤事有法（宗前陈）与因事组成的单称判断（应成式中称为立因），是敌论者所主张或被量识认定。第二，因事与应成法（宗后陈）组成的全称判断（应成式中称为周遍），是立敌双方所共许的。

第三，诤事有法与应成法（后陈）组成的单称判断（立宗）为敌论者所不许。第四，在小前提和大前提皆能成立的情况下，迫使敌论者承认立宗，放弃原来的主张。这里出现两种情况：其一，论式立宗正确，敌论者可放弃错误主张而承认立宗义理。其二，论式之立宗虽被敌论者承许，但立宗判断错误，被量识否定，使敌论者明确认识到由于自己的错误观点导致这种失误，从而放弃错误，接受真理"。①

祁顺来对我国藏族寺庙的佛教学习的总结为："经院内部的辩论，一般由摄类开始，逐步升级，经《心明论》、《因正理论》到《释量论》，完成因明一级后，再升为《现观》、《中论》、《俱舍》等五部经论。"②

---

①　祁顺来：《藏传因明学通论》，第 339—340 页。
②　同上书，第 394 页。

参考文献

著作：

[唐]窥基：《因明入正理论疏》,《大正藏》（第四十四卷）。

蔡元培：《蔡元培全集》,北京：中华书局,1984年。

陈寅恪：《陈寅恪集》,北京：生活·读书·新知三联书店,2015年。

陈望道：《因明学》,上海：世界书局,1931年。

杜国平：《改革开放以来逻辑的历程——中国逻辑学会成立30周年纪念文集（下卷）》,
　　北京：中国社会科学出版社,2012年。

杜国庠：《杜国庠文集》,北京：人民出版社,1962年。

法舫：《法舫文集》,北京：金城出版社,2011年。

郭庆藩撰,王孝鱼点校：《庄子校释》,北京：中华书局,1961年。

郭湛波：《近五十年中国思想史》,济南：山东人民出版社,1997年。

韩清净：《韩清净全集》,北京：国家图书馆出版社,2015年。

贺麟：《熊十力全集》,武汉：湖北教育出版社,2001年。

胡珠生：《宋恕集》,北京：中华书局,1993年。

黄夏年主编：《民国佛教期刊文献集成》,北京：全国图书馆文献缩微复制中心,2006年。

蒋维乔：《中国佛教史》,杭州：广陵书社,2008年。

鞠实儿：《当代中国逻辑学研究（1949—2009）》,北京：中国社会科学出版社,2013年。

李景文,马小泉主编：《民国教育史料丛刊》,郑州：大象出版社,2015年。

梁启超：《论中国学术思想变迁之大势》,上海：上海古籍出版社,2006年。

梁启超：《清代学术概论》,朱维铮导读,上海：上海古籍出版社,1998年。

梁漱溟：《梁漱溟全集》（第2版）,济南：山东人民出版社,2005年。

刘培育主编：《因明研究》,长春：吉林教育出版社,1994年。

刘培育主编:《虞愚文集》,兰州:甘肃人民出版社,1995 年。

栾调甫:《栾调甫子学研究未刊稿》,南京:凤凰出版社,2011 年。

吕澂:《吕澂佛学论著选集》,济南:齐鲁书社,1991 年。

马勇:《章太炎书信集》,石家庄:河北人民出版社,2003 年。

《内学》编委会:《内学》(上册),上海:上海世纪出版集团,2014 年。

欧阳竟无著述,赵军点校:《欧阳竟无著述集》,上海:东方出版社,2014 年。

祁顺来:《藏传因明通论》,西宁:青海民族出版,2006 年。

任继愈主编:《墨子大全》(第 31 册),北京:北京图书馆出版社,2003 年。

任继愈、李广星主编:《墨子大全》(第 51 册),北京:北京图书馆出版社,2004 年。

沈剑英:《敦煌因明文献研究》,上海:上海古籍出版社,2008 年。

沈剑英:《佛教逻辑研究》,上海:上海古籍出版社,2013 年。

沈剑英:《民国因明文献研究丛刊》,北京:知识产权出版社,2015 年。

沈剑英:《因明正理门论译解》,释妙灵:《真如·因明学丛书》,北京:中华书局,2007 年。

沈剑英:《中国佛教逻辑史》,上海:华东师范大学出版社,2001 年。

释印顺:《太虚大师年谱》,北京:中华书局,2011 年。

释印顺:《印度佛教思想史》,北京:中华书局,2010 年。

孙诒让:《与梁卓如论墨子书》,载《籀廎述林》,北京:中华书局,2010 年

王恩洋:《王恩洋先生论著集》,成都:四川人民出版社,2001 年。

王森:《藏传因明》,释妙灵:《真如·因明学丛书》,北京:中华书局,2009 年。

王森:《正理滴论》,释妙灵主编:《真如·因明学丛书》,北京:中华书局,2009 年

王栻主编:《严复集》,北京:中华书局,1986 年。

谢无量:《谢无量文集》,北京:中国人民大学出版社,2011 年。

谢无量:《佛学大纲》,南京:江苏广陵古籍刻印社,1994 年。

许地山:《陈那以前中观派与瑜伽派之因明》,释妙灵主编:《真如·因明学丛书》,北京:中华书局,2006 年。

熊十力:《熊十力全集》,武汉:湖北教育出版社,2001 年。

杨德能、胡继欧主编:《法尊法师全集》,北京:中国藏学出版社,2017 年。

杨化群:《藏传因明学》(第 2 版),拉萨:西藏人民出版社,2002 年。

杨仁山:《杨仁山卷》,麻天祥主编:《20 世纪佛学经典文库》,武汉大学出版社,2008 年。

姚南强:《因明学说史纲要》,上海:上海三联书店 2000 年。

姚卫群编译:《古印度哲学经典》,北京:商务印书馆,2003 年。

于凌波:《中国近现代佛教人物志》,北京:宗教文化出版社,1995 年。

张曼涛:《佛教逻辑之发展(佛教逻辑专辑之二)》,《现代佛教学术丛刊》(42)第五辑(二),台北:大乘文化出版社,1978 年。

章太炎:《章太炎国学讲义》,北京:海潮出版社,2007 年。

章太炎:《章太炎全集》,上海:上海人民出版社,1986 年。

章太炎著,吴永坤讲评:《国学讲演录》,南京:凤凰出版社,2008 年。

章太炎著,傅杰编校:《章太炎学术史论集》,北京:中国社会科学出版社,1997 年。

郑堆、光泉主编:《因明》(第六辑),兰州:甘肃民族出版社,2012 年。

郑伟宏:《佛教逻辑研究》,上海:中西书局,2015 年。

郑伟宏:《汉传佛教因明研究》,释妙灵:《真如·因明学丛书》,北京:中华书局,2007 年。

郑伟宏:《因明大疏校释、今译、研究》,上海:复旦大学出版社,2010 年。

郑伟宏:《因明正理门论直解》,释妙灵:《真如·因明学丛书》,北京:中华书局,2008 年。

周叔迦:《周叔迦佛学论著全集》,北京:中华书局,2006 年。

朱芾煌:《法相辞典》,上海:商务印书馆,1939 年。

〔印〕陈那著,玄奘译:《因明正理门论本》,《大正藏》(第三十二卷)。

〔印〕陈那著,法尊译:《集量论略解》,北京:中国社会科学出版社,1982 年。

〔印〕弥勒菩萨著,玄奘译:《瑜伽师地论》,《大正藏》(第三十卷)。

〔印〕乔达摩等著,沈剑英译:《正理经》,沈剑英:《佛教逻辑研究》,上海:上海古籍出版社,2013 年。

〔印〕清辩著,玄奘译:《大乘掌珍论》,《大正新修大藏经》(第三十卷)。

论文:

敖以华:《支那内学院》,《法音》1990 年第 5 期。

白化文:《普及佛法的大名家周叔迦先生》,《文史知识》2007 年第 11 期。

蔡迎春:《民国时期佛教报刊出版特征与分期》,《出版发行研究》2016 年第 8 期。

陈少明:《排遣名相之后—章太炎〈齐物论释〉研究》,《哲学研究》2003 年第 5 期。

董绍明:《北京三时学会简介》,《佛教文化》1991 年第 3 期。

法尊:《法尊法师自述》,《法音》1985 年第 6 期。

黄夏年:《王恩洋先生与重庆佛教》,《重庆师范大学学报(哲学社会科学版)》2006 年第 3 期。

李建友:《王恩洋与内江东方文教研究院》,《内江日报》2012 年 2 月 26 日。

刘培育:《因明三十四年》,中国逻辑史学会因明研究工作小组:《因明新探》,兰州:甘肃人民出版社,1989 年。

刘培育:《中国因明研究的可喜进展》,《光明日报》2016 年 7 月 13 日。

栾调甫:《因三相图解》,《齐大月刊》1930 年第 1 期。

吕澂:《我的经历与内学院发展历程》,《世界哲学》2007 年第 3 期。

吕有祥:《太虚法师与武昌佛学院》,《法音》1990 年第 1 期。

彭漪涟:《章太炎对西方逻辑、印度因明和墨家逻辑的对比研究》,《江汉论坛》1987
　　年第 8 期。

沈剑英:《因明在古代朝鲜和日本的传承》,《法音》2018 年第 3 期。

苏晋仁:《杰出的佛教学者和教育家周叔迦先生》,《法音》1982 年第 1 期。

肖平、杨金萍:《近代以来日本因明学研究的定位与转向——从因明学到印度论理
　　学》,《佛学研究》2010 年。

杨正苞:《四川国学院述略》,《西华大学学报（哲学社会科学版）》2009 年第 1 期。

张家龙:《因明研究的新进展——评张忠义的〈因明蠡测〉》,《哲学动态》2008 年第
　　6 期。

张晓翔:《首届国际因明学术研讨会概述》,《世界宗教研究》2006 年第 3 期。

〔日〕桂绍隆:《明治维新之后的日本因明研究概况》,周丽玫、郑锦、谢鹏、高洁、张真
　　真译,《青藏高原论坛》2017 年第 4 期。

〔日〕师茂树:《明治时期的日本因明研究概况》,李微译,《青藏高原论坛》2017 年第
　　4 期。

后　记

　　《中国近现代汉传因明研究》是国家社科基金项目"基于跨文化互动下的中国近现代汉传因明研究"（批准号：14BZX074）最终成果。包括导言和五章内容，导言部分是对 20 世纪汉传因明学术史的总结。第一至第三章是以中国近现代时期的佛学院、大学、佛学杂志为田野，以点带面，总结汉传因明研究的特点。第四章是以枚举法概述中国近现代学者以因明重建先秦哲学的新尝试。其中第一章"南京支那内学院因明研究"、第三章第三节《大乘掌珍论》二量之论争"为中山大学哲学系（珠海）博士生曾宪坤写作，其他部分由本人写作。

　　二十年前，有过重写中国逻辑史的冲动，时至今日进展缓慢，只完成了中国近现代、当代逻辑史研究，包括已出版的《中国现代文化视野中的逻辑思潮》，待出版《当代中国逻辑史研究》和此书稿《中国近现代汉传因明研究》。在完成《中国现代文化视野中的逻辑思潮》后，笔者就开始写作《先秦逻辑新论》，提出中国古代逻辑是一种"正名—用名"论证类型。此后本应接着写《秦汉逻辑研究》，但恐写到《唐代因明与佛学论证》时面临诸多问题，便着手先写作汉传因明研究部分。汉传因明研究分为窥基式的因明研究和逻辑式的因明研究两种类型，此书稿属于后者。本人欲再用五年时间完成窥基式的因明研究部分。

　　如何写作中国古代逻辑和印度因明，这是我一直思考的问题。个人总觉得从一般到特殊（个别）、从特殊（个别）到一般、从特殊到特殊来定义逻辑的几种类型，并依此研究中国古代逻辑和印度因明很难将二者的特质表达准确。从逻辑史研究的视角看，有思想，必然有思想论证的工具，本人就是从思想（哲学）论证的结构及其规则理论为切入点来写作的。

感谢一路走来关心我的亲人、师友，感谢商务印书馆为此书出版付出的辛劳，感谢中山大学学术文库编委会委员、感谢中山大学图书馆的诸位老师。

曾昭式

2023 年 12 月 26 日

图书在版编目 (CIP) 数据

中国近现代汉传因明研究 / 曾昭式著 . — 北京 : 商
务印书馆 , 2023
（中大哲学文库）
ISBN 978-7-100-23944-8

Ⅰ . ①中… Ⅱ . ①曾… Ⅲ . ①因明 (印度逻辑) —
研究—中国—近现代 Ⅳ . ① B81-093.51

中国国家版本馆 CIP 数据核字（2024）第 092145 号

中大哲学文库
中国近现代汉传因明研究
曾昭式 著

商 务 印 书 馆 出 版
（北京王府井大街 36 号 邮政编码 100710）
商 务 印 书 馆 发 行
南京新洲印刷有限公司印刷
ISBN 978-7-100-23944-8

2024 年 6 月第 1 版 开本 710×1000 1/16
2024 年 6 月第 1 次印刷 印张 18½

定价：98.00 元